手语计算概论

A Guide to Sign Language Computing

姚登峰　编著

江铭虎　审订

科学出版社

北京

内 容 简 介

手语计算是人工智能的一个重要分支，主要研究如何利用计算机来理解和生成手语。本书重点介绍了手语计算所涉及的各个方面，包括手语计算与有声语言计算的区别、书写系统、输入输出、词法分析、分类词谓语计算、句法分析、语料库语言学、机器翻译、认知神经机制等，既有对基础知识的介绍，又有对最新研究进展的综述，同时还结合了笔者多年的研究成果。本书结构完整，层次分明，条理清楚，既便于教学，又便于自学。

本书可作为高等院校计算机、智能科学、中文、外语等专业的高年级本科生或研究生的教学参考书，也可供从事自然语言处理、图像识别以及人工智能研究的相关学者参考。

图书在版编目（CIP）数据

手语计算概论/姚登峰编著. —北京：科学出版社，2022.11

ISBN 978-7-03-071528-9

Ⅰ. ①手… Ⅱ. ①姚… Ⅲ. ①手势语-自然语言处理 Ⅳ. ①TP391

中国版本图书馆 CIP 数据核字（2022）第 027589 号

责任编辑：杨 英 宋 丽／责任校对：贾伟娟

责任印制：赵 博／封面设计：蓝正设计

科学出版社 出版

北京东黄城根北街 16 号

邮政编码：100717

http://www.sciencep.com

北京建宏印刷有限公司印刷

科学出版社发行 各地新华书店经销

*

2022 年 11 月第 一 版 开本：720 × 1000 1/16

2024 年 3 月第三次印刷 印张：16 1/2

字数：350 000

定价：98.00 元

（如有印装质量问题，我社负责调换）

本书系国家社会科学基金项目
“中国手语新手势构词理据及其认知神经机制研究”
（21BYY106）的阶段性成果

前　言

人类的日常生活离不开语言，自然语言作为一种最直接和最简单的表达工具无处不在，语言计算（也称计算语言学或自然语言处理、自然语言理解）研究如何利用计算机来理解和生成自然语言，是介于语言学、数学和计算机科学之间的边缘性交叉学科的研究重点。语言计算作为人工智能的一个重要分支，在数据处理领域也占有越来越重要的地位，如今也越来越多地被人们关注、熟知、应用和研究。

中国虽然现在已迈入人工智能时代，但在语言计算方面并未取得突破性进展，例如这几年很火的深度学习技术在应用于语言计算时也并未达到预期目标。认知心理学指出，人类运用自然语言进行交流取得的效果中，纯语言仅占 7%，语气和语调占 38%，而面部表情和肢体动作却占了 55%。其中，语气和语调涉及情感的加工计算，面部表情和肢体动作涉及手语和行为语言的加工计算。

中国人工智能学会前任理事长李德毅院士强调，语言计算学科在长达半个世纪的研究中，仅关注于对纯语言的理解，对以面部表情和肢体动作为代表的手语和行为语言计算却关注甚少，因此本书在某种意义上能够推进语言计算的发展，甚至有可能成为人工智能的突破口。

语言学家指出，手语是一个理想的天然实验室（an ideal natural laboratory），因为通过手语，语言学家可以把语言特征与人类分离而单独进行研究。因此，手语作为人类语言的独特基因之一，是人类语言多样性的一部分，其计算必定与传统的语言计算存在着诸多差异。

手语计算是一项系统的工程。本书就手语计算的有关问题提出几点思考，并按照图 0-1 所示的手语计算的几个基本步骤组织内容。本书尝试以深入浅出的方式带领读者进一步探究人类语言的本质，对手语计算的相关概念、发展历史和相关研究问题进行分析，特别是对手语计算应用领域的知识体系，包括语料库、机器翻译等领域进行分析，并对手语计算的发展进行展望和预测，以便读者能够全面地了解手语计算。

第 1 章导论除了开篇点题介绍手语计算的定义，以及界定手语计算概念的内涵和外延，还介绍了手语计算的学科性质、手语计算与有声语言计算的关系、应用领域、发展历程、技术趋势、理论和实践意义等。

第 2 章主要从人工智能的发展历史来看手语计算，介绍了对手语计算的误解、如何从人工智能的突破看待手语计算、手语计算与手语识别的关系，以及人工智能的发展历史留给我们的启示，使读者对手语计算有合理的预期。

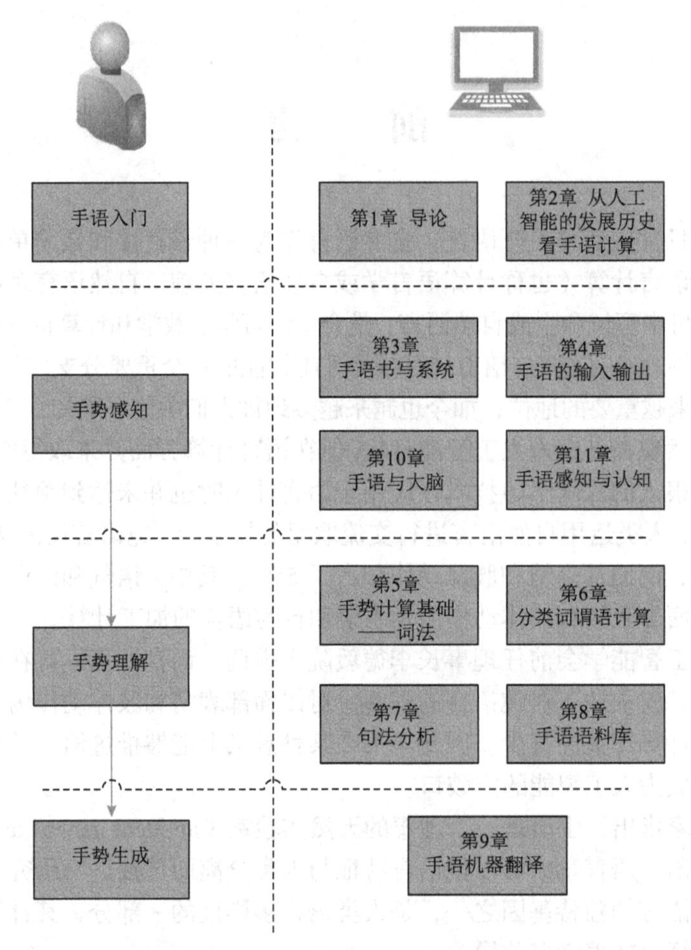

图 0-1　手语计算处理流程图

第 3 章主要介绍作为语言计算基石的手语书写系统，分析了手语没有书写系统的弊端，介绍了其与书写系统、转写系统、标记系统、编码系统等其他系统的区别，并对手语书写系统的构建给出建议。

第 4 章主要介绍手语现有的输入输出方案，分析了其应用的效果，并结合技术发展的趋势分析了手语输入输出的发展方向，即形成最优的信道编码系统，从而提高通信效率。

第 5 章从手语最小的语义单位——手势出发，主要从实际用途方面介绍了手语的手势切分、词性空间建模等，并结合多年研究成果介绍了手势的表征方案。

第 6 章介绍了手语最特殊的语言现象——分类词谓语，主要介绍了分类词谓语的定义、来源、中国手语分类词谓语的解释，并介绍了分类词谓语中主体和背景代形词的确定方法、分类词谓语计算的难点、分类词谓语的认知，指出了分类词谓语计算是手语计算的最终目标。

第 7 章句法分析主要介绍了注释图、装饰字符串、特征传播算法、3D 树、分割/构成算法、协同韵律模型等语法驱动的分析方法及现状，并指出要实现这些方法只有手工编写规则和从训练数据中推导规则两个途径，而这些均需要大量的人力或标注语料（树库）的支持。

第 8 章手语语料库介绍了手语语料库的国内外研究现状、手语语料库与有声语言语料库的区别、手语语料的转写、手语语料的标注、手语语料标注规范，同时介绍了语言计算在手语语料加工中的应用。

第 9 章手语机器翻译系统地介绍了机器翻译的原理、方法和手语翻译体系结构，同时介绍了分类词谓语的翻译和手语生成。

第 10 章手语与大脑从宏观角度介绍了为什么要研究手语认知、手语认知现状、手语的工作记忆，使读者对大脑的手语加工有了进一步的了解。

第 11 章手语感知与认知从微观角度系统地介绍了手势感知和视觉处理、词汇通达和手势识别、词汇表征和组织、手势话语在线理解、手势生成等，从而提示读者用交叉学科的视角去发现、揭示、证明和实现大脑的核心算法，获得对大脑如何感知、思考和行动的较为深刻的科学认识。

本书在写作时尽量做到通俗易懂，所有的算法都举例进行了详细说明，并列出了计算机处理自然语言的详细过程。本书的读者如果具备一定的计算语言学基础，具有计算机科学方面的相关知识（如离散数学、数据结构等），就能更好地理解本书的所有内容。

本书的写作参考了前人和现代学者的论文和著作，本书能够顺利出版，与他们相关的研究基础和所做的工作紧密相关，在此谨向他们表示衷心感谢。

由于本人水平和时间限制，本书难免存在不足之处，欢迎各位读者批评指正。

姚登峰

于清华园

2021 年 2 月 20 日

目　录

第1章 导 论

当人工智能（artificial intelligence，AI）作为一个研究问题被正式提出来的时候，创始人约翰·麦卡锡（John McCarthy，Lisp语言发明者、图灵奖得主）于1956年夏天在美国汉诺斯小镇达特茅斯学院提出把计算机国际象棋和机器翻译作为两项标志性的任务，认为只要计算机国际象棋系统能够打败人类世界冠军，机器翻译系统达到人类翻译水平，就可以宣告人工智能的胜利。1997年，IBM公司的超级计算机“深蓝”（Deep Blue）已经能够打败当时的国际象棋世界冠军加里·卡斯帕罗夫（Garry Kasparov），而机器翻译水平到现在仍无法与人类翻译水平相比。制约机器翻译研究的主要是语言计算，机器翻译属于语言计算研究领域，而语言计算研究中还有很多问题尚未解决。只有语言计算取得突破性进展，才能促进机器翻译研究大步向前。

为了让读者有一个更明晰的概念，这里先介绍一下学术领域的大致研究方向，首先是人工智能包含的研究领域。清华大学与中国人工智能学会联合发布了《2019中国人工智能发展报告》，报告遴选了人工智能的重点领域：自然语言处理、机器学习、知识工程、计算机视觉、语音识别、计算机图形学、多媒体技术、人机交互、机器人、数据库技术、可视化、数据挖掘、信息检索与推荐等。这里明确了人工智能领域包括自然语言处理，也就是语言计算，但是数据挖掘、机器学习与自然语言处理之间存在着交集，有很深的联系，同时知识工程、信息检索与推荐属于自然语言处理的一部分，而手语计算则是自然语言处理的一个分支学科。

其实这里还有一个公众熟知的研究领域，即信息处理。那么信息处理又包含哪些研究方向呢？信息处理包含语言计算、机器翻译、语音识别等等。

信息，作为宇宙中最基本的存在之一，虽然无形，却无时无刻不存在着。信息也是人类文明赖以发展的基础。在人类的漫漫历史长河中，得信息者得天下。其实我们的祖先很早就开始使用和传播信息了。语言和数学的产生都是为了同一个目的——记录和传播信息。

语言、文字都是信息的载体，它们之间原本有着天然的联系。人类社会文明的发展过程包含了语言阶段、文字阶段、印刷阶段和数字阶段，在这四个阶段中，语言和文字就占了两个，这说明了语言和文字的重要性。语言是思想的直接反映，是人类思维的载体，对语言进行信息处理是人工智能时代的需要。因此，攻克语言计算中的难题是人类社会发展、走向科学进步必须跨越的障碍。

实际上现代社会的人类几乎每天都在与互联网接触，或多或少地都在使用和享受语言计算的成果。比如我们肚子饿了，可以随时网上叫餐；想去其他地方，可以随时叫辆出租车；想买什么，可以随时网上购物；只要手机上绑定家用电器的信息，在外面点一下操作指令就可以将信息传递给电器。但凡我们有信息需求，就可以随时打开手机或电脑寻找解决办法。人工智能时代的语言计算正在改变我们的生活。

语言计算就是研究计算机如何完整地翻译和传达语言信息。简单来说即是计算机接受用户自然语言形式的输入，并在内部运用人类所定义的算法进行加工、计算等系列操作，以模拟人类对自然语言的理解，并返回用户所期望的结果。正如机械解放人类的双手一样，语言计算的目的在于用计算机代替人工来处理大规模的自然语言信息，它是从大数据里获取知识的重要手段，也是帮助人类研究获取的大数据里的信息的重要手段。

语言是外部对象的符号，传达的是信息，文字是信息的编码。只有语言计算才有可能促进信息的流动，促进历史的传承。人工智能时代作为数字化的新阶段，是人类走向文明的第四个里程碑。语言计算是人工智能、计算机科学、信息工程的交叉领域，涉及统计学、语言学等知识。正因为语言是人类思维的证明，故语言计算是人工智能的最高境界，被誉为“人工智能皇冠上的明珠”。

1.1 什么是手语计算？

“语言计算”这一术语最早由孙茂松先生于 2005 年提出，随后开始有很多的文献采纳这一术语，但均未给出清晰的定义。俞士汶等（2015）认为语言计算与自然语言处理没有实质性区别[①]，认为语言计算包括词法分析、句法分析和语义计算，并不包括语音处理，即不包括语音识别和语音合成。

本书借鉴语言计算的说法，将以手语为研究对象的自然语言处理称为手语计算，并将其与包括手语识别与手语合成在内的手语图像处理区分开来。正如语音识别与合成不属于语言计算的范畴，但它需要利用有声语言的计算理论一样，手语识别与合成也不属于手语计算的范畴，但手语识别与合成需要利用手语计算的知识，具体研究类别阐述如下。

① 根据中国国家标准《学科分类与代码表》（GB/T13745—1992），一级学科“语言学”下的二级学科“应用语言学”里包含有三级学科“计算语言学”（740.3550）。一级学科“计算机科学技术”下的二级学科“人工智能”里包含有三级学科“自然语言处理”（520.2020）和“机器翻译”（520.2030）。从学术界的实际生态情况来看，人们一般不大去区分“语言计算”“计算语言学”“自然语言处理”“机器翻译”“中文信息处理”等不同名称所指的研究范围。不同的名称往往被看作对同一个对象的不同侧面的强调。本书也采取这种宽泛的方式。

手语识别、手语合成并不是单纯的手语动作识别、手语动作合成。手语识别包括手势动作识别和手势意义识别，其中手势动作识别属于计算机图形学领域，而手势意义识别属于自然语言处理领域。手语合成是计算机根据输入文本的语义（属于自然语言处理领域），合成出手语动作的连续图片或者动画（属于计算机图形学领域），即研究如何计算动画参数使动画虚拟人表达的动作与输入文本在语义上保持一致。手语合成还有一类方向，即研究增强动画虚拟人模型的视觉形象真实感，此方向与手语计算无关，所以不在本书讨论之列。

由此可以看出，手语识别或合成需要用到手语计算的知识，是手势动作识别、合成与手势意义识别、理解的综合，是一种人类操作计算机进行识别、理解、合成手语的方法。因此我们将手语动作识别、合成从手语识别、合成中分离出来，限定手语动作识别、合成均没有语言的成分，属于计算机图形学的范畴，将“手语计算”归属于自然语言处理的范畴，是对手势意义的识别和理解。为了更好地说明情况，本书为这一领域勾勒出一个相对全面的框架，见表1.1，不过表1.1中的各个研究对象虽然是属于不同的子领域，但有时候会发生相互作用，因而不同领域之间的边界并不是绝对分明的，可能会有交融。

表1.1 根据语言类别和符号性质的差异对语言计算的对象进行分类

<table>
<tr><th rowspan="2">语言任务</th><th colspan="2">有声语言</th><th colspan="2">手语</th></tr>
<tr><th>书面文本[视觉符号]</th><th>口语语音[听觉符号]</th><th>文本（手语注释或HamNoSys符号）[视觉符号]</th><th>视频或图像[视觉符号]</th></tr>
<tr><td rowspan="2">处理符号的意义</td><td rowspan="2">文本理解
文本生成
[机器翻译、信息检索、文本摘要、问答系统……]</td><td rowspan="2">语音识别
语音合成
[口语翻译、口语问答……]</td><td>文本理解
文本生成
[机器翻译、信息检索、文本摘要、问答系统……]</td><td>手语（动作）识别
视频或动画生成
[手语（动作）翻译、手语（动作）问答……]</td></tr>
<tr><td colspan="2">视频理解、语义生成</td></tr>
<tr><td rowspan="2">处理符号的形式</td><td rowspan="2">汉字输入、存储、输出
篇章版式分解与生成</td><td rowspan="2">语音信号采集、波形特征抽取、波形生成</td><td>手语输入、存储、输出</td><td>图像信号采集、图像特征抽取、图像或动画生成</td></tr>
<tr><td colspan="2">视频或图像分割与生成</td></tr>
</table>

根据以上分析，我们可以给出手语计算的定义：手语计算（sign language computing）或计算手语学（computational linguistics of sign language）是用计算机研究和处理手语的一门新兴边缘学科，涉及语言学、计算机科学、数学等多个领域，旨在通过建立形式化的数学模型来分析处理手语，并在计算机上用程序来实

现分析和处理的过程，从而使机器能够模拟人脑部分乃至全部的语言能力。

手语和有声语言都属于人类的自然语言，是随着人类社会的发展自然而然地演变而来的，不是人造的语言，它是人类学习生活的重要工具。概括说来，自然语言是指由人类社会约定俗成的、区别于如程序设计的语言的人工语言。在整个人类历史上，以语言文字形式记载和流传的知识占到知识总量的 80%以上；就计算机应用而言，用于数学计算的仅占 10%，用于过程控制的占不到 5%，其余 85%左右都是用于语言文字的信息处理。

认知心理学研究表明，人类运用自然语言进行交流取得的效果中，纯语言仅占 7%，语气和语调占 38%，而面部表情和肢体动作却占了 55%，如图 1.1，其中纯语言就是目前的有声语言计算研究内容，语气和语调涉及情感的加工计算，面部表情和肢体动作涉及手语和行为语言的加工计算。广义上的手语计算除了研究听障群体广泛使用的自然手语外，还研究健听群体广泛使用的占整个语言效果 55%的行为语言。

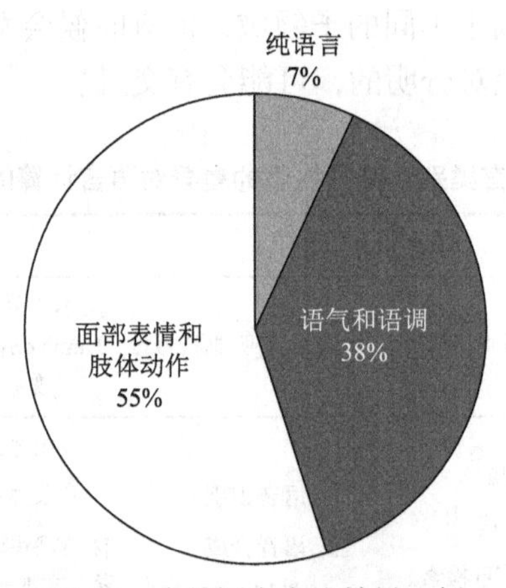

图 1.1　自然语言交流效果比例

手语计算作为自然语言处理的一项重要研究内容，实际上被运用于我们生活的方方面面，特别是随着人工智能时代的来临，手语计算的作用更加明显。以下众多学科都需要手语计算的参与。

（1）人机交互：随着计算机在现代生活中的日益普及，以键盘和鼠标为基础的传统人机交互方式日益凸显出弊端，多模态自然人机交互是下一代人机交互的发展趋势，因为融合视觉、听觉等多模态交互方式比单模式能传达更多的信息，表达效率更高。多模态人机交互的研究内容包括语音识别、手势识别、人脸识别、唇读识别、肢体动作识别，后面四个识别都是手语识别和手语计算的研究内容。只有解决手语计算的问题，未来的人机交互模式才有可能是自由的、智能的、自然的。

（2）信息无障碍：信息无障碍是指任何人在任何情况下都能平等、方便、无障碍地获取信息、利用信息。2003年在瑞士日内瓦召开的联合国大会信息社会世界峰会论坛上提出的《日内瓦行动计划》将“信息无障碍”放在了国家通信战略、信息通信技术设备和服务内容的重要位置；目前发达国家均已进入信息无障碍社会，建立了完整成熟的信息无障碍法规和技术体系，使得很多失能患者、老年人能够在身体残疾的情况下或退休后继续工作，并通过互联网继续为社会创造价值，减少对国家和社会的依赖。当前中国正在向信息无障碍社会过渡，要为聋人无障碍地提供信息，就不得不依靠手语计算的支持。

（3）虚拟现实：手语计算可应用于虚拟现实中可视化、分析、训练或体验的实践方面。网络化虚拟环境、虚拟社区和虚拟会议的构想中，都需要有替代真人的动画虚拟人按照真人的行为和方式进行活动。在各种真实感强的3D游戏场景中加入逼真的动画虚拟人模型，将在使整个游戏成为真正的3D游戏的同时增加用户的沉浸感。在各种娱乐项目中，如果有一个智能虚拟人和用户交流的话，用户将感到更加真实和亲切。

（4）运动分析：对运动员或残障人士的运动进行跟踪，并在事后进行重现分析，可以让他们的动作更加完美或更加标准。常用的方法是用摄像机获取他们的运动图像，并根据这些运动图像中的二维信息重构他们的3D运动数据，根据这些数据来分析他们的姿态、运动速度、加速度、所受力矩和力，这时就需要用手语计算来分析和生成相关信息，目前也可以采用运动跟踪设备直接获取真人运动的3D数据，然后应用手语计算对这些数据进行分析和重用。

（5）仿真研究：由于动画虚拟人可以逼真地模拟人在各种环境下的反应和动作，因此被广泛地应用于仿真研究与运动分析中。比如工作空间评估，在设计新的工作环境（如太空飞船或太空舱）时，设计师们或人机功效分析师常常需要先研究、评估、分析并审视人在其中的操作性能，以及评估设计是否合理，以在真正建造该环境之前，及早发现设计上的缺陷，及时修改。应用手语计算理论，将手语动作识别与理解加入动画虚拟人的工作环境中，并通过虚拟的交互，进行动态测试，可以评估测试设计方案的合理性与设计环境的舒适性。

（6）机器人：自2009年由国家高技术研究发展计划（863计划）支持的助老/助残机器人项目实施以来，助老/助残机器人与智能辅助系统的研究和推广显著地提高了残障人士和老年人的生活质量，并促成了相关的机器人产业的发展。然而现有的助老/助残机器人相关技术研究仍然存在很多不足，比较典型的缺点就是助残机器人在智能认知与感知等关键技术上达不到智能化要求，因此没法提供精准化服务。随着“工业4.0”理念的深入及《中国制造2025》和《国家中长期科学和技术发展规划纲要（2006—2020年）》将智能服务机器人列入重点发展的核心技术之一，让机器人具备智能已成为趋势，使机器人的感知和认知能力更接近于人脑将会成为未来研发的目标，其中手势感知和手语计算是其关键的支撑技术。

（7）人机融合：当前谷歌围棋人工智能AlphaGo战胜了人类，代表了人工智能走向新的阶段，人工智能也逐渐地从概念向实际应用转化。目前脑机接口技术已帮助人类掌控人造耳蜗、人工心脏、假肢等技术，且为大脑受损患者植入人造芯片可以助其恢复记忆，有利于中风等脑部疾病的治疗。在不远的将来，机器将成为人的身体的一部分，以手语计算为代表的科技进步将会把人机关系推进到人机融合的新阶段。

（8）其他应用：手语计算还在其他方面有广泛的应用，如在网络通信中，运用手语多信道编码理论来实现动画虚拟人合成技术可以减少网络传输的带宽，实现实时传输；在远程教育方面，除了可以实时传输学习内容外，利用虚拟教师还将提高儿童的学习兴趣；在文化传承、安全防护、智能家居、医疗教育等方面，手语计算都有广泛的应用前景。

1.2　手语计算的分支学科

手语的特性和规则是手语计算研究的主体。手语计算不仅要研究手语的书写系统（文字），还要研究手语计算的各级语言单位（音素、音位、语素、手势、短语、句子等）的组合规则和这些语言单位与语义产生联系的各种规则，这是我们研究手语计算的基础和初步工作，目的是要让计算机能自动理解和生成手语。

完成以上基础工作后，研究者要用计算机所能接受的方式来描写和刻画手语并把它表示在计算机中。因为计算机是以数值的方式来处理信息的，它以二进制数0和1为基本的操作符号，并在此基础上通过建立起一整套形式化处理的方法进行运转，因此要让计算机能够理解和生成手语，手语的特性和每一条规则就必须以形式化的方式表示出来。手语的规则是错综复杂的，而且规则的数量也非常多。有了各种手语规则的形式化表示，也并不能保证计算机就能够正确有效地理解和产生手语，要想让计算机能够正确有效地处理手语，研究者还需要研究手语规则之间的关系及其处理策略，并且也要用形式化的方式表示出来。有了手语和计算机处理的研究基础，人们才能够选择计算机程序设计语言来设计和编写处理手语的软件程序，才能最终实现手语计算机处理的目的。

手语计算涉及手语的各个方面，由于各个方面研究的侧重点不同，手语计算可以形成计算音系学、计算手势学、计算语法学、计算语义学、机器自动学习、语料库语言学等分支学科。

1.2.1　计算音系学

最初的计算机不涉及声音的问题，但是自从有了音频设备之后，让计算机能够像人一样发出自然的声音并且能够理解人的语音就成了信号处理领域内语音计算研究者们所追求的目标。同样，有了摄像设备之后，计算机处理视频或图像成为可能，图像处理领域内手语动作/行为动作识别与合成领域的研究人员开始追求让计算机能够像人一样打出自然的动作，也能像人一样理解人类动作之意义的目标。

要让计算机理解人类手语信息，首先要深入分析人类手语的音韵特征和变化规律，并且将其数字化，如此才可以让计算机对其进行计算处理。

或许您会疑惑，手语使用者为听障者，他们大多数不会有声语言，那么手语何来音韵特征之说呢？手语音系学是对于有声语言而言的。有声语言的语音是通过声带振动、气流阻滞等产生的，涉及软腭、声带、唇、脸颊等构音器官的协同运动。我们借用有声语言的音系学理论来研究手语的发音器官，那么手语的发音器官有哪些呢？手语的发音器官有手部、头部和身体躯干等。

目前我国在计算机合成手语方面已经取得了一些成果，也有了实际可用的商业软件，如中国科学院计算技术研究所（下文简称“中科院计算所”）研发的手语合成系统等，但在手语识别方面仍存在较大难度，尽管如此，也有一些用于手语识别的软件问世，如由微软、中科院计算所、北京联合大学三家联合研发的手语识别系统等。但是，就目前这些软件使用的情况来看，手语的计算机处理还远远没有达到令人满意的程度，因此计算音系学还有很多课题需要研究。

1.2.2　计算手势学

在手语语言学领域里，与有声语言的计算词汇学对应的是计算手势学。词语是有声语言的最小语义单元，但在手语里，其语义单元是手势，而非词语。一般来说，手语里的手势跟有声语言里的词语并不对等，一个词语可能对应多个手势，而多个词语却可能只对应一个手势。手势（词汇）是理解句子的基础，计算机要理解语言首先要会分析、理解手势（词汇），这正是计算手势（词汇）学研究的内容。不同的语言手势（词汇）的表现形式可能不同，对于汉语来说，书写汉字时按照句子来连写，词与词之间不加分隔，不像印欧语系中的语言那样是按词来连写，词与词之间有空格，所以汉语的计算词汇学首先要处理汉语的分词问题。汉语的自动分词研究从 20 世纪 80 年代初开始到现在已经有了 40 多年的历程，目前问世的某些自动分词软件的分词准确率已经达到了较高的水平，但是还不能做到完全正确地分词。对于手语来说，手势分词根据实际用途分为两种，分别是手语图像处理的手势切分和转写文本的手势切分，前者需要手语的音系学模型，以便进行手势切分，后者则需要处理好有声语言的词汇与手语里的手势的对应关系。

分词研究和手势的同一性识别只是计算手势学的初步工作，它更需要研究手势语义系统在计算机中的表示，以及手势语义在句子中是如何被确认的等问题。

1.2.3 计算语法学

理解手语的句子，必须对句子的语法结构进行分析。计算机分析有声语言句子结构是在对词的辨识的基础上进行的。手语句子的输入，是一系列手势和非手动特征[①]的组合，计算机需要分析一个手势与其前后相邻的手势之间能否直接组成一个句法结构，还要分析非手动特征是否参与了构成句法激发结果，以及对句子的语义有何影响。如果能，组成的结构又是什么？这个结构又如何进一步跟其他相邻的手势、手势词组、非手动特征组成句法结构？如果不能，它是否可以跟别的成分组合？如果可以，它将跟什么样的句法单位进一步组合？又将组成什么样的结构？

对这些问题的分析，可以采取不同的分析策略，这些不同的分析策略通常被称为不同的算法。不同的算法的提出和设计总是在一定句法理论的指导下进行的，自诺姆·乔姆斯基的短语结构语法理论问世以来，针对计算机句法处理的需要，已经有近十种有声语言的语法理论出现，这些语法理论能否套用在手语句子中，并使手语句法处理的算法顺利实现，还需要通过重新审视和真实的语言材料来验证。

1.2.4 计算语义学

手语的形式分析最终要落实到语义上，语言形式与语言意义始终是紧密结合的两个方面，分析手语形式的目的是要理解手语的意义。音素、音位、语素、手势、手势词组（短语）、句子、句群、篇章——这些语言形式从小到大，都以一定的形式与意义产生联系。计算语义学就是要让计算机能够分析不同层级的语言形式是如何与语言意义产生联系，从而达到理解手语的目的的。

如果语言单位的层级较低（如音位），它与意义产生的联系相对就比较简单，而如果语言单位的层级较高（如句子），它与意义产生的联系则相对比较复杂。要让计算机理解意义，系统需要有一定的资源。例如，手势具有多义性，针对句子中的每个手势，系统要判断它表示哪个义项，就需要有一个语义网络系统给予支持，并且这个系统应该能够描述不同词义的实现环境。

对句子语义的分析一直是语法研究关注的焦点，专门研究有声语言句子语义理解策略的语义理论已有不少，如 Y. A. 威尔克斯（Y. A. Willks）的优选语义学、

---

① “非手动特征”英文为 non-manual feature，国内普遍译为“非手控特征”，本书认为应为“非手动特征”，意指非手部位置发出的动作，包括腿脚、躯干、面部、头部等动作，如皱眉、眼神接触、张大嘴、伸舌头、头部向后倾斜等等。

查尔斯·J. 菲尔墨（Charles J. Fillmore）的格语法（Case Grammar）、R. C. 香客（R. C. Schank）的概念依存理论（Conceptual Dependency Theory）、R. F. 西蒙斯（R. F. Simmons）的语义网络理论、理查德·梅里特·蒙塔古（Richard Merritt Montague）的蒙塔古语法（Montague Grammar）等。

此外，在手语知识的获取过程中，面对浩瀚的手语材料，人们借助计算机强大的计算能力，通过设计机器自动学习模型或者通过建立语料库的方法使计算机获得手语的知识，而学习模型本身的设计和语料库的建构仍有很多需要研究的问题，因此，机器自动学习和语料库语言学也成为手语计算的分支学科。

1.2.5 机器自动学习

手语中的知识十分丰富。面对浩瀚的语料，每一个知识点都要由人工来挖掘和获取并形式化地表述出来，这需要花费大量的人力和时间。对于某个具体工程的实施，这样的人力和时间恐怕花费不起。因此，需要借助计算机的强大运算能力，根据已有的一些语言知识，设计一个语言分析模型，并对可能产生的错误情况设计出自动纠错和知识获取的系统。在这个语言分析系统运行时，计算机能在出错的过程中逐步获取和积累一些语言处理的专门知识，并能很快地以形式化的方式表述出来，这样可以达到节省人力和时间的目的。机器自动学习可用于专家系统的改进，也可用于语料库的加工标注等方面。

1.2.6 语料库语言学

理性主义在进行手语的处理时，通常先设计模型，然后用语言材料进行验证，对发现的不足之处进行修正，然后进一步验证；而经验主义在进行手语的处理时，则首先关注的是语料。语料库语言学是经验主义者为了挖掘和获取语言知识而建立起来的。经验主义者相信大规模的真实语料能够为计算机处理语言提供必要的知识，而他们挖掘和获取大规模真实语料中潜藏的丰富的语言知识的主要手段是利用一定的统计处理模型获取真实语料中的相关语言知识的概率数据，以此建立计算机所需的知识系统。大规模语料或超大规模语料是语料库语言学的研究对象，而统计模型的运用是语料库语言学的研究方法。在计算机处理手语知识缺乏的情况下，语料库语言学有着极大的应用前景。

1.3 手语计算的学科性质

手语计算是一门交叉性的学科，由语言学和计算机科学交叉而成，相关研究者既要有传统语言学的知识，又要有计算机科学的知识，涉及手语语言学、计算机科学、数学等多个领域。为了更好地认识手语计算这一交叉性的学科，我们对手语计算和其相关学科进行了简单的比较。

1.3.1 手语计算与手语语言学

手语计算是手语语言学的一个分支，但它跟以往的语言研究有所区别，因为手语计算的研究目标有别于传统意义上的手语语言学，具体阐述如下。

1. 可操作性

手语计算对手语规则的表述都是为了能在计算机上用程序运行，这就必须具有可操作性。要有可操作性就必须说明每一步操作的具体条件，操作都是在特定条件的基础上进行的，没有特定的条件就很难进行有效的操作。传统意义的手语语言学在进行语言研究的时候一般只指出语言中的不同现象，至于造成该现象的条件则很少过问。

2. 系统性描述

手语计算研究手语是着眼于语言的整个系统，对手语中的任何一个十分细小而平常的规则都需要加以研究并做形式化表示，因为计算机本身没有任何语言知识，需要人们经过研究并以形式化表示的方法教给它进行手语计算所需要的全部知识。从这个目标出发，手语计算研究手语十分讲究系统性描述。

系统性描述可以从两方面理解：第一，语言现象无论是特殊还是一般，都需要进行描述；第二，手语计算对规则的把握需要从系统出发，在对现象做整体把握的前提下，说明具体的操作条件。

3. 表述不同

手语计算挖掘手语知识的过程是把语言单位由小到大进行分析的过程，需要经过分析然后获得理解，因为计算机对手语的理解是要在分析的基础上才能实现的，即先分析后理解，而传统意义上的语言学对语言现象的分析往往是在理解的基础上再加以分析，即先理解后分析。

1.3.2 手语计算与计算机科学

手语计算是从计算机的硬件和软件条件出发来进行的，计算机科学的基本思想和基本方法影响着手语计算对手语的处理。手语计算要以计算机科学为基础，同时也是当代计算机科学的一个分支研究领域。

1.3.3 手语计算与其他相关学科

1. 手语计算与认知科学交叉结合——手语认知计算

认知计算是认知科学的核心领域之一，是人工智能的重要组成部分，是模拟人脑认知过程的计算机系统。手语认知计算理当是模拟人类大脑对手语认知过程的计算机系统。手语和有声语言分别是听障群体和健听群体对世界感知和认知体验的产物。探索人类认知奥秘必然离不开探讨听障群体的认知特征。认知计算离不开对人的认知特征的研究，也离不开对人的语言知识的提取，更离不开能把构造设计的认知模型应用于计算机这一人工智能的物质载体。它证明了手语计算与人工智能之间的密切关系。从某种意义上说，手语认知计算也是人工智能的一个分支。

2. 手语计算与数学交叉结合——手语数学模型

手语数学模型由于采用的数学方法不同，又分为语言学与统计数学（概率论、数理统计等）交叉结合的统计语言学，以及语言学与离散数学（集合论、数理逻辑、图论等）交叉结合的代数语言学。统计语言学以经验主义的归纳为特征，以统计数据为归纳基础，从中获取手语的规则或知识，其作用表现在手语计算处理手语过程的第一个阶段，它以计算机为使用工具；代数语言学以理性主义的演绎为特征，以公式推导为表述特征，把已经获取的手语知识以严密的推导形式表述出来，其作用表现在手语计算处理手语过程的第二个阶段，它以计算机为应用对象。手语数学模型可以算是手语计算的一种工具，也是一门分支学科。

3. 手语计算与计算机视觉交叉结合——手语音系计算

自从计算机装备了视频采集与处理设备，具备了采集手语音韵特征的能力后，手语音系计算就以计算机为主要研究工具，而且研究重点也转向了计算机对手语音韵特征的自动识别与合成。这实际上也是计算机目前处理手语的一个组成部分，所以手语音系计算也算是手语计算的一个分支。

1.4 手语计算与有声语言计算

传统语言（包括口语与书面语）计算的研究对象一般是有声语言，即常见的汉语、英语、法语等。有声语言计算和手语计算的差异，不仅是因为手语缺乏和书写系统相关的信息处理基础，更是因为不能简单地将有声语言与手语一一对应进行翻译。问题的本质在于现有有声语言的计算理论是建立在单信道的基础上的，而手语计算是基于多信道的，将有声语言的单信道计算理论应用于手语的多信道计算的确不是一件简单的事情。有声语言的语音输出一般以语音为载体，是随时间的推移而变化的一组数值，有声语言的书写系统也是如此，它只需要记录语音对应的书面符号，其书面符号和语音都是基于时间轴的数据流，同样都是单一的信道，这种语音或书面字符串构成了有声语言的自然语言处理系统的基石；而手语的本质是多信道载体，不仅难于将手语编码成线性单信道字符串，即使最终能编码成单信道字符串，也势必会在各级加工过程中遗失很多载有语言信息的细节。因为手语语言学家认为，手语的手部形状、手部位置、手掌方向、头部动作、眼睛凝视方向、面部表情、肩部动作和躯干姿势等这些信道都包含语言学意义上必不可少的信息，这些信道信息互为依存，相互联系，缺一不可。

正是以上本质的不同之处，造成了以下有声语言计算与手语计算的差异。

（1）有声语言计算的根本任务在于“消歧”，贯穿词法、句法、语义等各个层面；而在手语计算里，“消歧”只是任务之一，并不是核心任务。因为手语本质上是多信道的，如果一个手部信道具有很大的不确定性，那么面部表情、肢体动作等其他信道所携带的信息也能够减少这种不确定性，甚至可以完全消除这种不确定性。

目前的认知神经科学研究已证实了这一点，该研究指出聋人对手语理解的过程与健听人有着显著的差异，因为聋人只需较少的音韵信息即可辨别单个手势，并且辨别时间比口语单词更短。这种语音信息更多地受限于手语的音位结构、早期同步可用性（early and simultaneous availability），这两者可能会共同促成聋人对手势的快速识别。

有文献表明，手势作为视觉信号，其本身决定了它可提供大量的早期同步音韵信息，通常手势动作在出现大约 145ms 后，其发音部位和手掌方向即可被识别，再过大约 30ms 后其手部位置、形状和运动方向等可被识别。这种早期同步可用性显著地缩小了心理词典中的候选手势队列的规模。

此外，手势音系和语素结构可能不同于口语。例如，有声语言口语里的“花园路径现象”（指语言处理过程中一种特殊的局部歧义现象）在手语里并不常见。口语里有 30 多个单词共享/kan/、/mæn/和/skr/等音标，而手语里很难发现有多个手势共享一个初始音韵参数（即相同的手部配置和目标位置）的情况，这个音位结构同样也限制了候选手势初始队列的规模大小。以上心理学发现表明，聋人能够利用一些视觉线索预测手语的词法结构。

通常消歧就是要消除语言中的不确定性，它与语言的信息量相关，在这方面，有关有声语言的信息熵（information entropy）的研究文献较多。汉语被公认为是最简洁的语言，其信息熵较高，因此汉语的消歧相比其他语种的有声语言来说成本更高、效率更低，需要更多地用到语境和世界知识，即语用知识。

关于手语的信息熵尚未见到报道，但我们根据自建的手语语料库进行统计时发现，一个手势的最大长度是8个词语，约16个汉字，比如汉语词组“打篮球”中有两个词，但在中国手语里是一个手势。由此推测，手语的信息熵应比有声语言要更高。

实际上手语语料库中手语的语法比口语简单，很少见到长难句，并且手语每个信道的熵值还不同，其中面部表情、肢体动作等这些非手动特征信道的内容可被视为语用知识，这些信道内容导致读者依赖语境就能获得超过有声语言单信道传递所需信息量的信息，因此在同等信息熵的情况下，手语的信息冗余度应比有声语言要高，从而起到了缓解熵值和消除部分不确定性的作用。计算手语的信息熵由于需要较大规模语料库的支持，因此有待于在建设大规模的手语语料库的基础上来进行具体实验加以验证。

（2）与有声语言计算相比，手语计算的核心任务是将单信道表征和多信道表征相互转换。目前有声语言的计算理论大多集中于计算单信道的码字平均长度，而对多信道关注甚少。香农第一定理指出码字的平均长度只能大于或等于信源熵。有声语言计算主要关注于怎样构建一个具体的码字，才能使得单一信道在信息传输速率不大于信道容量的前提下实现可靠的通信；而手语不同，在为手语计算建立最优信道编码系统时，需要求出多个信道信息容量之和的最优解，从而使得只要信息传输速率小于信道容量，编码系统就可以使信息传输的错误概率任意小，即手语信道编码需要实现从一维到多维的演变。

手语的熵值越大，其输入输出的信息量也就越大，对多信道的考验就越高。目前一些手势输入输出设备尚未普及，最重要的原因就是多信道输入输出的问题没有得到很好的解决，导致一些手语输入输出设备的工作效率与有声语言相比非常低。因此我们亟待解决手语的输入输出问题，发展多信道编码的理论，将语言计算的研究重点逐步过渡到多信道信息编码之中，带动有声语言与多信道编码理论并轨，形成最优的信道编码系统，从而提高通信效率。

（3）手语的多信道性质造就了视觉空间的立体性特征，这个特点对有声语言计算是一个极大的挑战。有声语言计算的先天性缺陷就在于有声语言本身是单信道的，无法模拟手语 3D 场景中实体运动对象的空间布局。如果需要用计算机将有声语言翻译成手语，Huenerfauth（2004）认为计算机需要模拟手势者心理的 3D 空间，然后把语言里涉及的实体对象映射到心理空间，最后再用手势映射到物理空间，以表达源文本的含义。

以句子“轿车在房子旁边”为例，手势者将其译为手语时，需要选择表征实体对象“轿车”特征的分类词手形（即手形闭集），这些特征包括四轮、小型交通工具、停止状态等，还需要考虑所要表达的空间的特征，如房子的大小、形状、轿车在房子哪个位置等。最后手势者在伸展两只手的范围内还要选择准确的位置来代表施事者“轿车”和受事者“房子”，选择后还有一些因素需要考虑，如抽象维度和其他对象的属性等，进而相应地实施手部运动来完成表征。

此外手势者还要根据语境来配合以眉毛和眼睛的动作（如皱眉）、面部表情（如苦脸），甚至根据表达的需要辅以夸张性动作，如头部和躯干动作。由此可见，从单信道向多信道转换涉及复杂的场景加工和空间隐喻，此外基本常识和世界知识等也是必不可少的。目前有声语言里的文景转换主要考虑到空间实体的部署，尚未涉及多信道的转换加工，即手语计算考虑的空间概念比有声语言更为精细，研究者在实现空间概念转换这一基本任务时，需要更多地补充手语描述中缺失的信息。

（4）空间关系是手语的最基本关系。早期的手语计算一直存在着一个误区，即把手势汉语（按照汉语语法和语序打出来的手势序列）作为研究对象，这种手语语法强调以汉语线性序列的方式表达，并没有空间性。中国手语的语言管道是肢体与视觉，用到了空间性的特点。许多心理学研究表明手势汉语与中国手语的差异造成了聋人对手势汉语的理解比中国手语困难（刘秀丹等，2004）。学者们已注意到手势者身体前部的手语空间代表不同的意义，如 Sutton-Spence 和 Woll（1999）提出将手语空间分为拓扑空间与句法空间，其中拓扑空间（指将实际空间里的对象位置映射到手语空间里的对应位置）一般用来说明人或物体等对象的位置和运动方向，因此手语可以便捷精确地用拓扑空间表达实际空间关系，从而建立手语空间与实际空间的对应关系。比如描述驾车的场景时，手势者可打出“轿车”手势，在手势者前面的空间运动，当表达道路弯弯曲曲时，可以不断地前后转向；当表达道路崎岖不平时，可上下运动。这时手语很自然地完成了对真实空间的描述，由此可看出手语与空间是密不可分的关系。因此空间计算是手语计算跳不过去的课题，从而空间建模、空间隐喻、空间语义等概念贯穿了手语计算的词法、句法、语义和语用等各个阶段。

（5）空间关系对手语计算的影响。有学者以聋人为研究对象，比较了这两类空间的认知加工差异，发现聋人在看过拓扑空间句子后，完成判断题的反应速度要比句法空间更快，这说明聋人对这两种空间有着不同的认知加工过程。脑损伤案例也支持了这一观点，从而从认知神经科学的角度说明，手语的空间特性存在不同的层次，这种空间关系的特点对手语计算有很大的影响。

以词法阶段为例，空间建模主要是对非真实性空间的运用，在代词运用、后文提到的呼应动词、比较手势等应用比较多。这些词法会根据主语和宾语出现的位置而改变手势动作方向，以此来呼应主语和宾语的关系，并未涉及真实空间的描述。其中在代词的运用上，手势者一般用靠近躯干的位置来指代人、场所或物体，并利用空间距离来表示指代对象之间的关系，从而利用空间实现了代词功能，这与有声语言有较大差异。首先，有声语言使用的单信道容量有限，而手语使用多信道，理论上可无限次划分，因此手语里的代词所指数量可达到无限次；其次，有声语言代词一般指一类对象，而手语里的代词所指更具体，即某个实际对象。因此手语里运用空间指代事物及其方位很方便形象，但其指代对象较多时，容易产生混淆，从而给词法计算带来不确定性。

再以句法为例，很多句子借用真实性空间特性来呈现，比如方位词句子、下文提到的分类词谓语等，分类词谓语计算的分类词系统不同于其他手语现象的地方就在于它需要将语言和空间特性相结合，具体是将分类词手形辅以运动，构成包括一个或多个对象的复杂方位和谓语，从而表达分类词谓语的空间概念，而其他手语现象就没有这个功能。由于分类词谓语采用了特殊的视觉表达方式，在用两个手势来代表主语和宾语，并通过运动来表达两者的空间关系时，手语可以不必依赖有声语言中单信道表征的空间介词来表示方位，从而借助空间场景的类比表征建构分类词的多信道——分类词手形。这种单信道表征和多信道表征的相互转换涉及复杂的场景部署加工运算。

（6）空间计算与空间隐喻密切相关。空间计算涉及单信道表征和多信道表征相互转换，而空间隐喻是指将空间方位投射到非空间概念上的隐喻。手语以空间为概念框架和表达中介，更加依赖高效连贯的空间隐喻。例如，聋人无法用相应的词汇来表达成功或失败的含义，但可以用向上或向下的手势表达，这是一个空间隐喻的过程，实际上也是将单信道向多信道表征转换的过程。

有声语言也存在着类似垂直方向上的空间隐喻，如东亚语言（包括汉语、日语等）普遍用“上”表示过去，用“下”表示未来，因此手语中的空间隐喻与有声语言中的空间隐喻存在一定程度的对应。有声语言的隐喻理解主要关注如何制定模型与算法来获取相关知识，以实现隐喻的识别和解释，这些思路与方案能否用在手语的隐喻理解中还有待研究，因为语言学界普遍认为手语隐喻具备了手语的象似性（iconicity）和隐喻性（metaphor）双映射的特点，这不同于有声语言隐喻的单映射特点。未来可通过认知神经科学手段来探究手语隐喻的大脑加工过程，进而推导出更科学的手语隐喻加工模型，从而实现识别和理解空间隐喻。

（7）各国手语计算之间存在着差异，但这不是手语计算的核心任务。因为任何一个国家的手语与本国的有声语言之间都存在着关联，所以只要不是处理多信道的内容，手语的单信道计算完全可以借鉴有声语言的计算理论，即使手语和有声语言的语法结构不同，其背后的计算模型和数学理论也大致是相通的。同样，不同国家之间的手语翻译也可以借鉴有声语言的计算理论，而且难度只会比有声语言更小。有声语言的语音感知和手语之间存在着差异，即手语的发音器官（如手部、头部和身体躯干等）是完全可见的，由此表明手语的象似性比有声语言更为明显。

从空间关系来讲，手语对物体间真实运动或静态方式的表达具有高度视觉象似性，因此手语计算与有声语言计算之间存在着差异和关联，并且不同国家的手语计算之间也存在着差异和关联。目前手语机器翻译多指有声语言与手语之间的翻译，尚未见到不同手语之间翻译的研究报道。从研究价值来看，本国的有声语言与手语之间的机器翻译具有较强的理论意义和实践价值，而对不同手语之间机器翻译的研究需求并不那么迫切，因此未来一段时间内有声语言与手语之间的机器翻译将成为主要的研究任务之一。

1.5　手语计算的应用领域

手语计算的应用领域十分广泛，凡是涉及计算机处理手语方面的问题，都是它的应用领域。

1.5.1　机器翻译

机器翻译即利用计算机系统在有声语言与手语之间相互转换，这是目前计算语言学最重要的研究领域之一。

1.5.2　手语识别与合成

手语识别指用计算机对手语动作做出准确无误的辨认，它可用在交警手势识别等驾驶辅助技术上，也可以用在体感游戏中以此建立人机对话的交流系统；未来随着手语计算技术的突破，还可用于法院、医院等重要场合的手语翻译中。手语合成就是利用人工智能技术或图像处理技术来重新生成手语语言。

1.5.3　信息检索

信息检索又叫信息自动检索（automatic information retrieval），指根据用户的需要，利用计算机从浩瀚的文献资料中检索、查找出按照一定方式组织起来的用户所需要的文献或情报。信息检索就是找出符合特定需要的文献或情报的过程和技术。目前使用较广的搜索引擎如谷歌、搜狗等，均以有声语言的形式来呈现。目前手语信息检索还需要手语计算的研究和参与，研究如何用计算机将手语的关键信息呈现给听障用户。

1.5.4　手语理解

手语理解主要研究如何让计算机理解和运用人类手语，使得计算机懂得手语的含义，并通过对话方式，用手语回答人提出的问题。手语理解系统可以用在专家系统(expert system)、知识工程(knowledge engineering)、信息检索(information retrieval)、办公室自动化的人机接口(man-machine interface)等领域。

1.5.5 智慧教育

智慧教育是新一代信息技术与教育教学深度融合的产物，它是一种能感知学习情境、识别学习者特征、提供合适的学习资源与便利的互动工具，可以自动记录教学过程和测评学习成果，以促进学习者有效学习的活动空间，其建设应用取决于智慧教育数据分析的效果。目前智慧教育主要通过在线学习数据分析来研究学生的学习状况，但是在线学习数据只能简单地记录学生的学习时长、学习时间、谈论交流等一些外显行为，而对能够反映学习者内隐行为的记录则无法通过在线数据获得。手语计算技术可应用于课堂教学数据分析中，识别和分析师生的行为数据，这样才有可能全面反映学生的学习情况，才能有助于探索学生的学习行为与学习结果的关系，为提高教师的教学效率和学生的学习成绩提供切实可行的帮助。

1.5.6 知识库

机器可读的、形式化的知识库，是语言知识库的重要资源。任何一个信息处理系统都离不开数据和知识库的支持，自然语言处理系统也不例外，实际上手语计算效果的好坏很大一部分取决于知识库的好坏。知识库的作用主要表现在知识获取上，知识获取的任务是把现有的对客观事物的认识与理解进行选择、抽取、汇集、分类和组织，它可以抽取隐含的知识，将零散的知识集成化，并使用结构化的知识促进以后的分析处理等。目前知识库已从词典和语料库发展到知识图谱、语言知识库等，如著名的词网(WordNet)、北京大学综合型语言知识库(Comprehensive Language Knowledge Base，CLKB)、知网(HowNet)。

1.5.7 手语视频自动分类

自动分类指用计算机系统代替人工对手语语料等对象进行分类，一般包括自动归类和自动聚类两种。两者的区别主要是自动聚类不需要事先定义好分类体系，而自动归类则需要确定好类别体系，并且要为每个类别提供一批预先分好的对象作为训练文集。自动分类系统先通过训练文集学会分类知识，在实际分类时，再根据学习到的分类知识为需要分类的文献确定一个或多个类别。

1.6 手语计算的发展历程

从 1983 年美国 AT&T 公司（American Telephone & Telegraph Company）最先取得数据手套[①]专利开始，手语信息处理已有近 40 年的发展历史。各国主要在图像处理领域内的手语动作识别和手语动作生成方面取得了突出成果，使用方法有神经网络、隐马尔可夫模型（Hidden Markov Model，HMM）、向量机、机器学习等。需要指出的是，目前的手语动作识别研究已经从静态手势识别过渡到动态手势识别，从使用可穿戴设备提取特征过渡到基于计算机视觉提取特征。目前该领域的研究核心与发展方向是采用自然的、不佩带任何装置或物品的手语输入方式，该方式能准确快速地获得识别结果。

国内图像识别领域的手语识别和生成研究开始较早，北京大学高文教授主持建立了一个能够识别大词汇量的中国手语识别系统，该系统对 1064 个中国手语孤立词的识别率达到 90%（Ma et al.，2000）。通过嵌入式训练，该系统对由 220 个词构成的 80 个句子的手语识别率达到 95.2%；同时该研究者还成功设计了一套中国手语自动翻译系统（徐琳、高文，2000），对 5177 个中国手语孤立词进行离线识别，识别率为 94.8%。其他研究人员也做了开拓性的工作，包括通过鲁棒回归分析和变阶参数模型对小规模的动态手势进行识别，将手势图像运动参数应用于手语表观建模，并提出了一种手势运动估计方法（祝远新等，2000），然后将这两种特征作为表观特征创建手势模板，通过极小化极大解（minimax solution）算法进行基于模板的手势分类识别（Rabiner，1978），该方法在手势图像运动信息的基础上对 12 种手势进行识别，准确率超过了 90%。

由此可看出我国在基于数据手套的手语动作识别研究方面已处于世界前列，但在基于视觉的手语动作识别领域，尤其是动态手语识别方面与其他发达国家还有一定差距。

有声语言计算的萌芽期处于 20 世纪 40 年代，而语音识别则始于 1952 年美国贝尔实验室发明的世界上第一个语音实验系统。这两者的进展几乎同步，而且有趣的是冥冥之中都受着信息科学规律的引导，只要有一方面取得重大突破，另一方面也往往会取得重大进展。例如，20 世纪 70 年代以后，语音识别在小词汇量、孤立词的识别方面取得了实质性的进展，而此时许多学者提出的扩充转移网络等

① 数据手套是一种多模式的虚拟现实硬件，通过软件编程，可进行虚拟场景中物体的抓取、移动、旋转等动作，也可以利用它的多模式性，作为一种控制场景漫游的工具。数据手套能够检测手指的弯曲，并利用磁定位传感器来精确地定位出手在 3D 空间中的位置。这种结合手指弯曲度测试和空间定位测试的数据手套可以为用户提供一种非常真实自然的 3D 交互手段。

理论为自动短语分析奠定了理论基础，同时涌现出的格语法等理论也被应用于自然语言理解中。

进入20世纪80年代，随着HMM和神经网络的成功应用，大词汇量、非特定人连续语音识别的难题终于得到解决，而此时线图句法分析算法、Tomita句法分析算法纷纷出现，实现了自动句法分析。特别是统计模型的应用，使机器翻译取得了重大突破。进入90年代以后，语言处理和语音处理理论并未发生重大变化，但在商品化和产业化上出现了很大的进展，如苹果公司的Siri语音助理和谷歌翻译。马尔可夫、图灵、香农、乔姆斯基等人的工作奠定了自然语言处理这门学科的基础。

中间潮起潮落，几经曲折，有声语言计算技术走过了70多年的发展历程，已成为一门独立的学科。统计模型和数据驱动几乎成为有声语言计算的标准方法，句法分析、词性标注等自然语言处理任务全都开始引入概率，并借用了语音识别等任务的评测方法。机器学习和资源建设成为当前语言计算的主流。

然而与此相反，包括手语编码、空间建模、句法分析、语料库建设、语用计算、机器翻译等环节在内的手语计算所取得的进展非常有限。以国际计算语言学会议数据库ACLWEB为例，截至2016年4月20日，国际计算语言学协会（Association for Computational Linguistics，ACL）选集已收录了36 000篇论文，而其中与手语有关的论文才76篇。与此形成鲜明对比的是，图像处理领域手语动作识别的文献较为丰硕，以国际上最大的综合性学术检索数据库Web of Science为例，以“手语识别”（sign language recognition）为关键词的论文就有3454篇。纵观这些年的研究文献，与动辄每年数百篇到上千篇论文的手语语言学和传统机器翻译领域相比，手语计算领域有影响的文献寥寥无几。对照有声语言计算的发展历史，目前手语计算仍处于起步阶段，还有很多工作要做。

尽管许多理论模型在手语计算中发挥着重要的作用，如音系学分类、动词划分等，但很多基础性课题有的刚刚起步，还有的研究并未得到彻底、圆满的解决，如空间建模、空间隐喻的表征、分类词谓语的认知机理分析等。虽然一些手语计算理论不断与新的相关技术结合，比如动画技术、数据手套、可穿戴设备等，用于研究和开发手势者3D模型、手语语料库等，但更多的手语计算仍处于初始阶段，如盲目套用有声语言计算的机器学习方法或主观地更换新的数据收集设备。这些盲目的尝试只能是对一些边角问题的修修补补，或者仅能解决特定条件下的某个具体问题，它们并不能从根本上建立全局性的鲁棒性解决方案。总之，手语计算尚未建立起一套完整系统的理论框架体系。

当然有些研究受限于目前的技术条件而无法取得突破，如人类对手语的大脑认知加工机理有待进一步探索，还有相关的文景转换、隐喻理解等难题在有声语言计算里都未取得进展。空间参数是手语理解最重要的因素，因此建立有效的空间模型与实现空间参数的快速计算是我们需要研究的、大有可为的方向。

1.7 手语计算的技术趋势

根据 Gartner 2016 年的报告分析（图 1.2），与手语计算相关的虚拟个人助手、手势控制设备、智能机器人、机器学习等技术还处在技术萌芽期或期望膨胀期，并未进入生产成熟期，这些都说明手语计算还处在漫长的积累期。受新冠肺炎疫情影响，Switch 等体感游戏设备持续热销直至卖断货。随着元宇宙的落地应用，虚拟人技术开始兴起，随后在北京冬奥会上崭露头角，成为本届北京冬奥会的一大亮点。体感设备、虚拟人这些新兴的技术都可以为手语计算提供坚实的理论支撑和技术支持。

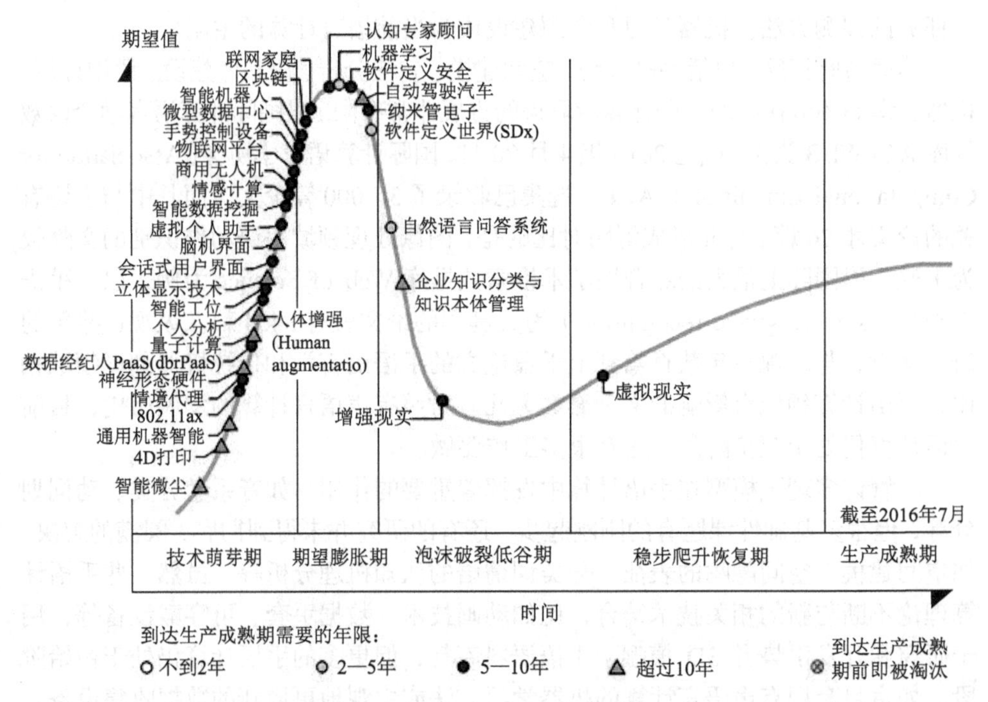

图 1.2　2016 年新兴技术成熟度曲线[①]

我们从认知计算的角度，分析了大脑感知和理解手语的机理，提出了手语认知计算架构，如图 1.3 所示。由此可以看到手语的认知计算是从手势的物理特征

① Gartner's 2016 hype cycle for emerging technologies identifies the computing innovations that organizations should monitor. https://www.gartner.com/en/newsroom/press-releases/2016-08-16-gartners-2016-hype-cycle-for-emerging-technologies-identifies-three-key-trends-that-organizations-must-track-to-gain-competitive-advantage[2020-11-20].

到语义表征的映射转换过程，具体来讲，就是从像素、边等底层特征逐层加工映射成音韵特征，再根据音韵特征加工成低级语义单元、高级语义单元之类的高层特征，最终形成手势语义概念。由此可进一步得出，过去30年的手语识别与计算省略了音韵特征、语义单元这样的中间步骤，直接从底层特征得到语义概念，这样的分析是不太合适的。

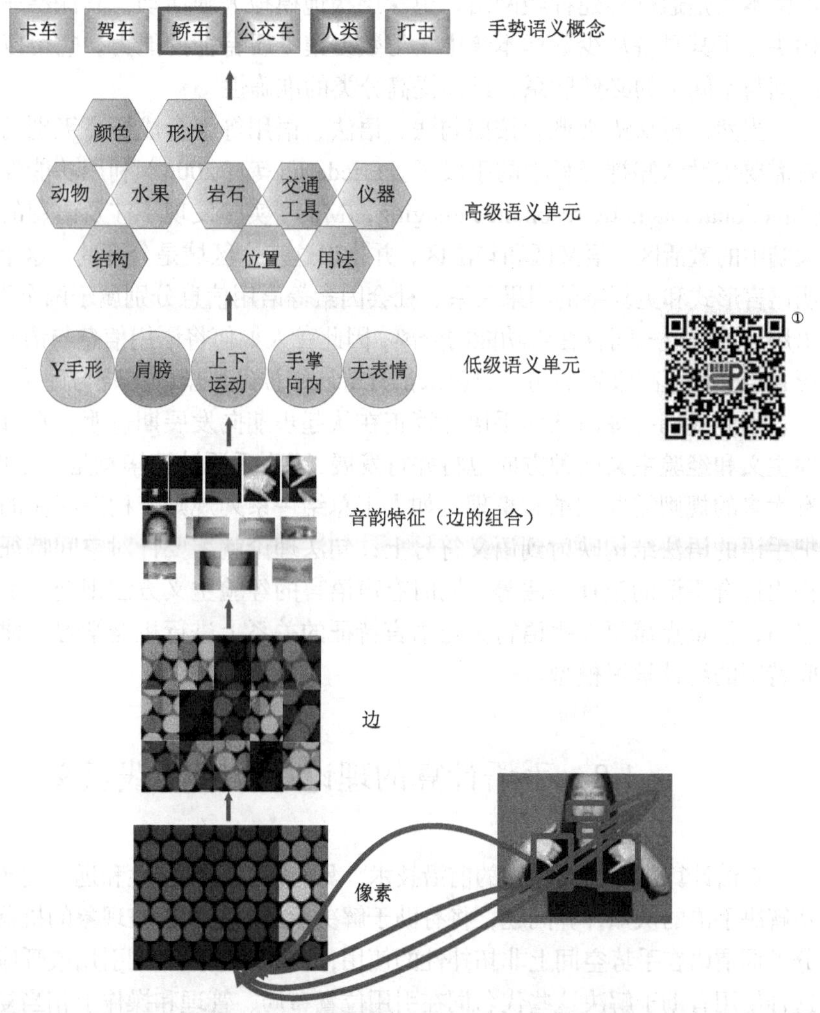

图1.3 手语认知计算架构（扫描右方二维码，查看高清图片）

① 用户扫描识别二维码后，首次登录的用户会收到登录验证页面，用户需要完成注册并登录账号后才能访问对应的二维码资源。对于使用微信扫码的用户，可选择微信身份一键登录，无须单独注册账号。

体感设备的出现，填补了这样的空缺，即可以直接从手语的底层物理特征推断出语言学特征——音韵特征。直接从音韵特征这种语言学特征推断语义概念，至少要比直接从图形学特征推断语义概念前进了一大步，而从音韵特征逐层加工成低级、高级语义单元，直至语义概念，即在输入数据时，每处理一层，提取的概念特征就更加抽象。深度神经网络就可以解决这个问题，众多文献表明深度学习的本质是通过构建神经网络，更深层次地模拟人脑活动，其深层非线性网络结构决定了其具备从少数样本集中学习数据集本质特征的能力。它可以找到数据在时间与空间上的必然联系，进而提高分类的准确性。

当然，再从语义概念按照句法、语法、语用等组合成更高级别的语义，可能就需要借助认知神经科学的手段了。Friederici 等（2006）利用功能性磁共振成像（functional magnetic resonance imaging，fMRI）实验发现了涉及语用的世界知识在大脑中的激活区、语义区和句法区，并指出这三个区域是分开的。这个实验事实表明语言形式和更复杂的因果关系、社会因素等语用信息分别属于两个不同的模块，语用和语言形式间存在着功能的分离，因此聋人如何将语用信息与语义概念等语言形式结合成更高级别的句子或篇章都有待认知神经科学的揭晓与证明。

因此我们有理由认为手语计算正在从起步期向发展期过渡。在过渡期内，理性主义和经验主义两种方向也将并行发展，因为手语计算毕竟是一个庞大的体系，有太多的规则需要归纳和整理，如人工总结一系列规则，构造相应的推理程序，把手语的语法结构映射到语义符号上；句法理论就需要针对空间特征进行扩展，提出适合手语的依存语法等。同时有声语言的经验主义方法则会给手语计算带来启迪，但重点需要在手语行为与语言特征的关系上进行机器学习，建立融合了空间特征的统计学习模型。

1.8　手语计算的理论意义和实践意义

手语计算作为信息领域的前沿技术，具有很强的创新性和远大的拓展前景。成功解决手语的认知计算问题，将有助于解决手语中其他语言现象的机器翻译。比如分类词谓语在手势空间上非拓扑性的使用，可为手语代名词引用或呼应存储位置，这种使用有助于解决这些代名词在引用位置布局、管理和操作上相当复杂的问题。此外手语机器翻译需要研究实体关系抽取、3D 场景的空间规划、路径规划等方法，对促进文景转换系统的实用化具有重要意义。由此可以看出，对手语计算的研究不仅可以对计算机科学、语言学的发展起促进作用，而且对神经科学、人工智能和认知科学的发展也可起到推动作用，甚至对自动问答、信息抽取等自然语言处理应用，都能提供重要的资源和技术支持，是一个既有理论意义又有实践意义的研究课题。

1.8.1 理论意义

开展对手语计算的科学研究，具有重要的理论意义。Aronoff 和 Rees-Miller（2008）曾对手语做过一个恰当的比喻，即 an ideal natural laboratory，意思就是"一个理想的自然实验室"，因为通过手语，语言学家可以把语言特征与人类分离而单独进行研究。研究手语可以帮助我们进一步探究人类语言的本质，了解人类语言结构、儿童语言习得、人脑语言机制等等。

1. 将手语计算研究从语言学层面转向揭示人类思维规律的认知层面

我们的实验初步表明手语使用的空间不仅可以作为一个概念性媒介，还可以作为有效的表达手段，具有丰富的空间隐喻内涵。人们普遍认为手语隐喻具备独有的特点，即双映射，包括手语的象似性和隐喻性，不同于有声语言的单映射。目前手语研究停留在用认知语言学来阐释的阶段。随着语言学界对手语研究的逐渐深入，对手语隐喻的研究将会逐渐形成相对完整的理论。

但目前其理论背后的神经加工机制研究还是一片空白，需要借助事件相关电位（event-related potential，ERP）脑神经成像技术来探究。从某种程度上讲，大脑处理手语比处理口语更为复杂，其原因就在于空间是口语可有可无的属性，而对于手语而言空间就是一切。对手语隐喻计算的深入研究，有助于阐明手语隐喻的神经加工机制，进一步揭示手语隐喻的普遍性和差异性。

2. 扩展传统语言计算理论，提出手语计算模型

对手语的自然语言理解是人工智能和信息处理领域中的一项重要课题。目前随着信息技术的发展，以文本为主要对象的有声语言信息处理的工作重点已从编码、输入方法和字的研究逐渐转移到语法层面，并进入深度计算阶段，然而手语信息处理却严重滞后，处于从空白到起步的过渡阶段，其原因主要在于没有现成的手语语料库资源能够用于机器学习和深度学习，缺乏研究的基础，从而阻碍了手语机器翻译、手语问答系统、信息检索等信息处理的应用研究。

众多学者认为，不同国家的手语具有不同的语法特点，但其语音学结构基本相同。若能借鉴深度学习、脑认知等理论，避开手语语料数据稀疏的问题，实现手语的认知计算，则可解决手语自然语言处理的难题，使计算手语学理论的扩展成为可能，从而突破制约手语研究的瓶颈，推动和促进各国手语研究。由此可见，手语的认知计算具有广阔的应用前景和科研价值。

3. 为建立具有普遍意义的手语语言学理论做贡献

手语同有声语言一样，也是人类对客观世界感知体验后的产物，但其大脑处

理手语的机制不同于有声语言，有声语言以时间序列为基础，而手语则是以对空间的运用和感知为基础。本书采用具有实证特色的比较法，该实验手法可为手语语言学提供切实的证据，揭示手语隐喻对更深层的认知系统的作用，比如手语对心理词典储存方式的影响等，从而扩展手语语言学科内容，弄清语言特征与发音器官的认知关系，有助于我们找到影响语言本质的生物性因素和其他因素。

1.8.2 实践意义

1. 手语计算具有很强的现实意义和社会意义

中国是一个人口大国，聋人数量也居世界之首。根据第六次全国人口普查人数及第二次全国残疾人抽样调查结果，可推算出截至 2010 年末我国听障人数为 2054 万人，比人口最多的少数民族——壮族（1693 万人）还多，而且每年还会递增 3 万名听损新生儿①。1996 年 12 月在马来西亚召开的国际聋教育研讨会上通过的《吉隆坡宣言》指出，手语是绝大多数聋人的第一语言，也是聋人之间必不可少的交流工具。

《中国残疾人事业“十二五”发展纲要》提出“将手语、盲文研究与推广工作纳入国家语言文字工作规划，建立手语、盲文研究机构，规范、推广国家通用手语、通用盲文，提高手语、盲文的信息化水平”。研究中国手语，并对这门空间语言进行信息化、智能化研究是一个难题，也是摆在我国科技工作者面前的一项重要任务，尤其是在国家实行少数民族语言保护政策和大力推行信息无障碍工作的社会背景下，这项工作对服务国内弱势群体、构建和谐社会显得更有意义，对我国的特殊教育、无障碍事业乃至整个人类科学技术的发展都有极好的促进作用。

2. 手语研究将促进聋人汉语教学和医疗诊断

目前手语研究严重滞后于社会需求。引入认知神经科学技术可使手语研究具有更强的客观性、稳定性和科学性，其成果的推广应用将极大促进聋人的汉语教学和语言学研究。此外可利用隐喻理解难于本义句理解的特征，用隐喻测试建立认知障碍患者病变程度的量表，以该量表辅助其他医学诊断，从而帮助诊断失语症患者的语言能力；此外还可以诊断老年人的语言能力，以此来判断阿尔茨海默病的病情等，尽早干预和阻止患者病情恶化。手语研究对于失语症、阿尔茨海默病等与语言密切相关的脑疾病的诊断和研究具有实证方面的价值，可促进神经病症的有效诊断。

---

① 中国残疾人联合会. 2010 年末全国残疾人总数及各类、不同残疾等级人数. http://www.cdpf.org.cn/sytj/content/2012-06/26/content_30399867.htm [2016-4-26].

3. 手语计算是基于获取安全、经济等各种情报的需要

据光明日报报道①，英国某市的政府信息中心雇用了300多名语言分析师，监控分析全球各种语言文字信息。美国推出“全球自动语言采集项目”“开源情报事业计划”“全面信息感知计划”“语言隐喻库建设计划”“跨语言情报侦查、提取及摘要系统”等项目，着力提升其在任何国家、从任何语言中获取情报的能力。以公开语言文字信息为主要猎取对象的开源情报手段和网络窃密方式，更增加了信息安全维护的艰难性和紧迫性。因此美国国家科学基金会每年拨出专款资助英语和手语计算的项目，将手语计算纳入国家安全战略，同时从国家战略高度规划语言发展，并通过庞大的计划和项目来强化手语教育、培养语言人才、增加语言储备、建设语言资源库和语言掌控系统、提高语言情报获取能力和语言分析技术、扩大语言输出。

西方国家的语言战略已经突破单纯的军事意图和传统的安全领域，把安全、经济、科技、文化和政治等核心领域以及全球利益都纳入视野之内，赋予包括手语在内的语言以更多使命，语言安全形势逼人。

1.9 小 结

手语计算研究的核心问题是手语这门独立语言的自动理解和自动生成。前者从手语句子表层的手势和非手动特征序列识别句子的句法结构，判断成分之间的语义关系，最终弄清句子表达的意思；后者则从要表达的意思出发选择手势和非手动特征，根据手势间和非手动特征间的语义关系构造各个成分之间的语义结构和句法结构，最终造出符合语法和逻辑的手语句子。

手语计算研究也像其他学科一样，有科学研究与技术研究两个层次。科学研究的目的是发现语言的内在规律，探索语言理解和生成的计算方法，建设语言信息处理的基础资源；技术研究则借助应用目标来驱动，根据社会的实际需要，设计和开发实用的语言信息处理系统。手语计算的应用目标是使人与计算机之间可以用手语进行交流。具体来说，就是建立各种处理手语的计算机应用软件系统，如机器翻译、自然语言理解、手语自动识别与合成、计算机辅助教学、信息检索、自动分类、自动文摘，还有手语视频中的信息提取、互联网上的智能搜索，以及各种电子词典和术语数据库。

随着大数据的普及，手语计算的社会需求越来越大，人们迫切需要用自动化的手段处理海量的手语语言信息。然而，由于学科理论发展的局限性和手语本身

① 赵世举. 切实推进国家语言能力发展战略. 光明日报，2016年5月19日。

的复杂性，目前我国自然语言处理理论和方法的研究还不能为开发手语计算应用系统提供足够的支撑。多年来，国内计算语言学和自然语言处理学科发展的特点之一，是应用型研究和实用系统开发的目标比较明确，投入相对较多，也取得了一些成果，而基础理论和方法的研究则相对薄弱。另外，语言资源的建设和基于语料库的语言分析方法也受到了格外关注，取得了较快的进展。

我们在研究手语计算时，必定要研究传统的有声语言计算，还要了解交叉学科以及所涉及的一些领域研究的最新成果和动态。其原因有四：一是中国手语植根于汉语广袤的土壤，它们之间有着千丝万缕的联系；二是研究手语计算，其目标之一是机器翻译，即通过计算机将有声语言翻译为手语，或将手语翻译为有声语言，所以在研究几种语言的翻译时，必定要做到“知己知彼”；三是有声语言计算研究已经远远地走在手语计算研究的前面，西方的某些研究也走在我们的前面；四是手语计算研究涉及太多领域，各领域之间互相渗透和影响。

因此，我们在研究手语计算时，不能孤立地研究和阐述手语计算，必须高屋建瓴，将手语计算放在整个学术研究的大背景下，通过比照分析、全面分析方可了解透彻。或许您在阅读时会疑惑，怎么上一段在论述有声语言计算，而下面又在阐述人工智能的发展？故此，希望亲爱的读者静下心来仔细阅读，不能断章取义，要联系前言后语，方可明白。

我们在研究中需要践行“中西融合、古今贯通、文理渗透、综合创新”的学术思想，借鉴其他国家、地区和有关领域的研究成果、经验和教训，尽可能地使手语计算研究少走弯路。

第 2 章　从人工智能的发展历史看手语计算

从计算机诞生，“自然语言处理”这个概念被提出伊始，人们便希望计算机能够理解人类的语言，于是便有了图灵测试[①]。尽管在 2018 年的谷歌 I/O 大会上，宣称新产品“谷歌助手”（Google Assistant）已经通过了图灵测试，但其离真正理解人类语言仍有很大的差距。让计算机能够准确理解人类的语言，并自然地与人进行交互是自然语言处理的最终目标，也是大多数自然语言处理研究人员的最高追求。为此，各路大师在这座耸入云天的科学峻岭上不断攀爬，有的甚至用尽毕生精力披荆斩棘却仍迂回在攀登的路上，依旧没有看到成功的曙光。正是这些大师们无数成功或失败的努力，成为自然语言处理科学研究道路上的基石，让一代又一代科学家前赴后继地攻克了一个又一个难关，扫除了一个又一个障碍，推动自然语言处理科学的研究向前发展。

2.1　对手语计算的误解

手语已被世界学者公认是一门独立的自然语言。随着社会的文明进步、信息产业的飞速发展，越来越多的科研人员和爱心人士开始关注并研究手语识别。近几年我国国家自然科学基金委员会先后批准了十几个手语识别项目立项，涉及单位包括中科院计算所、哈尔滨工业大学、北京工业大学、大连理工大学等，这些项目都取得了不同程度的进展，获得了可喜的成果；还有些民间机构，以及一些企业、兴趣爱好者，也纷纷开始关注手语识别，希冀借助现代科技解决手语与文字、手语与语音之间的翻译问题，实现聋人与健听人之间的无障碍沟通。在这些项目中，最具代表性的有中科院计算所的手语识别系统、北京工业大学的 2008 年北京奥运会手语播报系统等。

2019 年，腾讯优图实验室推出“优图 AI 手语翻译机”，旨在通过人工智能技术缓解听障人群的沟通障碍问题。他们本着人文主义的精神，想利用科技去帮

---

①“图灵测试”（The Turing Test）一词来源于计算机科学和密码学的先驱艾伦·麦席森·图灵（Alan Mathison Turing）写于 1950 年的一篇论文《计算机器与智能》（“Computing Machinery and Intelligence”），指在测试者与被测试者（一个人和一台机器）隔开的情况下，通过一些装置（如键盘）向被测试者随意提问。进行多次测试后，如果机器能让每个参与者做出平均超过 30%的误判，那么这台机器就通过了测试，并被认为具有人类智能。

助更多的聋人实现无障碍沟通。正是这些源源不断的愿意为聋人做贡献的科学工作者，才让“手语”这门特殊的语言越来越多地出现在大众的视野中，让人们关注到身边还有如此庞大的聋人群体，从而关注手语识别、手语机器翻译等科学技术。

但笔者发现，对于大多数人来说，他们并不熟悉手语识别的概念，常把手语识别跟手语理解或手语计算混淆，这种情况是可以理解的，因为手语毕竟属于使用人数相对较少的语言，况且手语识别和手语计算研究相对有声语言的识别和计算研究已大大滞后，尚处于起步阶段，加之这方面的科普工作做得很薄弱，因此大众对这两个概念的混淆是情有可原的。

因此，笔者首先简单介绍一下这几个概念。我们拿有声语言的语音识别与语言计算作类比，就容易理解了。语音识别属于声学信号处理的范畴，语言计算属于语言学的范畴；同理，手语研究中的手语识别属于图像信号处理的范畴，而手语计算属于语言学的范畴。

从语言学的角度来看，这两个概念虽互相渗透，但各有“地盘”。目前“手语识别”的研究水平停留在翻译对应的手语单词上，并不具备翻译整段句子的功能，它充其量可以作为一本“手语单词识别字典”，但如果非要说它是具备了一定手语成句翻译功能的“手语识别系统”，那也只是“手势汉语翻译系统”。此系统并不适用于以中国手语为第一语言的广大听障人群，而是专门供健听手语爱好者和听障人群中接受过一定教育的少部分聋人使用的。

手语拥有自己独特的语法。最常见的例子就是手语中的否定后置。例如，我们用汉语说“禁止喧哗”，翻译成中国手语就成了“喧哗+禁止”，这两个词的前后位置有变化，否定被放到了后面，这是因为手语是以视觉效果为基础的空间语言，否定后置会使句意表达更有力。就像我们用网络在线翻译把一个汉语句子翻译成英文句子后，可以保证翻译后的英文句子百分百还原汉语句子的句意且没有语法错误吗？答案是否定的。同样的道理，如果不能搞清楚手语中的语法关系，直接翻译整体句子，句意也很可能会是不伦不类的，最多只能实现单词、短语的选择性翻译，这就是笔者所说的，目前相关手语识别的研究只能定义“手语字典”。

手语识别需要同手语计算结合起来，才有可能实现整句翻译功能。即使是有声语言的自然语言处理，即传统语言计算，都还有些没有逾越的障碍，何况手语计算呢？要达到上述目标还有无数个科研难题需要攻克。

2.2　从人工智能的突破看待手语计算

科技的发展从来不是一帆风顺的，从最初技术的萌芽到产业化生产，从实验室走向市场，走向人们的生产和生活，往往需要科学家们默默无闻的奋斗、坚持不懈的付出，有的甚至需要几代科学家呕心沥血、前赴后继去攻克难关，这是一个曲折漫长的发展历程。

人工智能的发展也是如此。自 1956 年人工智能理论被提出到大规模产业化应用，这中间经历了曲折迂回的发展过程，中间几起几落。近十年，随着大数据、云计算、物联网等技术的发展，以深度神经网络为代表的人工智能技术才得以飞速发展。尤其是 2016 年谷歌旗下 DeepMind 公司开发的 AlphaGo 人工智能系统战胜人类世界围棋冠军李世石，人工智能才真正从实验室进入人类的生产和生活，并成为投资的风口，中国、美国、日本、欧洲等国家和地区纷纷提出了自己的人工智能战略计划。

第三次人工智能产业的复兴，主要得益于数据、算法和算力三大要素的共同推进。至此，人工智能产业才开始步入成熟，实现了机器对人类认知范围的扩张，在金融、医疗、教育、无人驾驶等领域开启了突破性的发展。

在作为人工智能生长动力的数据、算法、算力三要素中，算法是前提，数据是原动力，算力是基础，如图 2.1 所示。正是这些因素的快速发展才促进了人工智能的发展。

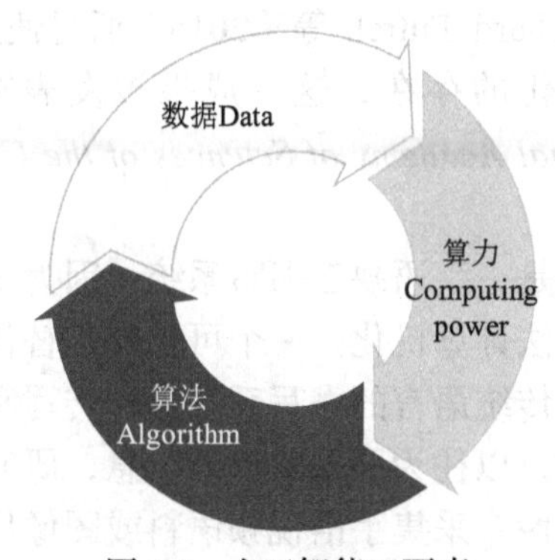

图 2.1　人工智能三要素

2.2.1　数据

数据是最关键的因素之一，人工智能的进展取决于大数据。人工智能的根基是训练，只有经过大量的训练，神经网络才能总结出规律，应用到新的样本上，就如同人类如果要获取一定的技能，就必须经过不断的训练，方可熟能生巧。如果现实中出现了训练集中从未有过的场景，那人工智能会基本处于瞎猜状态，其正确率可想而知。比如需要识别勺子，但训练集中勺子总和碗一起出现，那样神经网络很可能学到的就是碗的特征，如果新的图片上只有碗，没有勺子，那么该图片依然很可能被分类为勺子。因此，对于人工智能而言，大量的数据太重要了，而且需要覆盖各种可能的场景，这样才能得到一个表现良好的人工智能模型。

然而在计算机诞生初期，数据都未电子化，获取数据的成本过高。从软件时代到互联网时代，再到如今的大数据时代，数据的数量和复杂性经历了从量变到质变的飞跃，可以说大数据引领人工智能发展进入了重要的战略窗口。互联网与大数据技术的发展和广泛使用产生了海量的低成本数据；电子商务、社交网络、共享经济、新闻推荐和视频等互联网商业模式的发展产生了大量的数字化数据，无须经过复杂的处理就可以作为人工智能学习的素材。“互联网+”的推动和互联网与传统行业的深度融合，也使传统行业的数字化程度不断提高，使原本生产经营过程中不可获取或未数字化的数据持续产生、汇集，成为人工智能的素材和该产业领域智能化赋能的基础。因此，人工智能可以通过构建多层的机器学习模型，进行大量数据素材的训练，从中高效地寻找新规律或新知识，并发掘数据中更关键的特征，进而提升分类和预测的精度。

对于有声语言计算来讲，随着互联网时代海量数据的爆炸式增长，日益增长的以声、像、图、文为载体的网站、软件等为有声语言计算提供了大容量、多样性和高增速的语料资源，从而人类就可以根据需要进行深入分析，挖掘这些语料中所蕴含的知识。这方面最显著的成果是麻省理工学院（Massachusetts Institute of Technology，MIT）的 Richard Futrell 等（2015）通过使用 37 种语言的大数据语料验证了依存距离最小化的存在，这一成果被发表在《美国科学院院报》（*Proceedings of the National Academy of Sciences of the United States of America*，*PNAS*）上。

与此形成鲜明对比的是，手语缺乏书写系统。因为书写系统是能够进行信息处理的基础，所以手语没法计算机化。一个可选择的替代做法是，将手语视频作为手语语料，然后用本国传统语言的书写系统进行转写和标注，但是手语视频的采集和标注非常烦琐费时，以往为了采集手语信息，研究者通过采集传感器利用可穿戴式设备或者普通摄像头采集手语视频语料或图像信息。这两种方式由于采集过程较为烦琐，用户体验感差，技术也不成熟，因此未实现大范围的推广应用。

转写、标注手语视频也非常烦琐且困难，Dreuw 和 Ney（2008）指出在众多语料标注中，唯有手语视频标注的实时因子（real time factor，RTF）为 100，意指 1 小时的手语视频语料需要花费 100 个小时做标注，而有声语言标注的 RTF 一般为 1。如此费时的高成本标注，使得标注人员难以花大量的时间来标注完整的语言学细节。最常见的标注是标注人员根据手语视频直译的文本进行标注，这种文本使用本国传统语言的书写系统来标记手语，很显然在此基础上是无法实现手语的空间计算的。

为此，需要有一整套模型来记录手势的所有空间信息，即手语语料库还需要一个可靠便捷的方法为手语数据建立一个手势者 3D 模型，以及标注必要的信息以便供机器学习系统进行训练，因此需要大规模手语视频语料自动标注技术的实现和配合。如果不标注这样的词法和语法信息，则手语动画脚本、动画、机器翻译等系统都无法自动处理手语的空间信息。遗憾的是目前尚未见到有关手语语料自动标注技术的报道，现有手语数据仍停留在人工标注阶段。

从以上可以看出，作为一种典型的人类语言，手语数据仅停留在语料收集和人工标注阶段，根本无法上升至构建于其上的知识组织、归类分析及深层挖掘。因此面对手语如此庞大、丰富的稀有资源，我们却面临着尴尬的局面：对手语资源的利用率极其低下，没有有效的手段去挖掘。这种情况类似于手语这个知识宝矿被深埋在海底难见天日，而我们缺乏有效的探测和挖掘手段，从而无法实现随心所欲的大海捞“珍”，只好望洋兴叹。

2.2.2　算力

在人工智能的三个基本要素中，算力的提升直接提高了数据的数量和质量，提高了算法的效率，加快了算法的演进节奏，算力成为推动人工智能系统整体发展并快速应用的核心要素和主要驱动力。随着计算成本的不断下降，服务器也变得越来越强大，人工智能技术发展的限制也不断放宽。百度 CEO 李彦宏在 2017 世界互联网大会上表示[①]，过去我们觉得人工智能不实用，是因为它会用到的算力太大，大家会觉得在经济上不能够承受，但今天的算力已经到达了临界点，可以使很多的人工智能变得实用，变得可用。如图形处理单元（graphics processing unit，GPU）出现之后，亚马逊公司开始提供硬件工厂，让大家通过租赁方式去构建集群，节省了人力和硬件成本。

按照摩尔定律，计算机处理能力每 18 个月翻一番，这就意味着计算机的算力将呈指数级增长。传统的计算机结构以擅长逻辑控制和通用类型数据运算的中央处理器（central processing unit，CPU）为计算核心，GPU 主要用于图形处理。后来人们发现，GPU 在浮点运算、并行计算方面的优势可以很好地匹配大数据分析的需求，因而自 2012 年开始被广泛应用于人工智能领域。随着 GPU 在人工智能领域的使用、专用人工智能芯片的开发以及云计算的发展，计算机处理能力和运算速度获得大幅度提高，支持多层神经网络的巨大计算量得以实现。2012—2018 年，人工智能训练任务所需的算力呈指数级增长，目前每 3.5 个月增长一倍。

人工智能计算具有并行计算的特征，按照工作负载的特点主要分为训练（training）和推理（inference）。传统的通用计算无法满足海量数据并行计算的要求，于是以 CPU+GPU 为代表的加速计算得到了快速发展，成为当前主流的人工

① 李彦宏. 2017. 百度李彦宏：人工智能是未来中国数字经济发展的推动力. https://www.sohu.com/a/208166620_115565[2020-05-12].

智能算力平台，推理类工作负载具有实时性要求高、场景化特征强、追求低功耗等特征，在不同的应用场景下呈现出明显的差异化，除了 GPU 加速计算解决方案以外，还出现了众多新的个性化算力解决方案。

算力的提升使神经网络的计算限制逐渐减少。人们发现虽然神经网络是个“黑盒子”，但深度神经网络加上嵌入式技术却能省去好多设计特征的精力。至此，深度学习被用于有声语言计算中，目前提升有声语言计算和算力的手段，除了涉及芯片、内存、硬盘、网络等所有硬件组件的整体优化，还对有声语言计算的特点做了优化，对资源的管理和分配做了调整，即为自监督训练的应用场景和工作负载提供算力。

2018 年谷歌开源的 BERT 模型，在训练时会将输入句子的随机单词盖住，然后让模型根据上下文的内容预测被盖住的单词是什么。通过这一方式，模型可以学到自然语言隐含的句法，亦能对词义和句义有所掌握。更重要的是，这一方法不需要任何人工标注。数字时代无数的自然语言资源——电子书、网站、论坛帖子等等都能成为训练数据的来源。句子以自身信息作为监督，对模型进行训练，故称自监督学习。在无限数据的前提之下，算力便显得愈发重要。在提出 BERT 模型的原论文里，谷歌用 16 块自主研发的人工智能芯片——Tensor 处理器（Tensor Processing Unit，TPU）训练了四天四夜，才最终收获了突破性的结果。这种算力相当于使用 64 张英伟达（NVIDIA）顶级显卡，且这些显卡在多方优化之下训练三天，才有可能成功复现这一成果。

算力的发展主要朝着两个方面延伸：一是资源的集中化；二是资源的边缘化。前者主要是以云计算为代表的集中式计算模式，该模式通过 IT 基础设施的云化给产业界带来了深刻的变革，降低了企业投资建设、运营维护的成本；后者主要以边缘计算为代表，与物联网的发展紧密相连。物联网技术的发展催生了大量智能终端的产生和发展，这些智能终端在物理位置上处于网络的边缘侧，而且种类多种多样。由于云计算模型不能完全满足所有应用场景，有一定的局限性，因此海量物联网终端设备趋于自治，若干处理任务可以就地解决，节省了大量的计算、传输、存储成本，使得计算更加高效。例如，科大讯飞使用了边缘计算技术，研发了物联网智能硬件终端——讯飞翻译笔，搭载了智能物联网操作系统 iFLYOS 2.0。

2.2.3 算法

算法是一个有限长度的具体计算步骤，以清晰定位指令来使输入资料经过连续的计算过程后产生一个输出结果。算法在语言计算的各个环节都有着广泛的应用，是计算机实现理解语言的精髓所在。算法的优劣直接导致人工智能水平的高低。训练模型在确定了算法并进行了数据预处理后，经训练、评估和调参方可形成。当前主流的算法有传统的机器学习和神经网络算法两种。由于深度学习技术的突破，近年来神经网络算法也进展迅速。选择算法需考虑数据的大小、质量、算法的精度、计算时间等因素。

人工智能要应对的现实生活是复杂、多变的，这就需要完整的核心算法体系。人工智能实际上是一个将数学、算法理论和工程实践紧密结合的领域。若是细细研究人工智能，会发现归根结底就是算法，也就是数学、概率论、统计学等各种数学理论的体现。它包括基础算法和应用算法。基础算法往往是指研究共性问题的算法，它涉及基础数学理论、高性能数值计算等学科，可以应用到多种实际问题中；而针对性强的应用算法往往会应用到具体问题所涉及的“具体知识、先验信息”，从而更好地解决实际应用问题。基础算法和应用算法都很重要，拥有基础算法将更有助于应用算法的丰富与深入。

前面已谈过，人工智能技术的发展并非一帆风顺，整个过程有过失败、停滞，也有飞跃式的前进。纵观整个起步、发展和应用过程，不难发现，它的高速发展离不开基础研究的突破性进展。从 20 世纪 80 年代开始，美国在基础研究特别是算法研究上取得了突破性进展，如相关研究者提出的一种新型的具有长期短时记忆能力的递归神经网络（Long Short-Term Memory-Recurrent Neural Network，LSTM-RNN）近年来被广泛应用于语言计算，它就是借鉴了大脑神经元的工作原理，相比传统的深度神经网络方法，该模型可以将错误识别率再降低 20%—30%，它和人脑神经网络在时间上进行信息积累相类似，通过网络拓扑结构的优化和改变可以实现对序列性数据更好的处理能力。

近几年，我国在人工智能领域也取得了长足的发展，但核心算法的滞后制约了我国人工智能产业的进一步发展。人工智能的发展需要学者的共同努力，从底层框架和核心算法做起，研究整个数学模型、算法设计、模拟训练；此外，除了协同优化，还要根据需求随时修改，从而真正解决实际问题。例如，语言计算应用了很多深度学习模型，但这些深度学习多是密集型深度学习，需要更新所有神经元，这对能量消耗非常大。

北京大学研究员 Sun 等（2017）聚焦在稀疏化的深度学习自然语言处理，提出用一个简单有效的算法 meProp 来简化训练及训练出的神经网络。他们在反向传递算法中，找出梯度中最重要的信息，仅用全梯度的一小部分子集通过计算来更新模型参数。基于稀疏化梯度，他们删除了很少被更新的行或列，从而降低了训练和解码偶成中的运算量，并且可能在真实世界应用中加速解码。实验结果显示，在很多案例中，他们仅需要更新每个后向传播过程中大约 5%的稀疏程度，最终模型的精确度就有所提高，并且运算量极大降低，对于需要低能耗的移动端很有价值。

我们可以看到，只有人工智能成功的三大要素，即数据、算法、算力取得突破性进展，人工智能才有可能取得更大的成功，如图 2.2。

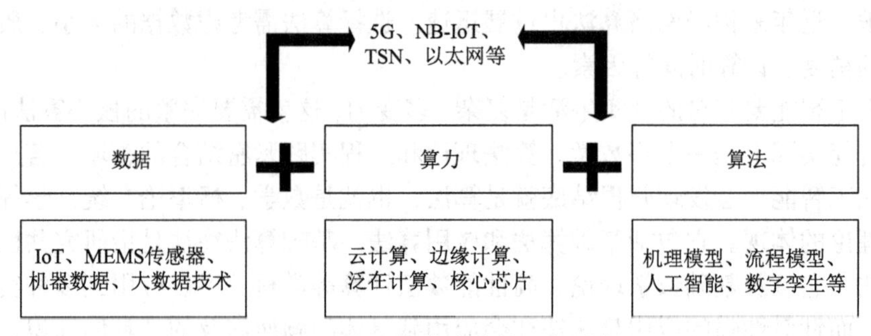

图 2.2　人工智能成功的三大因素

同时我们也看到，手语计算的困境其实是卡在数据这一因素上，因为手语数据转写的书写系统是针对有声语言的，理论上可以借用有声语言计算背后的计算模型和数学理论，所以算力和算法并不是手语计算的短板，相反可以为手语计算助力，而真正的障碍在于数据这个唯一的因素。因为人工智能是建立在海量的数据以及对海量数据的分析处理的基础之上的，将传统的手语资料、手语信息进行数字化的代价极高，而且对海量数据进行自动获取、自动加工和标注需要强大的运算能力的支撑。在很长的一段时期内，国内既无低成本和足够丰富的海量手语数据的获取能力，也没有足够强大且成本低廉的数据加工能力，因此，当今的有声语言计算理论自提出之后并没有在手语计算领域里表现出这样强大的应用能力。

中国手语与汉语一样，都存在不同区域的方言。中国是一个人口大国，听力障碍总人数也居世界之首，中国手语使用人数超过了任何一种少数民族语言的使用人数。因此中国拥有世界上最丰富的手语资源，不但在手语的手势、句法、语义和语用等层面拥有丰富的语言资源，而且中国手语方言也是世界上最多的，其手语的多样性也为世界所罕见。随着人们对中国手语研究的重视和深入，超级手语数据集可能会产生，并不断更新和扩大，这样就能进一步推动手语计算的算法不断创新。

2.3　手语计算与手语识别的关系

今天手语计算与手语识别的关系其实有点类似于初期有声语言计算和语音识别的关系，我们不妨回顾一下语音识别的历史。

语音识别最简单的就是孤立词的识别，最早的语音识别技术始于 1952 年，贝尔研究所 Davis 等人研制了世界上第一个能识别 10 个英文数字发音的实验系统，成为语音识别历史的开端。其方法是预先存入用户说的单词，然后将其作为识别时的对照模块，这样语音识别便成了一个最佳匹配的决策问题，像这样一些孤立的语音命令可用来代替或补充由键盘输入的指令和信息。对于一种固定的语言来说，在语音信号中单音节的模式类数量相对较少，因此语音识别相对简单，而且基本上实现并达到了产品级标准。这是因为通过拾音器（话筒）和声卡，我们可以很方便地将人类的语音信息变换为计算机能够处理的数字序列，然后语音识别工作便建立在对这种数字序列数据的分析、划分、辨识和整合之上。

很显然，这是一个物理学领域的语音信号处理，跟语言学并没有多大关联。即使这样，由于同音现象的普遍存在以及语境上下文的制约，问题也并不像开始想象的那样简单，在语音识别研究领域还存在着众多的疑难问题有待人们去探索、研究和解决。这种语音识别还需要定义音系学模型以便进行音节切分，需要人为定义声母段、过渡段、韵母段、闭塞段和停顿段等多个细节，并进行较清晰的划分。此外还有节奏、重音、音长、声强、句调等超音段信息，这些信息不是音段，它们的物理信号所代表的意义是相对的而非绝对的，更不用说连续语音识别里的语音与句法、语义关系问题。

总之没有语言学家的参与，这种语音识别的效果便是不尽如人意的，尤其是非特定人的语音识别需要与社会语言学结合。在语音识别发展早期的前 20 多年，即从 20 世纪 50 年代到 70 年代，人们并未认识到这个问题，也没有意识到语音识别其实与语言理解息息相关。这一时期人们在语音识别研究中走了不少弯路，研究成果近乎为零。

聪明的读者可能注意到了，今天的手语识别其实与那一历史阶段的语音识别研究类似，在进行手语图像处理时，也需要借鉴和定义手语的音系学模型，以便进行手势切分，由此可见手语计算和手语识别之间存在着密不可分的关系。

以中科院计算所的手语识别系统和腾讯的优图 AI 手语翻译机为例，这两个系统代表了国际最先进的水平，能实现有限的连续手语识别，但前者只收录了 5500 个词语，后者只收录了 900 个词语，如此稀少的数据是不足以覆盖手语所有语法现象的，能实现孤立手势的识别就不错了。连续手语识别的手势切分关键在于识别手语的音变现象，因为手语与有声语言口语一样，连续手势序列并不是单个音节的简单组合，手语句子里每个手势的组成部分以不同顺序组织，而且相互影响。受协同发音、韵律等因素的影响，手语也存在音变现象，从而导致连续的手势序列与单独的手势音节有很大的不同。

以中国手语为例，我们已发现中国手语有四种音变现象，分别是运动增音（movement epenthesis）、保持缺失（hold deletion）、音位转换（metathesis）和同化（assimilation）。虽然以上两个系统只覆盖了 1—2 种音变现象，但这些项目始终以聋人的需求为出发点和落脚点，且研究人员作为“手语识别”的先行者，对手语的信息化技术做了很多有益的探索，为改善我国的无障碍环境做出了贡献，这是值得肯定的。

但是要真正实现信息无障碍还任重道远，目前还有很多科学难题需要攻克，包括手语计算中还有很多需要跨越的障碍。目前造成手语识别困境的原因在于缺乏完整的手语计算理论，而手语计算理论的产生和发展受手语自身的空间特点与当前语言计算技术的局限，需要学者们攻坚克难，为之奉献。

美国学者 Matt Huenerfauth 是国际上知名的手语计算专家、宾夕法尼亚大学计算机系计算语言学专业博士，宾夕法尼亚大学自然语言处理研究组是全美国最好的团队之一。他受到过良好的科学训练，在就读大学时就已经掌握了美国手语，并考取了手语翻译员证书。他从 2006 年博士毕业到现在，十多年如一日地专心致力于手语计算的研究，其研究成果丰硕，从 2002 年到 2019 年已发表了 75 篇论文。从他的故事我们可以看到，要成为手语计算领域的专家，需要坐冷板凳，耐得住寂寞，要有不怕吃苦的钻研精神，还要具备多学科的专业知识。

我们从有声语言语音识别的研究进展中，已经明白了语音识别研究必须将物理声学研究与语言计算研究相结合，而且只有与语言计算研究结合起来，才有可能取得突破，那么手语识别研究也必须与手语计算研究结合起来。

1971 年，由艾伦 · 纽厄尔（Allen Newell）领导的一个语音识别研究小组意识到了这个问题，并发布了《纽厄尔报告》，该报告指出语音识别需要六个层次的知识：声学、参量、音素、词汇、语句和语义。前两个为物理声学内容，后四个为语言学内容，可见语音识别需要结合语言计算知识才有可能取得突破，语言计算知识在语音识别中占了很大比重。为此美国国防部高级研究计划局（Defense Advanced Research Projects Agency，DARPA）赞助了为期多年的语音理解研究（speech understanding research，SUR）项目，旨在探索《纽厄尔报告》中的创意。

语言识别的大方向正确了，只要深耕细耘，就一定会有重大突破。终于在 1972 年，IBM 公司的 T. J. 华生（T. J. Watson）实验室的弗雷德里克 · 贾里尼克（Frederick Jelinek）摆脱了将语音识别问题视为声学信号模式匹配的旧观念，开始使用 HMM 建立声学模型和语言模型，将语言学知识纳入了语音识别模型，从而将当时的语音识别率从 70%提升到了 90%，同时语音识别的规模从几百个单词上升到几万个单词，这样语音识别就有了从实验室走向实际应用的可能。此后基于统计的语音识别经历了 15 年时间替代基于规则的前后方法交替。

也许是 IBM 的语音识别取得了空前的成功，人们开始对语音识别盲目乐观起来，以为计算机马上就会像人那样与真人交流，能自由自在地进行人机对话。学术界和产业界开始制定大规模的美好蓝图，直接导致并推动了国际上更加激烈的竞争。例如，日本推出了第五代计算机规划，要求研发具有语言自动翻译和语音输入输出功能的智能型计算机，类似的还有美国 DARPA 计划、英国 Alvey 计划。

现在回顾起来，这些投资和期望都未实现，那些学者并未认识到仅靠先进的计算机和信号处理技术是不够的，这个“瓶颈”不是由技术手段造成的，而是由我们语言学基础知识的缺乏所造成的。换句话说，要使语音识别取得突破性进展，就需要研究人类是怎么理解语言的。

具体来讲，当我们能够通过语音识别辨认出语言的最小或基本音义结合单位、语素或词汇后，剩下的问题就是如何通过语法、语义和语用方面的分析，来获得一个语句甚至是一篇文章的含义了。虽然这个目标看起来很简单，但做起来还真挺难，因为这已经从语音识别的层次上升到语音理解的层次了，尽管语言的含义是独立于声音形象（语音）之外的，但因其与社会、文化、客观事物等密切的相关性，使得语言含义的理解更为复杂，为了达到理解的这一语言计算目标，至少需要解决以下两个问题。

（1）语言内部结构的形式化问题。对我们的语言结构进行有效描写，一直是理论语言学家所追求的目标之一。对于计算语言学而言，即使对我们的语言内部结构有了很好的描写，也存在一个如何将这样的描写转换为计算机所能处理的形式以及在多大程度上能够完成这样一个转换的问题，这便是一个形式化的问题。由于语言结构的系统性，我们通常要在语形（句法、词法、章法）、语义和语用等不同的层面上来对语言进行描写，所以相对应的形式化也必须给出各种有效的语形形式描写、语义形式表述和语用形式解释。

该过程涉及的学科众多，包括语形学、语义学、语用学、篇章语言学、计算理论、数理逻辑、模型论、可能世界的语义学、语言哲学等。所谓“术有专攻”，一个优秀的复合型人才也未必具备如此广博的知识，那么就需要多学科通力合作，这就需要这个行业具备渊博的专业知识和杰出的组织才能的领军人物和了解并组织学科研究需要的各方面人才。如果仅凭个人力量，往往会令人望而却步，即便开展了研究也会步履艰难。

（2）言语活动过程的算法化问题。单单对语言结构内部进行描写并做形式化表述是不够的，在语音理解的计算机实现中，更重要的是要在语言结构形式化的基础上，根据心理语言学研究所给出的人类言语活动理解过程的一般规律，找出这一过程中计算机实现的算法描述，并具体编制实现语言理解的计算机程序，这就是言语理解的算法化问题。同样，困难并不在于计算机编程之中，而在于对人类语言理解过程原问题的了解和算法化过程中。

以语谱图为例，语谱图是常见的语音信号加工来源，语音识别的任务就是从语谱图里找出语音的某种不变规律。然而即使是受过训练的语音学家，花上1—2个小时也不一定能解读出一个短句的语谱图，如果让计算机来解决这个问题，就必须使语言学知识和计算机技术有机结合起来。语音作为一连串离散的语声信号，只是从书面语言的字母中得来的一个臆想的概念，实际上我们从语谱图看到的几乎是完全连续的。

毫无疑问，离散的断点肯定存在，但它们绝对不是与语音音素之间这样简单的一一对应关系。为了搞清可见语言模式的次序和结构，找出其编码规律，我们必须研究语音的生成理论、感知机制以及语言本身的限制因素。语音生成理论自下而上由语音的声波起，我们要找出声道的声学和气流动力学模型，以及舌、上下齿、双唇、硬腭、软腭和喉咙等这些连续运动的规律，更高层次的方式便是搞清说话时大脑中的单词和完整的句子是如何组织的。

对于语音感知机制，我们还得收集大量的听觉处理过程的信息，这些信息能帮助我们决定在识读语谱图时选用哪些参数作为判读的指标。这主要是由于我们现在阅读语谱图时注意到的许多细节很可能往往被我们的听觉系统忽视，而另外一些方面则被其增强而形成有区别意义的编码要素。显而易见，要设计出语音自动识别软件，我们还得搞清许多有关语音和听觉的机制，其中最重要的一个部分是掌握语言结构的知识，包括词汇数据库，还需要知道生成语句时的词汇、句法和音韵学的规则。此外当包含语音理解功能时，还需要了解语义学和一些人工智能方面的知识。

从以上可以看出，有声语言计算与语音识别密不可分，你中有我、我中有你。语音识别在头 20 年里并未取得重大进展，仅停留在物理声学信号模式匹配的水平，与语言计算结合后才有了重大突破。这充分说明了语音识别与语言计算的融合是必需的，也是语音识别发展的必经之路，而且这个规律放之四海皆适用。

贾里尼克提出的 HMM 仅仅解决了英语的语音识别问题，要想解决汉语的语音识别问题同样也需要汉语语言学家的介入。汉语是一种有调语言，这决定了汉语除了采用常用的语音识别方法外，还拥有自身的许多特点，对声调的建模问题是汉语语音识别不同于其他语种的关键问题，如果没有语调区分的话，汉语中超过 30%的词将难以辨别。

中国科大讯飞公司开发的成功经验，就在于科大讯飞对本土语言汉语有深刻的理解。语音识别与汉语计算的学科交叉与合作成就了今天的科大讯飞，从而超越了 IBM 这样老牌的语音识别企业。

历史的轨迹发展到今天，面临这样的关口，手语识别不能再仅仅停留在物理图像信号的模式识别层次，应思考和引进手语语言学理论，大力发展手语计算理论，将手语识别的层次提升到语言学领域的语义理解水平，最终推进人类对自然语言的理解。

手语计算不仅是关系到听障群体的小众研究，也是关系到人类行为语言的大众研究。在上一章我们已经说明，在人类有声自然语言交流的效果中，面部表情和肢体动作占了 55%。这个有声语言交流的“大头”，就是属于行为语言的加工计算。因此，广义的手语计算包括手语，也包括行为语言的计算。它将有助于推动机器对人类自然语言的理解。

2012 年大数据时代来临，受益于科大讯飞、搜狗语音输入这样的大规模语料资源的积累，再加上适应于大数据的统计数学模型——深度神经网络的出现，语音识别的正确率有了飞跃性的提高，因为这种语料本身就是由大量真实存在的书面语或者语音构成的，蕴含了丰富的语义、语法和语用分析信息，为语言的量化研究创造了条件。

研究结果表明，当处理的语言越来越多时，这种深度神经网络就可以逐渐理解语言。这种技术可使得精确度至少提升 25%，这是一个巨大的飞跃。其实这个行业只需要提升 5%就具备革命意义。于是一夜之间，语音识别技术将人类这一曾经的梦想变成了现实，2016 年 10 月微软宣布已将对话语音识别错误率降至 5.9%，这个水平与人类对话的识别率已经基本持平。

对照语音识别的历史，目前的手语识别还处于萌芽期。尽管许多手语计算理论模型在手语识别中发挥着重要的作用，但还有很多理论问题、基础性课题并未得到彻底、圆满的解决，如空间建模、空间隐喻的表征、分类词谓语的认知机理等。总之，手语计算尚未建立起一套完整系统的理论框架体系。

2.4　人工智能的发展历史留给我们的启示

第一，从人工智能的战略高度来看，手语计算和手语识别均属于人工智能的分支。当前人工智能已遇到了发展的瓶颈，手语计算因本身学科性质，完全有可能作为人工智能新的突破口，并带动人工智能的发展。只不过手语计算作为自然语言处理的新领域，还未进入一些学者的视野，或未得到应有的重视。

目前，人工智能最先在语音和图像处理领域取得突破性进展，其后才应用到自然语言处理领域，相比语音和图像，文本语言是唯一完全由人脑生成和加工的非自然符号系统。近期的研究报道表明，深度神经网络似乎在处理自然语言上的优势并不明显，因此，我们还需要在如何开发更适应于有声语言的计算的问题上进行研究和探索。

手语是融合了图像和人工符号系统的语言，理应比传统语言更适合在向量空间内表示。手语的一些空间特征，如果利用深度网络做区分性非线性变换，得到的输出作为新的特征向量可显著提高识别率，有助于改善系统的性能，因为图像经过非线性变换后，已消除了原始特征与低层次描述无关的噪声影响，从而使描述图像特征的准确度和原始特征的相关度大大增加。

因此如果能发现具有潜在复杂结构规则的手语视频等丰富结构数据的本质特征，将为实现手语计算创造条件，并推动人工智能的进展。

第二，今天的手语识别与初期的语音识别类似，迟早也必然会与手语语言学家和手语计算专家合作，或迫使这方面的专业人才精通图形学、手语语言学和手语计算学等方面的专业知识，使之成为复合型学者，以适应研究之需要。

1999 年 Vogler 和 Metaxas（1999）就美国手语的运动增音进行了建模，使用 HMM 对 22 个词进行了手势切分，验证了音变现象建模的必要性。这些研究仅用到了运动增音一个音变现象，并未覆盖到其他音变现象。因此只有精通手语语言学和熟悉手语内部独有的规律和特征，才能深入开展手语计算研究，否则无法将手语计算从手语图像处理中分离出来。

另外，手语动作识别离不开手语计算，仅有计算机图形学的知识是不够的，必须有手语语言学的知识支撑。例如，Wang 等（2002）指出连续手语识别无法套用传统语言中语音识别的二元（bigram）或三元（trigram）模型等上下文相关知识，因为手语中并未定义音素，从而无法为语音建模，这种论述招致了手语语言学家的批评。诸如此类错误的言论还有 Vogler 和 Metaxas（1997）指出手语动作识别由于手语本身的特点而无法套用传统语言计算常用的与上下文相关的 HMM。实际上，如果懂一点手语计算知识的人就应该知道，这个问题需在手语音系学理论的基础上建立手势的过渡运动模型。

因此引入手语计算势在必行，鉴于手语在大众眼里仍属于小众研究，科普手语的任务仍任重道远。

第三，今天的语音识别已形成了一个多学科相互密切合作的团队，这些学科涵盖了语音学、语言学、生理学（神经生物学）、心理学、认知科学、电子工程、计算机技术和人工智能、物理学和声学、教育学和医学（康复工程）等。如果说每一学科都是迎春绽放的花朵，那么语音识别就是姹紫嫣红、众花齐放的花园。

这些预示着手语识别仅仅依靠计算机图形学或者人工智能学者是不够的，除了大力发展手语计算理论，可能还更多地依赖多个学科的交叉研究，该研究涉及的学科方向包括人工智能、计算机图形学、认知神经科学、计算语言学和可视化研究等，其中最突出的是手语生成涉及的动画虚拟人模型需要自然语言处理和计算机图形学的知识。因此我们需要从其他相关的学科汲取营养来丰富自己的知识，以适应学科交叉性和边缘性的要求，另辟蹊径来解决手语识别和手语计算的老难题、新问题。

第四，即便是多学科合作，各个学科之间的合作也不能仅仅依赖于其中任何一个，这是因为它们彼此之间的联系太密切了，以至于我们试图将其中任何一个复杂问题拆开研究，然后再拼凑起来的方法都行不通。今天，手语识别与手语计算正在经历着一个不光是学科专门化，而且多学科互相渗透的发展过程。要想成为一名优秀的手语识别专家，学工程出身的人得学会处理语言学和生理学之类的问题，而手语语言学家们则要知道手语识别和生成的音系学理论和计算机的编程方法。我们要试图敲开理解人类的基本功能的这扇大门，去加深对包括有声语言和手语在内的语言和语言本质的理解，去提高对那些由于大脑在发育时所产生的语言损伤的认识。

这将是一场激动人心的探险和挑战。因为大多数人视学会语言为理所当然，连小孩都很容易掌握语言，但人类如何理解语言至今仍是迷雾重重，世界上众多科学家至今仍未弄明白其中的工作机制。

第五，虽然人类已迈入大数据时代，只要有海量语料，就可以借助计算机强大的计算能力，制定适应的数学模型，挖掘出背后的知识，但手语识别和手语计算则无法享受到这个科学成果。未来很长时间内，获取和加工手语大数据可能是手语识别或手语计算的重中之重。

也许在小数据的基础上，研发更先进的算法来做大数据是手语识别或手语计算可以尝试的途径。小数据的计算方法是采用抽样，重点是不知道的事情比知道的事情更重要；而大数据的优点是数据足够多，它有让人看得见、摸得着的规律，因为大数据不需要抽样即可转变为全数据样本。有了全样本，我们就不需要科学的手段来证明这个事件和那个事件之间有怎样必然的关系，数据统计的高概率会显示相应的结果，结果已经出现，我们便不再追寻这个数据和结果是如何导致的，只需要运用这个结果，因此大数据为王就是这个道理。

第六，目前手语计算理论仍是空白。首先，很多人认为手语是小众研究，其实不然，手语计算理论可以为人类行为语言研究奠定基础，而行为语言研究涉及整个人类语言研究，不管是其理论意义还是实际应用，都具有广阔的前景，它绝对不是小众！

其次，相对于有声语言研究，手语计算研究的确有更大的难度。不管是小众研究还是大众研究，其实手语同有声语言一样，都是人类在对客观世界感知体验和认知加工的基础上形成的产物，是人类语言多样性的一部分。探索手语的奥秘，能够帮助我们更好地了解人类。

若能在手语计算上取得重大突破，则可解决手语信息处理的难题，使得扩展语言计算理论成为可能，并具有广阔的应用前景和理论价值。

但是手语计算研究由于需要攻克的难点多、困难大，且不是热门、时髦专业，或许需要长期坐冷板凳。国内在语言学领域开展手语计算研究的只有清华大学的江铭虎团队，其他团队则集中在计算机图形学领域的手语识别方向。笔者认为应站在人工智能的战略高度，鼓励更多的研究人员安心研究手语或行为语言计算，推动人工智能的发展，否则，宣称手语识别获得重大突破将是不合时宜的。

第七，除了大数据，未来手语计算的研究重点仍是匹配大数据的算法，这种算法将以统计方法为主。计算机的能力主要表现在“记忆”和“搜索”上，而不是创新/演绎推理上。统计方法在机器翻译以及中文分词等技术上的成绩，可以被理解为计算机依靠其强大的记忆能力，在海量数据和恰当的统计模型两驾马车的辅佐下取得的成功。完全人工的规则在语言知识的概括度和层级的系统性等方面可以表现出简洁的美感，但在工程应用层面，却缺乏对真实语料的有效覆盖，缺乏对具体而微的词语共现信息的准确刻画。人工规则更多的是在“类”的层面描述语言对象的性质，而统计方法（机器学习）则是在“例”的层面描述语言对象的分布、搭配、对齐等方面的性质，因此统计方法将成为手语计算研究的主流。

第八，手语计算是一个新生的交叉学科，人们对其的认识在近40年的探究中，也在不断地深化，从开始不承认手语的语言地位到形成共识，到为残疾人奉献爱心的信息无障碍研究，再到确认手语计算研究可促进人工智能发展的战略高度。人们的认识一步一步深入，至此越来越多的人，甚至包括健听人都更愿意学习手语，投身于手语的研究。

可对照语言学这个相对传统一些的学科，人们对它的认识也受信息科学的引导。那些对语言学认识的变化，更是意味着不同时期学科范式的革命。有文献曾把现代语言学的发展概括为以下四个阶段：

（1）传统语法——被看作法律的语言学；

（2）历史比较语言学——被看作生物学的语言学；

（3）结构主义语言学——被看作化学的语言学；

（4）转换生成语言学——被看作数学的语言学。

这种概括给了我们很多启发。转换生成语法诞生的背景之一，就是计算机对自然语言处理能力的限制，促使人们去思考语言的深层本质。当乔姆斯基以公理化方法建立起语言的转换生成系统的时候，其背后的哲学基础是理性主义。

在这个背景下，语言被看作确定性的数学对象。走规则路线的语言计算研究，无论其技术细节如何，都可以在这种公理化背景中找到其形式模型的根源。而在大数据时代，以海量数据为处理对象，以基于统计方法的机器学习技术为获取语言知识手段的新研究模式，则把语言看作非确定性的数学对象。

大数据和计算技术的变革在21世纪已经深刻影响了人类社会，也必然影响到语言学相关学科的发展以及研究方式的更新。我们相信这些新技术变革将会对手语计算产生积极、正面的影响。

2.5 小　　结

手语计算作为自然语言处理的新领域，也是互联网时代众多信息的重要载体之一。《国家中长期科学和技术发展规划纲要（2006—2020年）》已将语言计算列为前沿技术，这体现了国家对语言计算的重视以及语言计算在科学研究中的重要地位。有声语言中已实现且实用的信息检索、问答系统等研究成果无法照搬到手语计算中来，手语计算研究基本属于空白，还有很多难题有待学者去深入研究。例如手语版 Siri 尚未出现，甚至“分析互联网”、中英文“知识图谱”等语言计算的最新成果好像仍是“尔为尔、我为我”的状况，对于手语来说并没有沾到多少光。手语自身的特点导致了手语计算面临着一系列的困难，不管是理论构建还是商业应用，这些任务尚需长期艰苦的努力，但这种情况也提示着我们，手语计算很可能正处于改革的前夜。

在人类的历史长河中，手语拥有比传统语言更长的历史，大数据和互联网时代涌现出的新技术、新成果必将给手语这种有着悠久历史的古老语言注入新的生命力。在交叉学科的推动下，手语计算可能会出现实质性突破，也必将惠及更多的弱势群体。有声语言计算的惊人进展已推动人工智能和人机交互等学科大踏步地前进，如果我们能在理论、技术和工程方面突破手语计算、行为语言计算的一系列难题，则可大大加速推进自然语言处理和人工智能向前发展。

在信息技术和信息产业方面，永远是“一流出标准，二流出技术，三流出人工”。如何把基于我国庞大手语资源的科研成果变成全世界都遵守的标准，把手语信息资源变成巨大无比的知识库，应当成为当前和未来手语计算基础应用研究的首要课题。

第3章 手语书写系统

Saussure（1959）指出研究母语常要利用文献，如果研究一种远离我们的语言，则需要求助于书写的证据，对于那些已经不存在的语言更是那样，所以要致力于语言学研究，不可忽略对文字的研究。众所周知，在世界上所有的国家中，只有中国以汉语文化为代表的语言和文字，由于其民族文化强大的包容性与同化性而始终没有间断地传承至今，使得汉字成为世界上唯一没有间断过的文字形式。汉字是世界上最古老的三大文字系统之一，另外的古埃及的圣书字和两河流域苏美尔人的楔形文字都已经失传，仅有中国的汉字沿用至今，但是汉语的历史要远远早于汉字。汉字产生之前人们口耳相传，只有口语，没有书面语；汉字产生以后，打破了汉语在时空上的局限，成为记录汉语最重要的符号，汉语的书写系统随之形成和发展。

书写记录汉语的是汉语的书写系统（writing system），那么手语书写系统是什么呢？由于种种原因，中国手语至今没有一个能被聋人群体接受的标准书写系统，所以不存在任何形式的手语“文本”。限于目前的技术条件，我们只能将中国手语转写成近似的汉语书面形式，再进行计算机处理。因此，研究手语的书写系统，是手语信息处理的第一步，也是语言智能化处理的基础工程。

3.1 引　　言

任何能够被计算机处理的语言其前提都是该语言拥有书写系统，并能够机读化。也许很多人认为汉语的书写系统就是汉字，英语的书写系统就是字母，而且我们确实也是通过文字或者字母来认识语言的，但是文字跟书写系统还是有区别的。语言是一个复杂的系统，包括书写系统、语音系统、语汇系统、语义系统、语法系统等，其中书写系统是其他各系统的载体，其本质是书写语言的视觉符号，与构成语言的其他系统相比，这个系统有相对的独立性。

语言的书写系统包括文字系统，但不等于文字系统。书写系统还包括各种非文字字符的符号。按其字符的性质，书写系统可以划分为两个子系统：①文字字符子系统，包括构成某语言词汇的字符，如汉字或英文字母；②各语种“通用字符”子系统，包括各学科、行业所用的符号、图、表、格式、标点等。“通用字符”子系统相对独立，不影响语言的词汇、语义、语法等语言层面的元素，故书写系统的核心是构成一种语言的词汇的文字字符系统，就是传统意义上的文字字符集，对汉语而言就是“汉字字符集”，这个子系统的变化才是一种语言或文化的深层的变化，因此书写系统指的是由文字符号、标点符号、图形符号等构成的，用来书写记录语言的视觉符号体系。

根据以上原则，我们现在讨论如何书写中国手语，即如何开发和应用中国手语这门语言的书写系统。首先我们来看看如何记录中国手语“5”这个手势的例子。我们所能想到的记录这种手势“5”的形式通常有以下几种（图 3.1 至图 3.8）[①]。

（1）视频

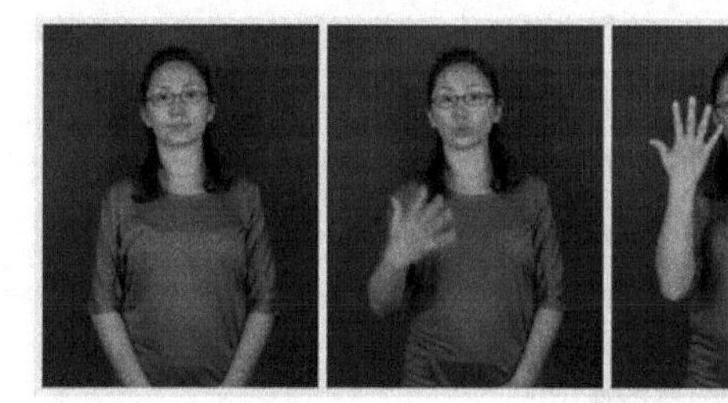
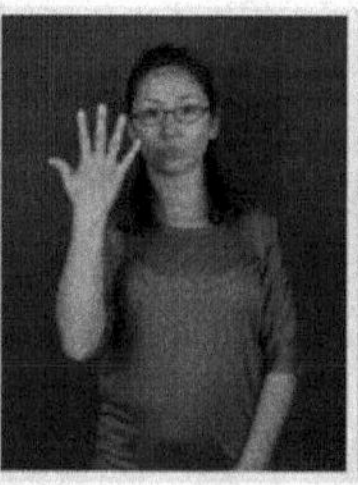

图 3.1　中国手语“5”的手势视频截图（手势者为国家盲文和手语研究中心研究员）

视频（video）泛指将一系列静态影像以电信号方式加以捕捉、纪录、处理、储存、传送与重现的各种技术。视频可能是保存语言学语料最直观的材料，这种视频格式能够最大限度地保存所有语言学细节。目前大部分手语语料库的语料都以视频格式为主。由于这种视频格式是动态的，无法表示成书写系统，更谈不上大规模应用于计算机分析、语言学分析等研究用途，所以这里只显示了动态视频截图，这个视频截图势必漏掉了一些语言学细节。

（2）照片

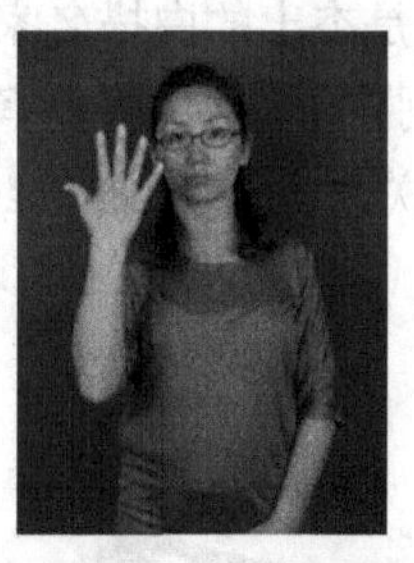

图 3.2　中国手语“5”的照片形式

① 在本章中，为了避免歧义，我们将使用双引号来表示一个口语/手语单词，用“<>”来表示书面形式，用斜体字来表示一个概念或意义。例如，“5”是指言语事件，而“<五>”指书面形式，大写（如“伍”）是指手语事件。

最简单的手语记录格式可能就是照片了。照片是由相机拍摄得到的图像，相片成像的原理是通过光的化学作用在感光的底片、纸张、玻璃或金属等辐射敏感材料上产生出静止影像。绝大部分相片是由相机（傻瓜相机、数码相机、微单相机、单反相机、拍立得等）拍摄所得，目前主要以数码相机为主，其优点是拍出来的照片能以数字形式保存，很好地适应了信息时代发展的需要。由于从照片上可以分析人物的面部表情、肢体动作、手部动作等多信道含义，而且从照片本身光与影的运用上可以把握拍摄视角表现的内容，反映出拍摄者的思想倾向和情感等，所以照片已成为语言学分析必不可少的工具，特别是在手语语言学研究方面，照片是很宝贵的语料之一。

（3）手绘形式

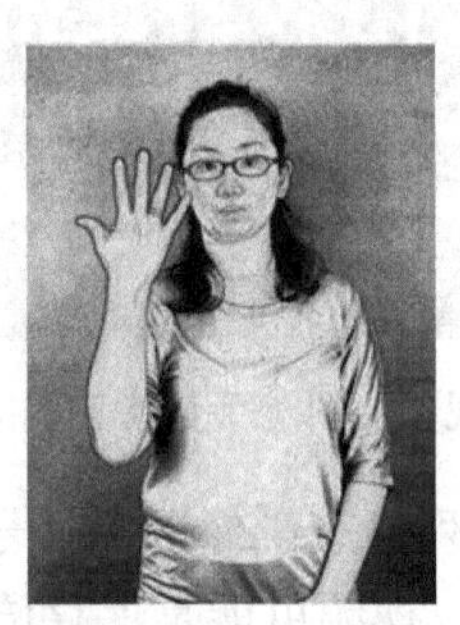

图 3.3 中国手语“5”的手绘形式

手绘画可以称为徒手绘图，简单来说就是纯手工绘制的图，主要有白描、彩色图等手法，尤以白描居多，它要求作者用简练笔触，对所描写之物的特征、状貌做真实的勾画。由于白描的特点是不写背景，只突出主体，不求细致，只求传神，因此手绘形式能够很好地保留语言学细节。中国古代文学书籍也经常用手绘作插图（中国古代叫白画，唐代的吴道子就是杰出的白描名家），其目的就是更好地说明语言的生动细节，但手绘由于需要很强的造型功底和审美能力，需要在很短时间内描绘物体的形状、体积、空间、透视关系等，所以很难大规模应用于记录语言学细节。

（4）汉字书写形式

图 3.4 中国手语“5”的汉字书写形式

因为中国手语植根于汉语大环境下，所以用汉字来表示中国手语是很自然的事情，目前在建的中国手语语料库大都采用汉字来做手语标注。汉字是东亚及东南亚部分地区的汉语文化圈广泛使用的一种文字，属于表意文字的词素音节文字，上古时代由汉族人所发明并不断演进，其历史悠远漫长。

汉字系统的初步成熟定型约在公元前 1300 年，即从商朝的甲骨文出现、金文的产生，然后到秦朝取消其他六国文字，统一中国文字的汉字书写形式，即小篆，后来发展至汉朝才形成了统一的汉民族文字——“汉字”。秦代定小篆为正式字体，但小篆书写麻烦，所以秦汉时代官吏主要写隶书，到唐代楷书成为正式字体，一直发展并沿用至今，目前的手写标准字体仍为楷书。汉字是中国迄今为止连续使用时间最长、使用人数最多、使用地域最广的文字，中国历代皆以汉字为主要官方文字。

（5）国际公认书写符号

5

图 3.5　中国手语“5”的国际公认书写符号

阿拉伯数字（Arabic numerals/Arabic figures）是现今国际通用数字。该数字最初由古印度人发明，后由阿拉伯人传向欧洲，之后再经欧洲人将其现代化。阿拉伯人的传播成为该种数字最终被国际通用的关键节点，所以人们称其为“阿拉伯数字”。

（6）Sutton SignWriting（萨顿手语书写）符号

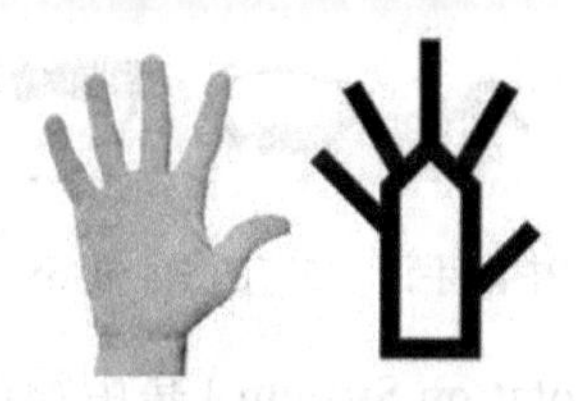

图 3.6　中国手语“5”的 Sutton SignWriting 符号

SignWriting 是一个手语书写系统，于 1974 年由 Valerie Sutton 所开发。它具备高度特征化和视觉形象性，其字符符号是手、脸、肢体的抽象图形，其页面的空间排列并不遵循书面英语单词的字母序列性顺序。

（7）汉语拼音

wǔ

五

图 3.7　中国手语“5”的汉语拼音

汉语拼音是中华人民共和国官方颁布的汉字注音拉丁化方案，于 1955—1957 年文字改革时被中国文字改革委员会（现国家语言文字工作委员会）汉语拼音方案委员会研究制定。该拼音方案主要用于汉语普通话读音的标注，作为汉字的一种普通话音标。汉语拼音最早可追溯到公元 1612 年法国传教士金尼阁（Nicolas Trigault）写的一本《西儒耳目资》，该书中首次准确地用拉丁拼音字母记录了汉字的读音。他在中国期间结识了韩云、王征等人，并在他们的帮助下，在利玛窦等传教士汉语注音的西书《西字奇迹》的基础上，编写了中国第一部拉丁化拼音著作。

汉语拼音也是国际普遍承认的汉语普通话拉丁转写标准。国际标准 ISO 7098:2015（《中文罗马字母拼写法》）写道："中华人民共和国全国人民代表大会（1958 年 2 月 11 日）正式通过的汉语拼音方案，被用来拼写中文。转写者按中文字的普通话读法记录其读音。"无论是中国自己的规范还是国际标准，都明确指出了汉语拼音的性质和地位，即汉语普通话的拉丁拼写法或转写系统，而非汉语正字法或汉语的文字系统。汉语拼音字母只是对方案所用拉丁字母个体的称谓，并不意味着汉语拼音是一种拼音文字（全音素文字）。

汉语拼音在中国的使用范围十分广泛。海外华人地区，特别是汉语文化圈地区如菲律宾、马来西亚和新加坡等，也在汉语教育中进行汉语拼音教学。

（8）HamNoSys 符号

图 3.8 中国手语"5"的 HamNoSys 符号

HamNoSys（Hamburg Notation System）是由德国汉堡大学健听人和聋人组成的团队开发的，被用作科学研究工具，第一次公开发布是在 1989 年。HamNoSys 的目标与 SignWriting 不同，它不是在日常交流中使用（如用字母）的，它被设计用于科学研究，适用于世界上所有手语的研究，包括约 200 个手形、手部配置、位置和运动等参数的符号。符号较为形象，易于识别。字符串的符号顺序是固定的，但可以以不同方式写出一个相同的手势。标注有点像音标系统，HamNoSys 团队正在开发一个音位化（phonologization）系统，因此转录非常精确，当然另一方面解读也非常漫长而烦琐。HamNoSys 现在还在不断地改进和扩展，目前该系统已被芬兰、澳大利亚、新西兰、瑞典和德国等国研究机构采用。

（9）SignTyp 编码系统

SignTyp 是一个比较庞大的数据库编码系统（coding system），其前身是

SignPhon 项目。该 SignPhon 数据库由荷兰莱顿大学 Harry van der Hulst、Onno Crasborn 和 Els van der Kooij 三位研究人员于 1996 年到 2001 年所开发，被用于研究荷兰手语的语音和音位。该数据库包含三种类型的信息：①手语结构属性信息（比如手形、非手动特征等，大约 40 个字段）；②手语非结构属性信息（比如典型手势的语用背景和社会语言学背景等，大约 10 个字段）；③非语言学信息（比如数据提供者姓名、编码日期等，大约 10 个字段）。

视频（图 3.1）、照片（图 3.2）、手绘（图 3.3）、录像带、录音带都是语言数据的记录例子，为了比较它们在数据保真度上的差异，语言学上有一个标准，即任何记录必须从存在于一个实际话语（utterance）及其上下文环境的所有数据点中选择。这些记录接近实际话语，它们可以被收集，但不能被排序为子集，且子集也不能有意义地计数，因为记录是一种话语的可感知形式的非解析（non-analytic）表示。例如，如果没有标注系统，人们就没法选择在中国手语语料库里显示手指伸直的所有记录。

图 3.4 至图 3.8、表 3.1 是语言话语的标注。图 3.4、图 3.5 和图 3.6 代表书写系统，图 3.7 和图 3.8 代表转写系统，表 3.1 代表编码系统。标注并不像记录一样，它是从原来的语言学事件中有意识地抽象出细节，不受记录过程或版权许可的限制，而是或多或少地通过系统性决策来标注或表征原始信号的一些（离散）元素。一般情况下，它们主要作为某种分析系统的一部分，而且它们在表征什么样的语言学特征、如何做到这一点、表征的目标等方面是有区别的。这些标注系统之间的区别不是很大，我们将分别介绍每一个系统的目的、用途和特点，接着分析这些系统[①]在有声语言和手语方面的一些显著差异。为了说明标注系统的特征，我们会列出这些系统的案例。

表 3.1　SignTyp 编码系统实例

手势序号	阶段	字段名	1 级信息	2 级信息	3 级信息
1	1	位置	中性空间	横向	同侧
1	1	位置	中性空间	纵向	胸部高度
1	1	手形	延长手指	—	—

① 因种种原因，本章缺少第四种类型的标注，即概念系统。事实上，概念模型也是包含概念名称的符号系统，概念名称可被作为描述性的标签或表征音义的认知单元。在某种程度上，编码系统就是概念系统，仅仅在设计用来捕获音韵细节上有差异，而这些细节已超越了音韵特征系统所要捕获的特征。从某种意义上说，编码系统位于转写系统和概念系统之间。

3.2　不同标注系统

3.2.1　书写系统

书写系统是由大部分受过教育的口语者或手势者使用的，用于交流和记录一些语言学事件含义的系统，如汉语的书面文字——汉字或国外手语的书写系统SignWriting，这些语言学事件有对话、联系人列表、订单列表、购物清单、新闻、诗词歌赋、小说、散文等等。

读者一般都很熟悉汉语书面文字，但书面手势就不一定都知道了。其实手语也有书写系统，只是应用面太窄。第一个书面手势系统可能是Bébian（1825）提出的，Rée（1999）在研究中已讨论了该系统的一些细节，但这种系统一直没被人采用，直到Valerie Sutton在1974年提出了SignWriting系统，书面手势系统才为人采用[①]。SignWriting大约有500个基本图形，其他任何特定手语用的图形都可能比这个还要少（Martin，2000）。根据发明者的说法，它比完全任意的书写系统还易学，同时具有可计算机化的打印格式和速记手写形式，已被应用于很多聋校（Flood，2002），并为一些成年聋人所采用。从SignWriting公司群发（sw-l@majordomo.valenciacc.edu）的报告上看，世界各地至少有14所学校正在使用它（Johnston，2004）。

第二个书写系统是ASL-phabet[②]，由Samuel Supalla和他的同事们所开发。这是一个相当简单的书写系统，用到了非常少的图形单元，这些图形单元看起来有点类似于Stokoe符号集，或类似于HamNoSys，这些符号比起SignWriting符号来象似性差一点。这个书写系统认为一个单词的书面表征并不需要作为生成此单词意义的“秘方”（recipe），即不能作为菜的秘方和其他食材炒成一道菜，而是足够独特到只需要作为一个触发器即可激活读者意识里相关的单词意义。

3.2.2　转写系统

转写是将一个拼音文字系统的字符按照一个字符对照表，忠实地对号入座转换成另一个拼音文字系统字符的过程（包括基础字符的附加符号和用双字符表示的单音素）。例如将汉字转写为拼音，这种转写要在文字系统之间进行。俄文、日文等文字都有标准的拉丁（罗马）转写方案，这种转写方案就是转写系统

① 该系统的实例和解释可参阅网址：http://www.omniglot.com/writing/signwriting.htm 和https://www.signwriting.com。

② 可参阅网址：http://clerccenter.gallaudet.edu/KidsworldDeafnet/e-docs/Keys/learning.html。

（transcription system）。目前很多语言学家已针对口语提出了多种转写系统，包括 Thomas Wright Hill 等人提出的转写系统（Abercrombie，1967）。

有些系统使用了现有字母，如罗马字母；也有一些系统为每个单独的声音使用了任意的整体符号；还有一些系统试图捕捉标注里口语语音之间的相似性（Cadbury，1941），通过使用“直接的象似性”（directly iconic）符号来实现，在该符号里，图是发音位置和声道动作的实际象形图。还有更明了的，如 Bell（1867，1881）将他的系统命名为“可见语音”（visible speech），这种系统设计得非常好，但语言学家却很少用它。相反几乎所有语言学家都使用国际音标（International Phonetic Alphabet，IPA）。

国际语音协会（International Phonetic Association）成立于 1886 年，它开发了一套拼音字母，这种字母集合丰富到足以捕捉所有语言的语音，包括已知和未知的语言。大多数 IPA 图表征“完整的”语音声音，但一些 IPA 图（所谓的附加符号）可表征语音声音的特定属性。这些图来源于各种罗马字母，辅以其他字母符号（如希腊字母），其他图都是以上字母的变异或转换版本，而一些符号是完全新建的。虽然 IPA 符号的形状是任意性的，但人们需要记住其语音含义，因此人们要想掌握 IPA，就需要经过必需的训练，以便将语音转写成这些音标符号，或将符号读成语音，尤其是对于那些书写系统不是罗马字母的版本。

虽然很多学者针对手语提出了多种转写系统，但这里只讨论 HamNoSys 这种当前使用最广泛的转写系统。该系统由德国汉堡大学开发（Prillwitz et al.，1989），开始是基于 Stokoe 先生于 1965 年开发的标注系统，但后期版本已经演化为一个由大约 200 个符号组成的更为全面的集合，其目标是可以转写任何手语语言里任意手势的任意潜在显著音韵特征，正如 SignWriting 一个符号可对应某手势的特征或特征群，HamNoSys 也使用一个单一符号来表征手势的特征群（比如手形集），但大多数 HamNoSys 符号是对应单一的特征。

Johnston（2010）指出语音标注和转写很相近，但亦有不同。语音标注倾向指用图形符号、字母、文字等书写体系来记录言语中词语的发音，比如用 IPA 为有声语言标音，或者手语中用 HamNoSys 记录手语词的打法；转写则是对更长的面对面的交流或口头表达等图形符号或文字进行记录，它需要用到专门的标音体系（语音转写或音位转写）或文字体系（实录转写）。例 3.1、例 3.2、例 3.3 显示了汉语、中国手语语音记录、中国手语转写的例子。

例 3.1

汉语：给你介绍一下，我在崇文区[①]残联（工作），他在北京大学

① 今北京东城区。

教书。

例 3.2

中国手语语音记录：介/我你，我/CW 区/残联，他/北京大学/教。

例 3.3

中国手语转写：（微笑）[“介”（自身→对方）话题，指（自身）/CW（崇文）—“区”/残—联，指（第三方）/北—京—大学/教]。

从例 3.2 可以看出，语音记录的文本或句子为一维语言，更适合进行计算机处理。中国手语直译后的汉语文本或句子“瘦”得只剩“骨架”，没有“血肉”，其内容要损失大概 50%，甚至比不上例 3.3 的转写句子。从例 3.3 可以看出，该方案涉及词性、构词法、方向性、句型以及非手动等方面的信息，易于人们阅读理解，但该方案主要用于语言学研究，未考虑计算机信息处理所需的基本技术，比如切分、标注、句法、语法分析等，这些技术的缺失将限制生成流畅手语动作的能力。最大的缺憾是该方案虽有方向信息，但缺少手形、手掌方向、运动方向等手动方面的信息，且中文的歧义性为手语转写体系的机器阅读与理解造成很大困难，由此可看出将中国手语编码成线性单信道字符串的复杂性和难度。这些转写系统在对实际手语动作抽象化时会省略一些细节，并且在开发书写系统时哪些细节可以省略、哪些细节不可忽略是一个极具挑战性且容易出错的课题。正是手语本身特有的复杂性和空间性使得手语信息处理具有挑战性，改进或发明手语的书写系统或者转写方案是进行中国手语计算机信息处理的基础，是不可跳过的第一步。

3.2.3 编码系统

编码是信息从一种形式或格式转换为另一种形式的过程，编码用预先规定的方法将文字、数字或其他对象等数据编成计算机内部代码或编码字符，使其成为可利用计算机进行处理和分析的信息，或将信息、数据转换成规定的电脉冲信号。编码在电子计算机、电视、遥控和其他通信方面广泛使用。目前手语研究人员已开发了不少编码系统，这些系统大多是用来开发手势数据库的，可用于各种各样的研究。

其中比较庞大的数据库是 SignPhon 项目，它对来源于荷兰手语的 3000 多个手势进行了详细的编码（Crasborn et al.，2001）。SignPhon 使用了大量的简明字母数字代码，并且这个项目还被用于其他手语研究。目前 SignPhon 已升级为 SignTyp，SignTyp 的明确目标是进行跨语言研究。

手语编码目前有两种方案，一种是创建新的编码方案，该方案综合考虑语音和语义等因素，使之更适合计算机处理，如 SignTyp 系统；另一种是使用现有的本国有声语言的编码方案，并针对手语进行改良，类似于汉语的编码，使计算机处理手语更为方便。由于前者学习成本高和受众少等因素，后者普及率更高。

汉语编码有很多种，如基于汉字图形的编码、基于汉字组件的编码、基于笔画和偏旁部首的编码等；还有汉字的多维编码，该编码综合考虑字音、字形和字义等问题。最终受用户欢迎的汉字编码是基于拼音的连音输入法，即用户仅输入连续拼音字符串，程序自动进行检查和分词，并结合上下文信息自动调整并给出对应的汉字，目前普及率更高的搜狗输入法即为典型的代表。这种输入方案强调以人为本，尽量减轻用户的记忆负担，降低用户入门的门槛，因此预计很长一段时间内，使用本国有声语言的编码系统为本国手语进行编码并配套一些改良措施是手语计算的发展趋势。

转写系统和编码系统是小部分科学家用于交流、记录和进一步分析一些话语形式的工具，但这两个系统是不一样的。转写系统力求准确、明确，并迅速地在各种媒体上标注语言样本，可以是铅笔和纸，也可以是印刷本，甚至是电脑文件，这样它们可以作为进一步分析语言的基础，或者作为说明例子；编码系统则专门用于语言样本的计算机分析。例如，一个编码系统可能被用来计算前舌音停止的频率，或者手势里附带弯曲手指的手形频率。

3.3　书写系统表征什么？

3.3.1　形式与意义的关系

学过语言学的读者都知道“形式”（form）和“意义”（meaning）的概念，比如说“红色的交通信号灯是红色的”，这个表征符号并没有实际意义，重要的是“红色的交通信号灯”这个形式与其传递的“停止”意义的固定关系。要想了解书写系统表征什么特征，我们就需要了解其形式和意义之间的关系，因为只有根据这种关系，才能给出标注系统的类别。一个符号学意义上的手势包含两面：形式（能指）和意义（所指）（图3.9）。索绪尔认为能指和所指是语言符号的一体两面，不可分割。例如，中国手语里的手势“5”和汉语口语里的单词“五”是能指，或者是“4 后面的数字”即该意义所对应的形式。因此在有声语言里，词汇和手语里手势的语言形式和意义是互相“关联的”。

形式（form）⟷ 意义（meaning）

图3.9　口语或手语里形式与意义的关系

标注系统里的图也是包括形式和意义的手势。例如在IPA中，每幅图的形式都与一个特定的语音声音或其特征相关联。为了避免歧义，我们说有声语言里的词汇与有声语言里的手势一样都有一个语义学上的意义，而 IPA 符号与手势一样具有语音学上的意义。从符号学的角度来看，意义就是与手势的形式相关联的东西。

书写系统领域存在着三种系统：象形系统（pictographic system）、会意系统（semagraphic system）和表音系统（phonographic system）。

在象形系统里，图形与任何语言没有关系，通常以一个高度象似性的方式来表征基于感官的额外语言学上的表述、概念或参照物，而不是词汇的意义。例如，“<o>”[①]可能直接代表“天空中的明亮物体”的意义。这样的系统通常被认为是作为会意系统的潜在基础，而不是书写系统（Mallery，1893）。

在会意系统里图形代表特定语言词汇或手势意义的元素，比如符号“<$>”指英文单词“美元”。

在表音系统里，图形代表一个词语或手势的形式。例如，“<bat>”里的三个图形符号（即三个字母 b、a 和 t）以系统的方式代表英语口语单词“蝙蝠”的形式[②]。在这种系统里，书写系统与词汇在语义学上的意义没有直接关系，只是作为一个传递方式，即通过这些词汇的形式来传达词汇的意义。但是<bat>是有可能具有单词“蝙蝠”意义的或者有可能建立与单词“蝙蝠”意义之间的关系的，在这种情况下，它自然有效地成为会意系统的一部分，这些关系将在图 3.10 中予以说明。

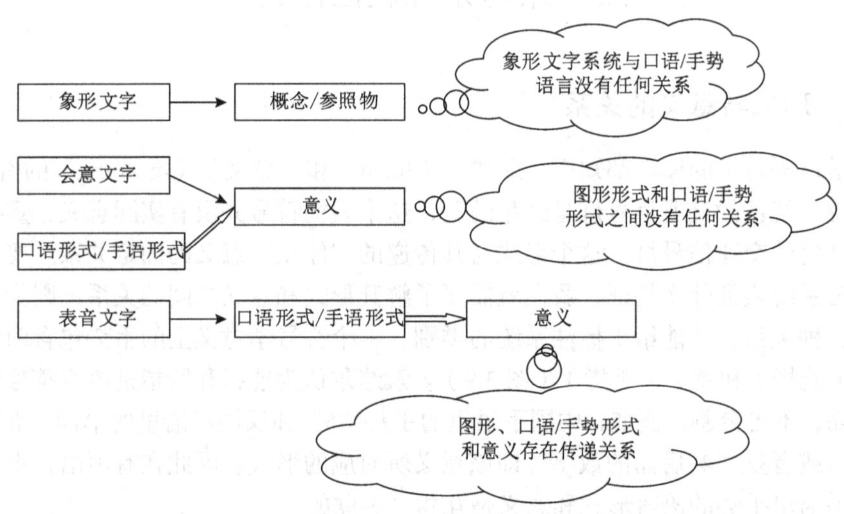

图 3.10　书写系统和有声语言/手语系统里形式和意义之间的可能关系

注：双线箭头代表有声语言/手语的关系

① 如没有特别说明，这里用尖括号“< >”代表书写系统的图形符号，下文同。

② 有声语言书写系统通常混合了表音文字单元和会意文字单元，比如英语书写系统包含很多会意符号（如@、&、%等）。

书写有声语言的最古老系统应该是会意系统，即词汇或者基于词素的系统，这种系统的图形是词汇意义指定的参照物的形象性表示（基于感官的表征）。这类形象性书写系统有两个发展方向：第一个方向仍然是基本的会意系统，但图形往往会失去其象似性，因为频繁地使用会破坏能够保证象似性的细节。它们可能还是以语义相关的词共享同一个图形特征的图形化方向为动机，或者向任意性发展。第二个方向是越来越像表音系统。当图形被用来代表音韵形式而非词汇意义时，该系统就具备了表音系统的特点。

这种现象叫画谜原则（Rebus Principle），可理解为以画为提示的字谜，比如 sun 或 eye 的会意符号常常被用于作为 son 或 I 的谐音字。首先这往往导致生成音节系统[①]（syllabic system），其次可能导致生成用图形来表示语音声音或音素（比如辅音）的系统，但是我们最熟悉的字母系统里的元音符号则是例外。表音系统的元素也会被包含进会意系统，以便作为消歧手段，比如区分两种不同的发音符号，否则相同的会意符号之间会难以区分。例如，如果“<o>”表示 sun 和 moon，转写时可能最终在开头添加一个小的表意符号来表达一个或两个意义：s<o>与 m <o>。

SignWriting 看起来是一个以词汇或词素为基础的会意系统，实际上它是表音系统，因为其图形描绘了手势音韵学上的形式。不管在什么情况下，这种音韵学上的形式就是语义学上意义的形象性表示，因此考虑到表音系统的传递特点，SignWriting 就是语义学上意义的形象性表示。其象似性的表音特点已被美国手语里例如完全任意性手势 Eruope 和高度象似性手势 three 这些符号的相同象似性证明。至于语音或拼音转写系统（如 IPA 或 HamNoSys），它们在设计之初就是作为表音系统[②]。

3.3.2　象似性与认知动机

象似性表示符号的形式就是事物某方面特征的图标或图片，或是要表达的行为。在所有语言当中，无论是有声语言还是手语，都存在大量任意性和象似性实例。例如，手势“喝”具备象似性，但象似性并不意味着对事物或行为的如实表征。“长时间喝着”这一概念的动作（缓慢旋转），也无法解释“快速喝水”的概念（短促而剧烈的动作）。手势“喝”是杯子的象似性表征，但手势“猫喝水”是吐吐舌头低头的动作，而非拿杯子的像似手形表征，而“鸟喝水”则是不断张

---

① 引自美国汉学家约翰·德范克（John DeFrancis）的文字分类法，他将文字分成图画字、音节系统、辅音系统和字母系统。

② 但是语义学家可能使用自带词汇意义元素符号的会意转写系统。实际上联系到自然语言表达式时，逻辑学使用的标注就是会意转写系统，而数学标注系统可以作为象形系统或非象似性表意系统。

曲的“R”手形放在嘴前的动作，虽然猫和鸟拥有不同的嘴部形状，它们不是“空间图片”，最后形成的动作也不一样，但它们都具有高度的象似性。手势的象似性很有趣，也很重要，是中国手语结构中的特征（图 3.11）。

(a) 喝水　(b) 猫喝水　(c) 鸟喝水

图 3.11　手势的象似性例子

Peirce（1985）指出，在每个语言的句法里，借助约定俗成的规则，都具有合乎逻辑的象似性。他将符号分为三种类型：象似符（icon）、标志符（index）和象征符（symbol）。这三者之间通常有以下区别。

（1）象似符：主要通过表征物和对象的相似之处来代表一个事物，照片、雕塑、施工草图、方程式、拟声词和象形文字等就是该类符号的典型例子。它们的形式和意义之间关系是可论证的、有理可据的。

（2）标志符：通过表征物与对象之间的存在关系来代表事物，其中表征物要受到对象的某种影响，比如墙上有一个弹孔是开过枪的标志，一个人走路的时候一瘸一拐是他腿脚有缺陷或受伤了的标志。其他的例子还有路标、箭头、指针、专有名词和指示代词等。

（3）象征符：通过一个法则或者规约的作用表示对象的符号，比如“龙”象征着中华民族，红灯代表停止，绿灯代表通行。自然语言和各种标记系统基本上都属于该类符号。它们形义之间关系是任意性的，换句话说，语言符号的形式、声音和语义之间没有任何内在的或逻辑上的必然联系。任意性意味着符号的实际形式，并没有反映事物的特征，也没有反映出它所代表的行为，如不同语言对不同事物有不同的叫法。例如，汉语把人体手腕前面的部分叫作“手”，而英语则称作 hand，法语称 main，俄语称 pyka。

典型的“象似性的”或可论证的关系声称形式和意义之间存在着一些相似之处，但即使没有相似之处，任何时候形式也会与意义系统性相关联，这种更抽象的动机称为系统性动机。例如书写时页面上字母的位置，在时间上，页面上（左—右/顶—底系统）最左边/最顶部的字母是写的最早的，最右边/最下面的是最晚的，即使页面上“Z”形的书写顺序与时间顺序没有明显的相似之处。

系统性动机的表音书写系统包含的图形与其音韵学上地意义系统性相关，比如它们的发音或声学特性。例如，假设唇辅音音素所有字母都包含一个“^”标志，使这些音节如/p/、/b/、/v/、/f/等具有楔形形状，那么这些形状又使这些音节区分于其他图形元素。楔形本身就不是形象性的，但其系统性将使书写系统具备非任意性。这样的系统事实上承认了概念的层次（featural level），而不必一直概念化，比如可以考虑所有鼻化元音的波浪字符。如果所有概念皆可通过独特的图形元素来表征，则此元素将完全概念化。手的运动及手与其他对象交互生成手语的过程中丰富的象似性表征的对象和事件概念就是概念化。语言是体验的概念化，人类对充满运动对象的客观世界的感知与语言范畴及用于表征同一实体的结构之间存在一定的联系。如果音节的所有图形都从/p/或其他共享同一图形元素的浊阻塞音开头，则此音节同样被完全概念化，那么这样的系统就是音节系统，同时具有字母或概念化特点。

如果图形元素具有相似的发音位置，则象似性就是存在的。假设一些唇音的图形包含一个“< ( ) >”形状（类似两唇），那么象似性系统必然会将概念层次引入字母系统或音节系统，因为选择只类似于单个音素的象似性图形是很难的，除非这个音素像颤声/r/那样独特，否则就只能转喻，因此看起来表音系统的认知动机涉及将一个较低级别的系统引入一个更高级别的系统，如将概念化图形引入字母系统，或将概念化图形引入音节系统。

此外，书写系统的认知动机通常起着重要的作用。任何书写系统都会使用一些“语法”，将其字素放在一起，即创建“图形表达式”。因此在考虑书写系统的认知动机时，我们需要考虑的不仅是单元，还有它们的组合方式。例如在字母系统里，字母以某些线性顺序放置（在水平和垂直方向上），这种线性顺序可以说是被音素线性序列象似性驱动，而不考虑书写方向。

如果一个书写系统是概念化的，有象似性顺序，可能需要想象一下表征非线性共同刻画音素的图形概念单元，这样才能捕捉到它们的同时象似性，这就是 SignWriting 的工作过程，形式和语法由此被驱动。正如 Martin（2000）指出，SignWriting 的手形、动作和方向都具有对应的符号，但其手部位置却没有对应的符号[1]，每个书写手势都使用二维空间映射为人体躯干方位。手部的象征符被放置在该空间里，因此手部位置的纵向和横向两个维度是具有完全象似性的[2]。SignWriting 也有系统性动机的例子。例如，使用不同手形的象征符的一般做法是手背是黑色的，手心是无色的，这样可以直观看出手部处在前面维度还是后面维度。

① 对于转写，存在特殊的 SignWriting 版本，它确实针对位置制定了具体符号。

② 因为 SignWriting 是二维的，所以被用来表征 3D 物体时，其位置不能完全象似性表征，因为传统上需要建立前后维的位置。

3.3.3 表征层次或单元

表音书写系统要么是基于概念亚段（subsegmental）的系统，要么是字母系统，系统里的图形与语言音素或音段并不具有严格的一对一关系。像大多数有声语言书写系统一样，书面英语是用字母表示的，字母可与英语口语里的音素或音段存在一对一关系。手语中SignWriting的表达式可被分解成一组与音韵学概念相对应的基本符号，不全是一对一的关系。不仅仅是SignWriting系统，所有针对手势创建的书写系统和转写系统看起来都是概念或概念群系统[1]。表3.2展示了不同语言学单元层次或大小的书写系统，且该语言学单元使用图形单元来表征。

表3.2 书写系统的类型和实例

系统类型	语言形式的层次	系统实例	
		表音系统	会意系统
概念化系统	概念	SignWriting，韩语	—
字母系统	音素	英语	—
音节系统	音节	切罗基族（Cherokee）语言、克里族（Cree）语言、日语平假名	—
基于韵律的系统	韵脚/韵律	—	—
基于词汇的系统	词汇/词素	—	汉语

表3.2显示了书写系统有趣的差异。在词/词素级别以下（如语义学概念或者中间语义结构）没有针对任何会意元素的系统，也没有针对韵律或词汇级别的表音系统。此外还可能存在模态差异，因为书面手势看起来是专门针对概念层次而言的，而有声语言书面语不常见，比如只有韩语被认为是基于概念的，但正因为如此，SignWriting的概念化方式远远不透明，也没有例外，其书写系统经常使用基于概念的变音符号（如波浪字符、元音变音）或显示长度增加一倍的字母。

会意系统的唯一实例选择了表征整个词语或词素的意义，这就是为什么表意符的概念会经常被用到。如果词素意义级别下存在着语义单元，即一组基本语义概念，设计这样的书写系统就需要考虑如何表征这些单元。这样的系统不会明显看起来是可应用的书写系统，可能是因为此类规模较小的语义单元本身不够突出，或者与音素之类的竞争单元相比不够突出。逻辑和数学符号可能被认为旨在表征

① 有些系统通常是指将概念组合表征为含有“字母”的图形，例如图形“<A>”表征目标手形，将手形类比于音素，但目前所有的手势分析表明手形是亚段，因此它们的图形是概念化的，而不是音段化的（segmental）。

次词素（submorphemic）的基本概念。此外，语义理论将基本概念的意义分解成使用次词素语义图形标注系统的基本概念，这种语义理论通常针对逻辑运算符和连接词而使用发明的符号，而较大的语义原语则使用粗体或大写表示。语言学界认为这样的系统应该是语义转写系统。

基于韵律或词汇的表音系统一般是不存在的，因为这样所需的符号数量将是非常庞大的，而且这种缺点也同样适用基于词汇的会意系统。当发明者创建了一个书写系统后，其自然认知焦点在于词汇。词汇层与低级别的语音层相比，在认知上必须更突出；与句子层相比，要更可能地提交给记忆。反过来，词汇的意义要比形式更加突显，词汇的形式仅仅只是中介。众所周知，人们创造象似性手势总比追求某种任意性更为容易，所以最自然的出发点是人们认为书写系统就是一组将词汇意义表征为一个整体的象似性图形，该出发点导致了基于词汇的会意系统的产生。然而会意系统存在一个易学性问题，因为大量图形需要象征符号化所有语言的语素。此外，由于象似性来源——参照物（以及参照物的不同认知）的变化，参照物相关的原始符号发明的象似性很快就会成为问题。这些因素可能是表音系统出现的起因，其他因素还包括消歧的引入、画谜原则的使用等。

当然这样的系统存在易学性问题是因为使用这样的系统需要具备词汇的音韵结构意识或者音素意识，比如类似音节和音素的无意义块形式的音素意识。音素意识普遍需要教学，才能让孩子们清楚地了解这些区别。否则，他们的能力就不足以进行口语概念感知，这是概念化系统在有声语言里不常见的第一个原因。

第二个原因是对于口语语音，基于概念的系统一般会生成一组复杂或打包的符号，这组符号在音段层次上是可理解的，比如韩语。这种类型的打包的符号容易退化成未分解的单一字母符号。

第三个原因是无论是表音系统还是会意系统，都不存在基于韵律的系统。一种可能的解释是把韵律解释成“拼音”，而不是认知音韵单元。书写系统给音韵编码的情况并不是不存在，如给口语音位变体属性（allophonic properties）编码，但这种情况确实很少见。

最后一个原因是所有手势书写系统都是基于概念或概念群。在表音类别里，我们可以假设有这样一个较高音韵层次的系统，比如音段/音素层次或音节层次，事实上这样的系统并不存在，因为它与一个众所周知的手语音韵问题相关：在超越概念或概念类的手语里各种音韵层次的存在或定义并未达成共识。

大多数手势表征系统至少具有一个比词语还小的音韵单元或层次，这些音韵单元一般都是音段（音素）或音节。语言学界对此的观点分成两派：一派属于多音段（multi-segment）观点，另一派属于单音段（mono-segment）观点。多音段观点认为大多数手势具有 2 个或 3 个音段。虽然这些系统显式或隐式地允许音节分层次，但通常情况下多音节手势的第二个和后续音节是第一个音节的副本，因此这样的系统同时允许存在两个音韵层次，实际上并不需要一个音节层次的全部功能，重复的音节同样也可以很好地处理重复的概念（Channon，2002）。多音段观点认为对于与有声语言完全一样的手语字母或音节系统来说，应存在音段和音节层次，事实上这样的系统都没有得到验证，因此这些事实表明多音段方法要么在认知上没有概念化层次那么突出，要么在手语里不存在这样的层次。

Brentari（1998）提出了音节模型和依赖于音节层次的时序单元（timing units），从而消除了音段层次。语言学家在此基础上提出了单音段模型，建立了手势表征与音素的平行关系，每个模型都包含了一套依据概念定义的“类节点”，并没有组织音节层次。音节和单音段的这两个观点都关注这么一个看法，即除了概念的语音层次以外，只有一个更重要的语音层次，该语音层次包括单语素手势的整个音韵形式。这种层次的书写系统可因此同时作为字母、音节和基于词汇的系统，因此手语书写系统的选择将是概念化系统（已证明）或基于词汇的系统（未证实）。

按照上面的说法，在有声语言里基于词汇的象似性会意系统应该先实现，那为什么我们没有得到应用于手语的类似系统呢？在手语里书写单元的“吸引关注”（capturing attention）里，为什么形式的优先级高于语义学上的意义？与有声语言里的发现相反，手势者对手势的概念和概念群（类节点）具有较高的认知程度，该现象归功于手势发音的可见性，这使得开发可作为手势音韵学形状的图形集更容易。在有声语言里，发音在很大程度上是不可见的。此外有声语言里意义的直接中介就是发音的声学效果，而不是发音本身。声学事件不能吸引基于视觉的书写系统的关注，因为其缺乏明确的象似性基础。由于手势的形式自身往往具备象似性，手势的象似性表音系统往往也是意义的象似化，因此如果象似性受欢迎，那么一个象似性表音系统可能也是所有可能的手语书写系统中最好的选择。

3.3.4 双唯一性

双唯一性是形式和意义之间的关系要考虑的另一方面。形式和意义之间的关系是否为一对一的关系？对于每个意义是否都有独一无二的形式？或者几种形式能否都表示相同的意义？或者几种意义能否用一种形式来表示？

一个字素的理想方案是尽可能避免一个音素的系统，像芬兰语的一些书写系统都比较接近这个理想方案，但英语在某种程度上则偏离了这个理想方案。根据词源原则（etymological principle），当一个语言的音韵系统随着时间推移而变化时，书写系统却保持不变，这时该语言就会偏离这个理想方案。由于书写系统忠实于历史，因此可以保存谐音词语之间的语义区别。因此在某种意义上，给表音系统引入一个会意维，如<to>、<two>和<too>，可以代表不同的含义，但是这些系统也可以在其他设计原则里发现它们的词源。例如，荷兰语中“狗”<hond>的发音是[hɔnt]，而复数<honden>的发音是[hɔndə]，尽管两者发音矛盾，但书写单词时肯定写<d>，而不是<t>，这种设计原则通常被称为语素原则（morphemic principle）。因此由于表音书写系统忠实于历史或忠实于同构交替[①]（allomorphic alternation），该系统可能会偏离双唯一性的目标[②]。

目前来看 SignWriting 遵守了双唯一性的硬性规定，这跟有声语言的书写系统还不一样。例如，在美国手语里，表示“苹果”和“洋葱”这两个词语的手势的形式不同，这在 SignWriting 里能体现出来，但“好”和“谢谢”这两个手势的打法相同，在 SignWriting 里也表现出来。作为对比，英语里 read（现在时）和 read（过去式）看起来不一样，在口语里很明显，但在 SignWriting 里这种相同的图形形式并不会发生，因为它始终忠实于语音形式。

会意系统难以保持双唯一性，这是因为跟踪和学习所有语素的不同形式很难。因此我们可以看到，在这样的系统中不同语义相关的词素使用了相同的单元，为了避免引起歧义，可能需要添加不同的语素来表音消歧。

3.3.5　经济性和冗余性

还原论[③]（reductionism）可以减少基本单元的数量，但这种简化被组合系统（比如句法）的复杂性增加给抵消了。概念化书写具有比字母书写更少的基本单元，而字母书写的基本单元比音节书写更少。对于每一个词素/词语都具有单独图形的书写系统而言，该系统不仅具有书写单词的最简单句法，同时还拥有数量最多的基本单元（即与词素/词语一样多）。这可能是因为一般情况下系统倾向于支持简化；与此同时，具有复杂意义的单一形式更受到青睐，如果提供快捷方式，它们会减少复杂句法的使用频率。其中的例子就是在手语标注系统里使用手形形式（如“A”），我们称之为“打包”（bundling）。

标注的经济性是指一旦给定基本单元和语法，则任何表征系统都会倾向于简化复杂形式来表征一组给定意义的思想。经济性减少了其所需生成形式的工作量，从而有利于减少不同形式的差异，但是手势系统通常不会去追求最小的差异，原

---

① 美国认知科学家道格拉斯·R. 霍夫施塔特（Douglas R. Hofstadter，中文名“侯世达”）认为，当两种复杂的结构能够互相影射时，它们就是同构的。通过这种方式，一个结构中的每一个部分在另一个结构中都有与之对应的部分，这里的“与之对应”指的是在各自的结构中两个部分所起的作用相似。所谓同构交替，是在满足基本结构和基本词语一致的情况下，对原句子做了相应的省略和添加而产生新的结构相似的句子。同构交替既能避免完全重复同一结构和词语所造成的单调乏味，又能将语篇自然地衔接起来。

② 学术界另一说法是由于词源学和形态学的原则，对于图形和语义之间的双唯一性关系，有声语言的表音书写系统会出现向会意系统（非必须条件）发展的倾向。

③ 还原论指将实体分解成越来越小的素数的策略。

因是这种最小的差异很容易被忽略。为了抵消噪音和手势劣化，能指往往在其形式里显示冗余性。如果抹除两种形式之间的关键差异，让差异微乎其微，则一点点“噪音”也可能会造成混乱（Shannon，2001）。如果有多个线索，换句话说，即增加冗余性，则形式是抗噪音的。冗余编码可以采用各种形式，包括重复或增加一倍的形式，添加额外属性或扩增。一般情况下，冗余性增加了离散度，也就是说它最大限度地提高了不同形式之间的差异性。

任何已开发或已被设计的手势系统将在经济性和冗余性之间取得平衡。根据系统目标，经济性或冗余性可给予更多的权值。对于手势或有声语言，书写系统要充分利用冗余性，这是显而易见的，因为毕竟感知清晰度（perceptual clarity）是最重要的。

3.4 手语转写系统分析

转写系统通常是为了标注语言学表达式的形式[①]。许多情况下，转写需要捕捉音韵细节，比如是否具有音位、风格、地域（方言）、病理学特点或第二语言学习者特征。对于手语来说，转写还是很难的，因为转写的目的是要准确地表达语言学表达式的感知形式，像任何分析过程一样，转写往往会涉及抽象。手势除了人们呼吸或休息时暂停之外，很大程度上是连续的，无论是在音素层次上还是在词汇层次上，转写通常要对这个手势流进行切片，从而看上去存在离散音素和词汇。手势的副语言属性（依赖于像性别、大小、年龄、精神状态或情绪、身体异常、酒精量等因素的属性）通常被排除在转写之外。此外，在已知的众多音韵细节方面，转写是不一样的，它依赖于转写的目标。如果目标是达成正常对话的语音分析，则转写将主要通过标注语音区别（至少进行潜在对比，比如要证明与至少一种语言进行了对比）来预测音素分析。例如，一个广泛的转写系统会登记英语辅音的送气音（aspiration），因为这个属性在印地语或泰语之类的语言里是对立的，但发布和未发布的最终阻音之间的差异则不会被转写。对于手语来说，音韵学家可能会认为中国手语里 A 和 S 手形之间的差异不用对比，因此标注这两个手形使用了相同的符号。

目前语言学界认为转写系统至少应具备以下两点特性。

（1）双唯一性：不存在不明确的图形单元，同时应避免使用具有相同意义的两个单元。

（2）完整性：对于可能相关的所有音韵属性，必须有一个图形单元以供进一

① 标注语言学表达式的意义也是有可能的，这时，我们称之为语义转写系统。

步分析。

因此理想的转写系统必须具备以下特点：①可在计算机上转写；②提供适当的文档；③稳定的系统维护/更新团队；④易于学习、书写和复述。

对于口语语音来说，表音书写系统和会意系统都显然不够，因为这些系统并未严格遵守双唯一性，其系统的任何给定图形单元都不足以表征所有音频属性，即缺乏完整性，此外它们是典型的字母或音素系统，不容易表征概念化区别。

但书面手语系统不存在这个问题。例如，SignWriting是表音系统，同时它也是概念化的系统，其书写形式和手势形式之间保持着严格的双唯一性。因此一旦需要，SignWriting表达式可以包括更多或更少的音韵细节。此外，因为手语的音韵相似性，符号通过设计可覆盖所有国家的手语，这在SignWriting网站上已充分证明，这使得SignWriting和Supalla的ASL-phabet除了可作为书写系统外，还可作为潜在的转写系统。

其他的系统如IPA、HamNoSys和SignWriting也都满足这两个最重要的标准，即严格的双唯一性和完整性。HamNoSys是一个一维线性系统，在这方面与书面字母系统类似。HamNoSys使用任意线性排序的符号（包括手形、位置、运动）。一个HamNoSys表达式没有明显的内部结构，而且这个内部结构还可以自由改变，因此虽然HamNoSys的符号集是象似性的，但它的内部顺序却不是。这种线性排序纯粹是系统的人为安排，它与实际时间顺序之间没有类似之处。出于实用目的，作为约定俗成的惯例，一个特定的线性顺序可以被采纳，比如Supalla的ASL-phabet也有一个类似的任意线性顺序。与此相反，SignWriting符号可具有内部结构。例如，SignWriting有一个圆圈符号表征手势者的头，次符号都被放置在里面，比如眼睛形状（眯眼、扩大）、眉毛形状（皱着眉头、抬起眉头）。这意味着SignWriting是一个非线性的、二维的、图标排列的符号集，这似乎规避了HamNoSys的线性系统问题，比如HamNoSys没有完整表达手语信道内容，因为手语有很多信道的信息是同时发生的。

因此非线性或多线性标注的系统看起来也是可行的[①]，但这个系统有一个缺点。例如，如果要在计算机上使用SignWriting，就需要专门的软件将符号放在合适的地方。换句话说，SignWriting要有可分解的符号，而且该符号可以被翻译或转换成编码系统，这种转换存在很多潜在困难，比如非线性位置转换就很困难。相比之下，HamNoSys和Supalla两者的ASL-phabet皆可轻松地适应电脑，因为下载HamNoSys字体和使用它进行转写很容易。因此，与SignWrting相比，HamNoSys可能更容易变成数字化系统，虽然它们都同样适用于手工转写。

① 象似性顺序的缺乏使得HamNoSys表征难以阅读，但这个缺点可能不算严重，因为受过训练的人将能够以最快的速度来阅读它。

此外 SignWriting 和 HamNoSys 这两个系统虽然跟 IPA 存在竞争关系，但 IPA 得到了国际语音学会的支持，从而成为语言学界事实上的标准，而 SignWriting 和 HamNoSys 并没有得到像国际语音学会这样的大型国际组织的支持。在 IPA 之前，很多学者发明了各种各样的符号系统，其中还有优秀的象似性系统——Bell 的视觉语音系统，该系统规定了非常详细的语言学细节，但这些符号系统都没有被普遍接受，只有非象似性的 IPA 获得了成功，受到了语言学家的欢迎，原因有以下几点。

第一，无论是业余人员还是专业的研究人员，在他们描述语言时，就已经存在很多专门的标注系统，只是或许他们并不知道有这样的系统存在。正如许多人发现了罗马字母，他们就自然而然地基于这种字母来完成转写工作了，类似的例子还有中国、印度或阿拉伯国家使用的文字。

第二，新发明的符号需要学习和记忆，这无形中增加了初学者的成本。那些愿意学习新系统的人们还发现，他们的工作总是被那些不愿意学习新系统的大多数潜在读者所忽略。

第三，新发明的系统如果与现有设备不兼容，包括制造兼容新系统的打字机、打印机，那么培训校对员和打字员等都会成问题。因为 IPA 的基础是罗马字母，而不是其他一些字母，这无形中降低了成本，当然这是欧洲中心主义（Eurocentrism）①的结果。

第四，最重要的一点就是，关于象似性或系统性是标注系统的至关重要的特征，这个观点可能是错误的。如前所述，象似性可能是标注系统设计与生俱来的天性。然而一旦掌握了这样的系统，对于特定口语语音来说，每个符号最终都将和任意性手势一样开始发挥作用，这将导致象似性逐渐消失。

像 SignWriting、HamNoSys 和基于 Stokoe 系统这样的手语书面语系统都可以作为书写系统和转写系统，这也许是手语转写系统有趣的地方，这个看起来是它们概念化共同作用的结果，而不是其字母性质和象似性的结果，这自然而然地导致了严格的双唯一性。

3.5 手语标记系统分析

虽然转写系统已足够满足实际需要，但许多研究人员仍然希望并且需要查阅

① 西方人认为文字体系的发展必须经由表意文字到音节文字再到字母文字的阶段。这套单一起源、单线发展的文字进化理论主宰了西方学术界。欧洲中心主义论者将欧洲之拉丁文字理所当然地视为是先进的、科学的，而将产生其他文字之地区视为落后地域。

原始数据，而录像带或其他多媒体源这些原始数据很难获取，甚至很难找到，返回到磁带中的特定点进行标记，并将它与同一个磁带或者不同磁带上的另一个特定点进行比较则更为困难，因此像 SignStream 和 ELAN（EUDICO Linguistic Annotator）[①]之类的标记系统（tagging systems）就将设计重点放在使语言学信息与源数据对齐的重要功能上。

这些软件工具使研究人员能够以多行信息来标记视频素材，每一行根据一些相关的语言学属性（手形、位置等）由软件或者操作人员来定义。研究人员可以注明任何类型属性的限制。这些软件工具较多，包括 SignStream、ELAN、Praat 等。SignStream 是由波士顿大学研究人员开发的[②]，其目的是进行手势的句法分析，但它允许输入一些音韵细节，并且只能运行在 Mac 系统中。ELAN 是由荷兰的马克斯-普朗克学会心理语言学研究所（Max Planck Institute for Psycholinguistics）的研究人员开发的[③]，它更多地关注语音细节，但它支持几乎任何种类的转写细节。ELAN 可运行在 Mac、Windows 和 Linux 等系统中。在视觉领域里，SignStream 和 ELAN 两者都可以被认为是 Praat 的变体，Praat 软件由 Paul Boersma 和 David Weenink 开发[④]，用于标注音频素材。笔者关注这些软件工具，主要是因为手语语言学是一个相对小众的、研究成本相对较高的领域，不太可能有专门研究手语的复杂软件。应当指出的是，标注者使用这些软件工具是为了便于研究多媒体材料，而不是那种简单的静态照片、图纸或字典描述，因此对于检查和转写语音数据和视频录像数据来说，这些标记系统是有价值的。

3.6 手语编码系统分析

编码系统是允许语言学家研究语言各个方面问题的一种研究工具。对于用户

---

① ELAN 是由位于荷兰纽梅茵的马克斯-普朗克心理语言学研究所（以下简称马普心理语言学所）开发的一个跨平台（Windows、macOS、Linux）的多媒体转写标注软件（annotation software），免费开源。该软件最初是为了欧洲分布式语料库工程（European Distributed Corpus Project，EUDIO）而开发，从 2001 年起，已发布多个版本，功能日益强大，在话语分析、态势语研究、语言存档、口语语料库建设等方面被广泛使用，一些有影响的濒危语言或方言的保存项目也使用 ELAN 进行转写、标注、存档。例如，伦敦大学亚非学院的“汉斯 · 劳辛世界濒危语言保存项目”（Hans Rausing Endangered Languages Project）、荷兰马普心理语言学所 Dobes 濒危语言存档项目、美国得克萨斯州德语方言保存项目等。该软件因使用者众多，遍布全球，已成为事实上的多模态语料转写和标注软件的标准。

② 可参阅 http://www.bu.edu/asllrp/SignStream/。

③ 可参阅 https://archive.mpi.nl/tla/elan。

④ 可参阅 http://www.fon.hum.uva.nl/praat/。

来说，编码系统需要具有相当高的明确性和简易性，方便进行数据存储和检索。

将编码系统和转写系统进行比较，我们可以注意到：这两者都必须是双唯一性的和完整性的。两者关键的区别在于：编码系统必须允许计算机排序、统计、方便对比任何语言学特性，而转写系统则不需要这些流程，甚至有可能不需要计算机处理和加工。

因为转写系统强调书写速度，所以转写系统使用了许多打包的符号（bundled symbols），这些符号包含许多不同特点的信息，如 HamNoSys 里的 和 表征一个或两个手指扩展的手部，但是打包的符号不允许排序、计数或比较编码实体的次单元。例如，以上两个 HamNoSys 符号就很难同时针对拇指姿势和延伸手指数量进行排序，或者通过比较来确定延伸手指数量或拇指姿势是不是相同的，也不能通过计数来统计手部延伸一个手指的频率，这就给用户造成了困难，用户只能通过使用其他专门软件来解决这个问题，因此编码系统必须避免使用打包的符号。

从书写者/创作者的角度来看，转写系统强调易用性和上手速度；而编码系统则站在读者/用户的角度，更强调易用性和速度。因此编码系统符号不仅应该避免打包（unbundled），而且它们必须尽可能地易懂，以缩短读者的学习曲线。[1]即使是像 这样的象似性符号也并不完全是易懂的，比如拇指在干什么？符号能表征伸展的食指或小指吗？字符代码和缩写的理解对于用户来说更是难上加难，因此语言学家建议从英语的稳定词汇中选择符号[2]。这样做的一个好处就是不需要特殊字体，且大大降低了系统文档需求；另外一个好处是便于校正，单字符代码或组合代码（如<cd>代表 contralateral and downward）一旦发生错误，几乎是不可能纠错的，但是如果像 contralateral 这样的单词数据产生录入错误（如错录为 contraladeral），则把 contraladeral 修改成 contralateral 看起来就是一件很简单的事情。编码系统有一个相关原则是——尽可能地在技术上使用较为常见的单词，像

① 学习曲线指在不断学习中逐步完成并熟练掌握某一项技能的过程，比如随着工人生产了越来越多的零部件，他们完成任务的效率也就越来越高，由此产生的结果是随着学习的增加，成本将会下降。这个理论源于二战时期的飞机工业，当产量上升时，生产每架飞机的劳动时间会极大地下降。随后的研究表明，在许多行业都存在这种现象。学习曲线可以应用于生活中的所有部分。无论是对于熟悉语音学的幼儿还是对于学习全新语言的成年人，这个理论都可以在任何地方使用。所谓缩短学习曲线，是指重复执行任何任务或信息将使大脑习惯于在这方面更快地执行。以语言学习曲线为例，通常认为语言学习曲线包括快速上升期和平台期两个阶段，一般来说，快速上升期要完成 30—60 个单词的学习，而进入平台期则代表学习已达到相对熟练和稳定的状态。

② 语言学家建议选择英语的稳定词汇，是因为英语目前是事实上的科学语言，因此数据库使用英语会吸引大量的科学家。此外稳定词汇被翻译成各种语言时相对简单。

“小指”和“拇指”就比“鳍辐骨”和“尺骨”更容易被理解。

根据以上原则，我们分析了手语编码系统的案例SignTyp。SignTyp既是一个物理数据库，目前包括9个不同来源的约12 000个手势；同时又是一个编码系统。它并不是一个软件系统，但可以应用于任何一个数据库软件。SignTyp的数据结构与语音特征树（有向图）相同，但它本身并不作为图形表征，它是表格化的，因为图形表征不适合手语分析工作。

Brentari（1998）使用了美国手语“美丽”和“花”来进行说明，如图3.12所示，表3.3列出了相应的表格进行表示。手势“美丽”的打法是手指在脸面前划一个圆形的手势，而“花”的打法是手与同侧和对侧的鼻孔接触。下面简单地为这两个手势的位置特征选择一个合理的可能结构。图3.12都是普通的（有所简化）音韵树，已做了加工处理（音韵树一般应为从上到下的关系，这里将音韵树逆时针旋转90度，变成从左到右的关系）。我们很容易看到图3.12中图形树与表3.3中表格树之间的关系。

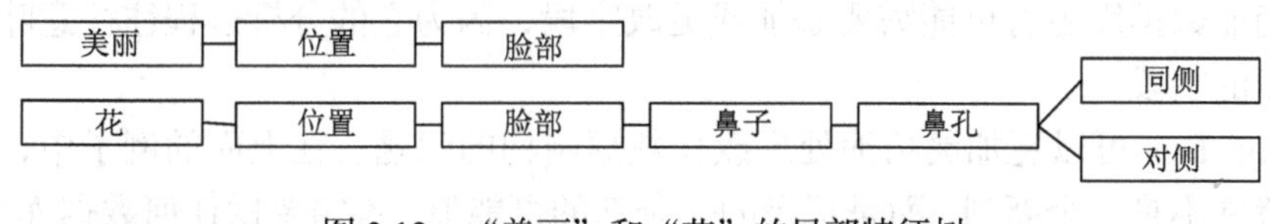

图3.12　“美丽”和“花”的局部特征树

表3.3　“美丽”（手势序号1）和“花”（手势序号2）的SignTyp记录

手势序号	阶段	字段名	字段值信息			
			1级	2级	3级	4级
1	1	位置	脸部	—	—	—
2	1	位置	脸部	鼻子	鼻孔	同侧
2	2	位置	脸部	鼻子	鼻孔	对侧

图形树使用线条来呈现文本框节点之间的关系：脸部是位置的从属项，代表手势动作的位置在脸部。在SignTyp系统里，最左边是根节点，最右边是终端节点。右列是左列的从属项。从左到右的列式组织和每行所有非终端节点的重复形式都代替了树形图的行数。图形树有一个附加规定：左边的姐妹节点在时间上位居右边的姐妹节点之前。在表格树上，阶段值已明确指出了数据的时间顺序，因此图形和表格两种方法都提供了关于从属和线性顺序的相同信息。

这种结构有许多优点：结构直接反映数据的分层特性，显示字段之间的关系。相关字段自动地一起排序，数据透视表或类似数据汇总会导致类似材料放在一起。例如，位置信息将分别按方向排序，类似的材料将被对齐。“美丽”手势的终端节点是“脸部”，而“花”手势的终端节点是对侧和同侧的“鼻孔”，“美丽”和“花”共享“脸部”节点，这已在同一列中显示。在传统的行列结构里，“美丽”和“花”的终端节点可能会在同一列，这将会使遗失泛化（generalization）。更详细的数据将有更多的节点，但是所有的数据都可以在任何共享较高节点上进行比较，这也意味着 SignTyp 里不同深度细节的数据库中的数据可被归并在一起。例如，数据源 A 可能会将胸部的所有位置都视为一个位置，而数据源 B 可能区分上胸、中胸、下胸等胸部所有位置。这两个数据库可以在细节级别 1 上进行比较，在这个级别 1 上两者都有一个胸部值，即使数据源 A 对任何手势都没有进一步的信息可用，数据源 B 也会有其他更多可用的信息。

在普通的关系型数据库中，一旦数据库管理员设置好数据库结构和数据结构，分析师可以随时添加多行而不需要询问管理员来改变任何设置；但是如果分析师要添加一个新的字段，比如象似性位置，那么数据库管理员（也可能是网站设计师/管理员）将需要审核、批准及做出这种修改。这可能是研究数据库的一个问题，它比商业数据库更有可能需要添加或更改字段，因为它的分析过程往往意味着将添加新的字段。

SignTyp 可以更加灵巧地处理改变数据结构的问题。在上面的例子中，象似性位置并不是一个新列，而是记录的一条新的可能值，不需要做任何数据库变化。新类型的数据仅仅是附带不同节点名称的数据的新行，不过这种结构会让研究人员更加依赖数据库和网站管理员。SignTyp 也可用于录像带、照片、图画或其他源材料（source material）的分析，这意味着 SignTyp 可实现跨语言研究，并能记录不同历史阶段的语言以及不同的语言，从而可以研究历史变迁和跨语言的类型学或遗传关系。

3.7 小　　结

在本章中，我们讨论了三类标注系统，即书写系统、转写系统和编码系统，重点讨论了这三类系统在手语中的应用。我们还讨论了它们的特点，以及它们与有声语言相似系统的区别，并分析了一些概念系统不存在或不受欢迎的原因。

第一，有声语言的书写系统可以是表音系统或会意系统，虽然这两种类型通常有另外一种成分。目前所有的手语书写系统都是纯粹的表音系统。如果会意系统一开始就是形象性系统的话，那么当会意系统使用了表音特点时，它就完全是任意性的产物。人们在发明会意系统的时候，往往倾向于创建任何类型的形象性手势系统，但同时他们在学习或处理任意手势时却没有问题，植根于会意系统的字母系统，也没有显示任何参照音素的发音或声学属性重新形象化（re-iconizing）

的手势。

第二，除了使用会意单元（比如英语书写系统里的“&”符号），有声语言书写系统往往显示出一种趋势，即将独特的书写符号序列与口语形式进行整体匹配，这种趋势与词源学和形态学原则有关。如前面提到的，手语的书写系统更严格地坚持其表音基础。

第三，口语的书面语几乎都是音素（字母），但手语书写系统概念化似乎更自然。

第四，口语的书面语一般采用符号，即使它初始是象似性的，但随着时间的推移也会变成完全任意性的，页面上的符号顺序也是象似性的。手语书写系统主要使用象似性符号，如 SignWriting 采用象似性顺序，但 Supalla 的 ASL-phabet 未采用象似性顺序。

第五，这两种模态的书写系统显示了一些倾向性证据，即通过使用打包的符号来使语法更经济。

如果书写系统是表音系统，那么它着重于有声语言的音素或音节层次，以及手语的概念层次。一方面，对于口语的书面语来说，字母系统的成功表明了音素是口语语音的中央认知单位（Taylor，2006），即使音素意识形成阶段是需要大量训练的阶段。另一方面，手语的概念化层次系统是比较成功的和可借鉴的，这表明手语模态里的概念或概念群是手语的中央认知单位。分析层次的差异突出反映了语音和手势之间的基础差异。书面口语和书面手语具有象似性的时间线（即符号顺序），但只有书面手势是系统性地、显然地、持续地使用了象似性。

这些差异同样也发生在转写系统里，从某种意义上讲这些转写系统也很像书写系统，两者不同的地方主要体现在双唯一性和完整性这两点上。我们对编码系统的讨论仅限于手语，并且提出手势的编码系统应该使用英语单词的符号集，从而允许可理解性和易于排序，以及具有一个音韵树表格版本的数据结构。

SignWriting 是属于书写系统的一个较完美的解决方案，并且它具有自然的、可理解的优点，从而具有吸引力。跟有声语言书写系统的学习相比，SignWriting 的学习不会有太大的困难。但正如英语已成为全球通用语言，而汉语尚且处于发展中一样，SignWriting 可能也会因为人口、政治和技术现实等很多因素而很难成功。相对于健听人数，聋人的数量较少，而且可能还会持续减少（Johnston，2004）。大多数聋儿的父母为健听人，他们自然强调他们的母语——有声语言的书写系统。这些孩子通常掌握了足够的有声语言技能来实现与健听人和聋人进行交流的目的，而且许多健听人并未真正学习手语，更不用说使用 SignWriting 了。此外，聋人使用的大多数电子通信设备或软件，比如常见的电子邮件、即时聊天软件以及打字机等，并没有开放使用 SignWriting 软件。不过 SignWriting 可作为一个有趣的研究课题，特别是因为 SignWriting 可能是唯一的严格的双唯一性的真实案例，以及概念层次的书写系统、象似性书写系统的典型案例。

此外本章还分析了手势编码系统，它采用了稳定英语词汇来尽可能详细描述手势，并允许进行简单的搜索和原子数据[①]排序。这种特殊的数据库结构使研究人员更方便修改数据结构而不涉及数据库或网站管理。

有很多口语书写系统在书面形式和口语形式上没有明确的一对一关系，但所有手语书写系统都存在这种一对一的明确关系，虽然它们或多或少都会有省略。有一种解释是因为所有手语书写系统的开发时间都相对尚短，随着时间的推移，历史性垃圾可能会逐渐累积起来；但另一种解释认为这不太可能，因为SignWriting系统看起来跟开发时间没有关系，而是跟其象似性与概念化性质有关系。虽然口语书写系统可以迟于音韵变化，但是我们还是很难想象表征放在前额手部的一个SignWriting符号被接受为脸部的手势符号这种情况。因此手语书写系统还有很多需要进一步研究和解决的问题。

① 原子数据是关系数据库的一个概念，即只能是基本的数据类型，不可分割（如整数、字符串是原子数据，集合、数组属于非原子数据）。

第 4 章　手语的输入输出

中国汉字有数万之多，而电脑键盘不可能为每一个汉字造一个按键。因此，人们需要替汉字编码（检索出汉字的代码），用数个键来输入一个汉字。汉字输入法的发展过程，是一个“万码奔腾”的过程，在 50 年间出现了上千种编码方法。一般认为最早的汉字输入法是 1976 年由朱邦复先生发明的仓颉输入法。该输入法初期只有繁体字版本，原名“形意检字法”，用以解决电脑处理汉字的问题，包括汉字输入、字形输出、内码储存、汉字排序等。为纪念上古时期仓颉造字之精神，蒋纬国于 1978 年将此输入法重新定名为“仓颉输入法”。同时朱邦复先生还是中文终端机、汉卡的发明人。鉴于他对汉字输入输出技术研发的众多贡献，他被学界誉为“中文电脑之父”。

4.1　引　　言

手语计算是自然语言处理的一部分，推进手语计算有助于机器具备理解人类语言的能力，然而手语因缺乏可机读的书写系统给手语计算带来了挑战。目前手语连最基本的输入、输出都没有明显有效的解决办法，因此手语的输入、输出问题一直是手语计算研究亟待攻克的难题，并成为制约手语数字化和信息化水平提升的拦路虎。

手语输入输出技术和有声语言输入输出技术存在着许多方面的差别。从内容上看，手语输入输出处理涉及所使用的操作系统、文字的输入输出、文字的编辑等方面的内容。为了能用计算机来处理或加工手语，这里面有许多特殊的问题需要研究。从符号学的角度来说，手语输入输出不外乎图像符号和文字符号的识别、模拟、分析和转换几个方面，其中存在着两项主要问题，这些问题影响着手语输入输出技术的发展。

4.1.1　缺乏统一规范化的标准

标准化是手语信息处理获得长足发展的前提，是手语信息处理参与国际竞争的重要手段。在信息社会里，标准化对手语知识产权保护的重要性已现端倪，手语数字化与信息化在其发展的每一个关键环节，几乎都是与标准化紧密联系在一起的，标准化贯穿了手语信息处理发展的始终。

虽然我国手语信息化工作取得了一定的成绩，但在标准化工作方面，我国与欧美国家相比仍有不小差距，中国手语至今仍缺乏必要的技术标准。目前国外已出现了一些手语编码系统，而我国手语编码至今仍无国家标准。规范化的标准能够促使手语输入输出系统正常的运转，在手语实现信息化的过程中，标准化和规范化成为技术上急需解决的问题。手语输入输出存在着自身的特点，所以需要根据其发展特点量身定制。手语标准化问题的主要任务就是手语编码体系的标准化研究等。手语在信息技术领域的发展需要有统一的、规范化的标准，这样更有利于手语的研究和传播。

4.1.2　技术应用范围狭窄

手语输入输出技术应用的范围并不是很广。手语计算多用于学术价值的研究，因为手语信息化软件市场狭小，推广应用困难，影响了研发者的兴趣，人才资源丰富的科研企业因为不了解手语信息处理的市场需求，很难贸然投入人力进行手语信息处理软件的开发。多年来，只有清华大学、中科院计算所等少数研发单位和企业从事短期的手语信息处理技术研发，科研力量十分薄弱。

但是我们不可以忽视手语输入输出技术的社会效益，它在手语语言推广、聋人文化推广、残疾人权益保障等方面都应该起到促进作用。目前，手语输入输出研究的价值并没有显现出来，它的潜力也没有被挖掘出来。现代信息技术的发展能够很大程度上推动手语输入输出的研究和发展。

研究和解决这些问题，除了语言学工作者外，还需要其他学科专家们的共同努力。手语输入输出具有广阔的市场前景，它带来的社会效益和文化效益都是巨大的。

4.2　手 语 输 入

进行手语计算的必要前提是把手语信息输入计算机。根据输入方法是否使用键盘，我们把输入方法分为键盘输入法和非键盘输入法。后面将要介绍的文字识别与手语图像识别属于非键盘输入法。

4.2.1　键盘输入法——创建新的输入方案

当前的任务是综合考虑手语的语音和语义等因素，定制完整的全新输入输出方案，使之更适合计算机处理，如 HamNoSys 系统。目前手语已存在书写系统或转写系统，比如 SignWriting 系统、Stokoe 符号集、HamNoSys 系统，这些转写方案已被国外若干手语语料库使用。研究人员以 bears 这个词为例比较了 Stokoe、HamNoSys、SignWriting 这三个转写系统，发现 HamNoSys 的线性结构更有利于计算机的读取与识别。同时，为了将手语手势嵌入手机来帮助听障人士，研究人员对 Stokoe、HamNoSys、SignWriting 三个符号转写系统进行了比较，结果发现 SignWriting 比 Stokoe 符号系统、HamNoSys 符号转写系统更易理解，更适合嵌入手机。南非研究人员为了实现机器翻译南非手语，也比较了 Stokoe、HamNoSys、SignWriting 三个符号转写系统，结果发现 Stokoe、HamNoSys 系统在技术格式上不切实际，SignWriting 则更易阅读。根据以上比较研究可以得出，Stokoe、HamNoSys 不易理解，但易于计算机阅读；SignWriting 易于理解，但不易计算机阅读。此外，在 Stokoe、HamNoSys 两者中，HamNoSys 被更广泛地用于手语信息处理。

从以上可看出，现有 Stokoe、HamNoSys、SignWriting 这三个手语书写系统，要么易理解，要么易机读，但存在两者不可兼得的问题。从手语编码的角度来看，这些系统不仅考虑了手势本身的含义，还考虑了四个音韵参数，其中德国汉堡大学设计的 HamNoSys 系统的目标就是作为手语的音标系统来使用，这类似于 IPA，它充分考虑了手语的音韵特征，如图 4.1 所示。从该图中可以看到该编码融合了手形、方向、位置、运动等四个音韵参数，其中手形符号表示“C”手形（以便与“A、B”等字母手形和“1、2”等数字手形相区分），方向符号表示远离躯体，向左上方移动（以便与其他方向相区分），位置符号表示位置在前额上（以便与胸部、嘴部等其他位置相区分），运动符号表示直线运动，同时手形变成数字 0 手形（以便与其他曲线运动、圆弧运动等相区分），这些合成起来表示“汉堡”的含义，因而被广泛用于手语的机器翻译和手语的 3D 模型生成。

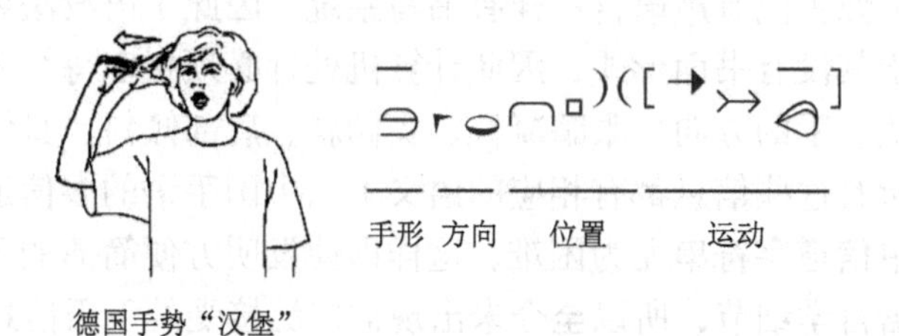

图 4.1　手势“汉堡”的 HamNoSys 编码

然而这些系统的受众太少。从 SignWriting 群发的报告上看，世界上有 14 所学校正在使用这个系统。Johnston（2006）解释说该系统受众太少是因为人口、政治和技术现实等很多因素。此外由于种种原因，Stokoe、HamNoSys、SignWriting 等系统尚未传入我国，因此这些新的输入输出方案并未被广大聋人群体和健听群体接受。

这个问题与 20 世纪 80 年代汉语信息处理的问题类似，当时汉语存取和表示问题曾一度困扰着国内的汉语计算从业人员和研究人员。自我国台湾的朱邦复研究组发明了仓颉输入法以后，这个问题取得了很大的突破。个人电脑的发明使一般公众可以使用计算机，而朱邦复的仓颉码使计算机在使用汉语的人群中普及开来。具有汉语处理能力的个人电脑的出现，使当时汉语文化圈的一些国家（如中国、新加坡）和地区的信息产业得到了飞速发展。

然而，这里有一个前提：中文有一套被广泛接受的公认文字系统——汉字，这是广大使用者可以接受的基础。这里的汉语输入输出方案主要是解决了用计算机来存储和表示汉字的问题，从而在此基础上带动了中文信息处理的基础研究和应用研究。然而，手语没有公认的书写系统，即使发明了计算机的手语编码系统，由于其过高的学习成本等问题，也无法被广大聋人群体接受，这导致了 1983 年美国 AT&T 公司从最先取得数据手套专利到目前该公司的手语计算一直停滞不前的状况。

有一个重要的原因就是这些系统受众太少。一种语言输出（包括口语）包含几个并行信息流：除了说话，还包括面部表情、手势、眼睛凝视以及其他声乐数据（如韵律、音量和音调）。这些信道是基于时间轴的并列数据流，每个信道是随着时间的推移而改变的一组值（Huenerfauth，2005）。

汉语虽然已经有 5000 年的历史[①]，并且拥有了较完善的书写系统，但实际上汉语的书写系统并不记录汉语信息的大部分信道，只记录说话语音信道的内容，所以汉语的自然语言处理系统是基于文本的，而且只记录语音这个唯一的信道，只要求用户具有良好的识字能力，这样便简化了其工作，最后只需要生成一个文本字符串即可，而不是像手语那样需要生成一个完整的输出（比如手势、韵律、面部表情等）。

由于手语不像主流有声语言一样有书写系统，因此手语没法像其他有声语言那样简化。由于其没有书面形式，因此计算机处理必须指定每个手语信道的值：手的位置和形状、手的方向、眼睛凝视、头倾斜、肩部倾斜、身体姿势、面部表情（在手语里所有这些信息都有相应的语义）。中国手语的多信道性质使得将手语编码成线性单信道字符串尤为困难，这样即使发明方便简捷的手语编码系统，也会遗失很多语言学细节，所以至今未出现被广泛接受的手语信息编码系统。

---

① 2019 年 4 月 25 日复旦大学金力团队在英国《自然》杂志上发表研究结果，认为汉藏语系起源于新石器时期的中国北部，大约 5900 年前的黄河上游，并且与马家窑文化和仰韶文化的出现有关。11 天之后，法国东亚语言研究所、德国马克斯-普朗克进化人类学研究所等团队在《美国国家科学院院刊》（*PNAS*）上发表了一篇相似的文章，认为汉藏语系起源于 7200 年前中国北部的黄河流域，并与晚期磁山文化和早期仰韶文化相关。因此可以确认汉藏语系起源于中国北方的黄河流域，时间至少是 5000 年前。

4.2.2 非键盘输入法——借鉴有声语言的解决方案

使用现有的本国有声语言的解决方案，并针对手语进行改良的做法使计算机处理手语更为方便。例如，复旦大学推出了中国手语转写方案，并利用这个方案来记录手语信息。从文献来看，很多国家的手语语料库都使用手语视频作为语料，然后采用本国有声语言作为转写语言，这种情况占了 90%左右。首先，因为目前有声语言的计算技术已比较成熟，本国手语若能使用本国有声语言进行编码，则可充分利用和借鉴本国有声语言计算的成熟技术。其次，目前手语转写主要是人工转写，依靠转写人员（包括聋人和健听人）对手语语料进行转写，若采用本国有声语言进行编码，则有利于降低培训转写人员的时间和精力成本。最后，本国有声语言是本国聋人的第二语言，聋人一般是双语者，因此若将本国有声语言的书写系统作为本国手语的编码系统，聋人群体也能接受。显然，采用本国有声语言进行手语编码也会遗失很多携带信息的细节，但这是目前成本最低、见效最快的手语编码方案。

这意味着我们将手语视频或图像和转写文本作为输入输出方案的采集方案有两种。

（1）利用可穿戴式设备采集手语信息。该方案主要是将信号采集设备放置在受试者的身上，记录受试者的活动信息，从而实现对手语信息的采集和加工。这些采集设备包括数据手套、表面肌电（surface electromyography，sEMG）传感器和加速计等。数据手套主要是通过手套上的多个传感器，对手势动作的空间运动、手形、关节弯曲角度等可以直观体现手势特征的信息进行记录，然后通过简单的处理识别完成手势识别。该数据手套能准确地记录手势的空间轨迹和手指弯曲等细腻信息，其传感器精度高、反应灵敏，相比其他传感器来说具有较高的准确率。但由于数据手套设备昂贵、系统复杂、实用性较低，所以它很难得到广泛应用。

表面肌电传感器对执行手语动作时肌肉产生的表面肌电信号进行记录，由于表面肌电信号能够精确地反映肌肉的收缩变化，因此它在检测手部姿态、手腕旋转以及手指精细动作等方面有着独特的优势，从而以无创性和测量方便的特点得到了广泛应用。加速计之类的传感器主要用来检测手的空间运动，如运动轨迹等，适用于检测运动幅度比较大的手势动作。这种采集方案唯一的缺点是设备昂贵复杂，采集过程中需要受试者一直穿戴，人机交互性很差。

（2）利用普通摄像头采集手语视频或图像。该方案主要是通过摄像头等设备采集手语动作的视觉信息，对相应的图像或者视频进行处理。这种诸如摄像头等采集设备并不直接放在受试者的身上，因此不会在执行手语动作时对受试者产生干扰，且设备要求不高，一般的摄像头就可以满足采集要求。

另外，基于图像或视频的模式识别方法比较成熟，在国际上基于视觉的手势识别有着深入而广泛的研究。在实际识别过程中，实验环境由于可能受到诸如光照条件、背景复杂度的影响，可能会导致识别的结果没有那么令人满意。为了增强识别的准确度，很多视觉手语识别研究都对实验条件进行了相应的限制，比如简化实验背景、使用颜色手套①等方法，这样受试者的手部区域可以更方便地从背景中分割出来。该方案虽然取得了很好的实验效果，但离千变万化的手语识别需求还有很大的距离。

此外，如何利用视觉信息来准确地描述手型特征也是研究的重点之一。单一的摄像头并不能完全充分地反映手部动作的 3D 形态，在采集数据时可能出现遮挡问题，或者由于角度不好而出现对手形描述不正确等问题。因此这种采集方案虽具备自然的人机交互性，但其准确率低、速度慢，现有的识别算法均无法获取高精度的识别率。因此，目前手语语言学家的工作方式是直接用摄像头采集视频，然后进行人工转写和标注。

目前的手语识别研究已经从静态手势识别过渡到动态手势识别，从使用可穿戴设备提取特征过渡到基于计算机视觉提取特征。采用自然的、不佩带任何装置或物品的手语输入方式，获得准确快速的识别结果，是目前该领域的研究核心与发展方向。本书也提倡采集手语视频作为输入输出方案，因为最好的手语语言理解方式应该是手语这门视觉空间语言的视觉特征直达人类大脑中的语义单元并完成手语语言的理解，这才是大脑最自然的手语理解方式，而不是先转化为书面文字，再转化为语义。

最近新出现了体感技术，它可以让人们很直接地使用肢体动作与周边的装置或环境互动，而无须使用任何复杂的控制设备，便可让人们身临其境地与内容做互动。这种体感技术不失为理想的手语输入输出方案。体感设备获取的手势信息通常是目标的深度和红外图像信息，它借鉴了人眼原理将传统二维物体转换到 3D 空间。最关键的是其设备成本低、使用简单，同时能满足手语语料自动标注的高精度和实时性的需要。以美国 Leap 公司发布的体感控制器 Leap Motion②为例，它可以每秒以 290 帧的速度识别人体手部的 22 个关键坐标，见图 4.2，它凭借这些信息可以为语料库构建手势者 3D 模型，同时可以计算出手部的位置、手形、方向和运动四个音韵特征并进行标注。当然，如果需要标注形态、句法、篇章等层面的信息，则需要研究人员在音韵层面上针对手语的空间特征提出新的句法分析理论和算法。最关键的是，体感设备可以采集静态与动态的特征，为探索手语运动的数学模型及其计算理论建立手语行为与语言特征的统计方法及其两者之间的关系提供了可能。

---

① “颜色手套”的提法来源于李勇、高文和姚鸿勋于 2002 年发表在《计算机工程与应用》第 17 期的文章《基于颜色手套的中国手指语字母的动静态识别》，该文中说明“颜色手套”是指指尖染色和手指染色的手套。

② 参见 http://www.leapmotion.com/。

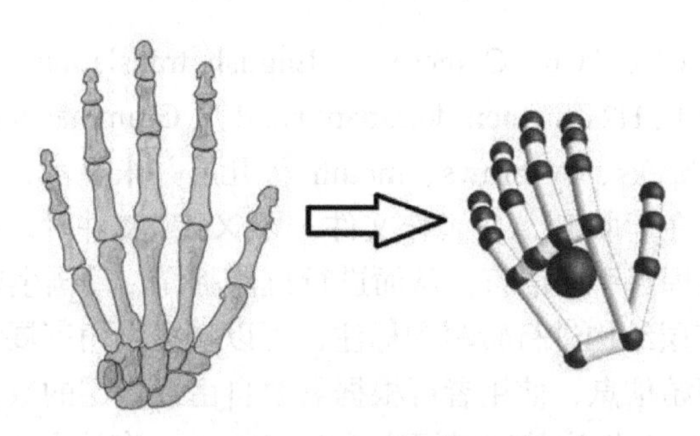

图 4.2　手部 22 个关节点示意图

手语输入问题的解决伴随着一个新问题的来临。我们知道将英语或汉语等自然语言语音识别成文本，再用计算机处理，这种计算语言学本质上属于单信道编码。

中国手语是人们在聋人环境中使用手的手形、移动方向、位置、手掌朝向，并配合面部表情和身体姿态，按照一定的语法规则来表达特定意思的交际工具。也就是说手语还包含了面部表情、身体语言、头部动作、眼睛动作等。按此定义，计算手语学本质上属于多信道编码。

如何对多信道之间的并列关系和非并列关系进行编码，以及多信道如何分词等问题都值得我们研究。我们使用了 ELAN 软件来解决这个问题，ELAN 是一个多媒体转写标注软件，支持 WAV、MP3、WMA、MPEG、MPEG2、MOV 等多种音频和视频格式，这个软件的好处是支持多层标注，标注后得到的工作文件为.eaf 文件，符合国际通用的电子文献、语料库及数字化语言保存规范，方便数据的传输与交换，可供长期保存和使用。所保存的这种.eaf 工作文件是基于通用的可扩展标记语言（Extensible Markup Language，XML），两者对比可见图 4.3，这样就为手语的信息处理创造了条件。

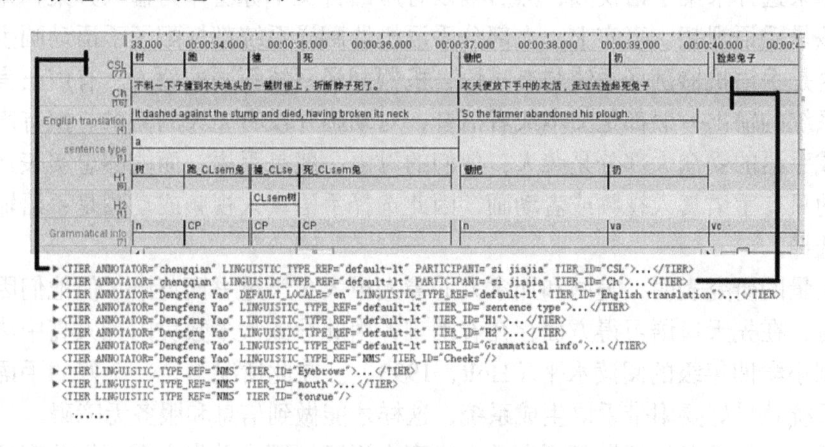

图 4.3　ELAN 软件的标注层次图

图 4.3 列出了 CSL、Ch（Chinese）、English translation、sentence type、H1（the dominant hand）、H2（the non-dominant hand）、Grammatical info 等七层（tier）信息，此外还有 cheeks、eyebrows、mouth 等几层并未显示，尽可能覆盖了所有细节。这样计算机在读取 ELAN 工作文件，即 XML 文件时，可同时读取多层信息，能较为准确地理解手语语言，从而进行机器翻译、动画生成等。

ELAN 通过多层结构进行转写和标注，可以从多个角度展示、保存、阐释语音或视频样本的原始信息，使用者可根据需要自由设定层的数量，更改层的上下顺序。ELAN 的转写和标注基于时间线（timeline），有层上（沿时间线）显示、表格显示、全文显示、字幕显示等多种显示方式，使用者可以直观地了解录音或视频的内容与其相关信息，并可随时点击标注内容，回放检查、浏览。根据时间标签，文本和录音（视频）可以做到精确对齐，即点即播。ELAN 既是转写、标注的平台，又是一个数据管理平台，内嵌的 HyperSQL 是用 Java 语言编写的一款免费开源的 SQL 关系数据库引擎，也是嵌入式数据库。ELAN 支持常见的数据类型，理论上最高支持达 64T 的数据量。

利用 ELAN 建立的本地数据库具有较完善的检索查询功能，支持正则表达式（Regular Expression）检索，利用正则表达式可以快速准确地检索出符合条件的内容。检索是 ELAN 管理数据的一种很好的手段，ELAN 既可以在一个文件内部检索，也可以在自定义的多个文件中检索；更重要的是，通过检索，ELAN 还可以对录音和视频进行精确定位、回放比较等操作。

4.3 手 语 输 出

如果选择采集手语视频，然后辅以有声语言文本标注作为输入方案，则输出也应该是手语视频。事实上，大部分手语机器翻译系统都标配了手语动画生成系统，这是手语机器翻译系统与有声语言机器翻译系统不同的地方。有声语言机器翻译系统的输出一般都是文本或者语音，对动画并没有先天的需求。把有声语言翻译成手语的受众大部分是聋人，他们的母语一般是手语，而能够忠实表达手语意思的只有手语真人视频或者动画，因此选择手语真人视频或动画是手语输出的第一选择。

大量的研究表明，美国和加拿大的聋人虽大多学过书面英语，但他们因听力的障碍，在先天口语习得方面存在着困难，由此导致大多数美国聋人高中毕业生只达到小学四年级的阅读水平（Holt，1993）。在此情况下，一个好的手语机器翻译系统就最好要附带手语生成系统，这样才能做到信息和服务无障碍。

目前的技术条件还做不到自动生成真人视频，因为首先它需要提前现场实地拍摄，目前显然还达不到手语实时生成视频的要求；其次，如果使用真人视频，则手势之间没法平滑过渡（目前手势之间平滑过渡可以通过合成得到，但这是手语识别和对话系统未来的研究课题），或者真人视频与面部表情等非手动特征组合困难；最后，如果内容需要频繁修改或更新，则每一次修改时，视频都需要重新拍摄。

动画或动画脚本的优势在于可以随时编辑或修改，目前手语动画生成已广泛用于对象为听障用户的软件和网站中。动画虚拟人体建模和动画研究已比较成熟，现有技术已足够开发能够清楚表达和快速响应手语的动画虚拟人模型（Wideman & Sims，1998）。

当然仅有动画虚拟人模型是不够的，还需要一个手语生成器，即给定一个有声语言文本或抽象的语义输入，计算语言学部件需要告诉动画虚拟人该怎么做（假定语言学和动画组件之间的接口已设定了正确的指令集）。这样就需要一个动画脚本，专门负责告诉动画虚拟人如何做，因此手语生成有两种方式：脚本软件和生成软件。下面将以这两类为例进行说明。

4.3.1　脚本软件

脚本软件被认为是创建手语动画的文本处理工具，它允许了解手语的人在时间线上部署手势，以便生成手语句子动画。这种方法比起需要人们去手动指定动画虚拟人躯体所有关节更有效率。软件会将该过程自动化，并从句子时间线合成动画，以实现虚拟人动画。该脚本系统提供了语言学和人体运动选项，可以指定手势如何出现，动画虚拟人躯干如何从手势结束平滑到下个手势开始，以及用户未指定的各种各样的其他动画问题。

TEAM（Translation from English to ASL by Machine）系统由宾夕法尼亚大学开发，因此作者采用了宾夕法尼亚大学人体建模与仿真实验室开发的动画虚拟人体作为手势者模型，并使用了与 Jack Visualizer 兼容的专有控制语言。其脚本为带有嵌入参数的注释标记，将形态的变化、面部表情和句子语气等有限的信息进行编码，其中对面部表情这样的非手动特征自定了 begin-of-specific-nms 和 end-of-specific-nms 标记。

为了记录手语词条的运动和动画细节，TEAM 还设计了一个非常小的词典，并将手势的动画动作作为参数化运动路径模板，该模板与 Jack Toolkit 和 Jack Visualizer 兼容。编译脚本时，研究者需要将所有特殊运动参数连接或嵌入输出字符串中的特定词目，以此生成非手动特征动画。作者针对手势过渡设计了图形平滑方法，并设计了并行转移网络的动画脚本，因此能够灵活规定一个附带少量输入参数的动作或移动路径，如创建 3D 运动路径。

但是美国手语生成是一个复杂的音系变化过程，系统的脚本质量还是无法实现非手动特征和音韵平滑的真实性。这是因为 TEAM 系统使用了嵌入式参数的注释来表示美国手语句子，这样就影响了非手势手语和音韵平滑的质量。

ZARDOZ 系统主要是在输出流插入表征符号，与 TEAM 系统插入注释标记有点类似，该系统对非手动特征的操作方法比 TEAM 系统的功能稍弱。它使用 Doll 控制语言，也设计了一个分层词典用于存储音韵运动规格，也对具有相关特征的手势进行了分类，因此 ZARDOZ 系统动画脚本基于层次结构中的运动规范，对动画角色的运动代码控制要比 TEAM 系统更好。

这类脚本系统通常需要自己开发动画虚拟人模型，并自己定义专用的脚本控制语言，这些模型的差异在于设计的粒度，前者可灵活规定一个附带少量输入参数的动作或运动路径，但是系统的脚本质量还是无法保证非手动特征和音韵平滑的真实性；而后者针对不同的原子（指最小的不可分割的单位）的非手动特征做了特殊设计，使之可以识别所有非手动特征的原子操作，但对于复杂的非手动特征，如重叠的、交互的非手动表达形式，甚至非手动特征随时间而变化的强度都无法表达出来。

虽然脚本技术不一，但机器翻译系统都需要动态修改脚本，以便输出手语动画。这些系统必须针对手语句子生成一个手势和非手动特征序列，然后将得到的序列合成一个实际动画。目前国外主要用数据驱动的方式来生成手语动画，并且在已有的手语视频语料库基础上，使用统计模型和机器学习方法来研究手语动画的生成。

4.3.2 生成软件

生成软件是基于一些信息源来规划手语句子。用户不用手动指定时间线上所有手势，生成软件会自动完成这些手势。不同的研究人员已研究了有声语言句子如何自动化机器翻译成手语动画，这样的研究可归入生成软件一类，因为在这种情况下，软件使用的输入信息源就是有声语言的书写文本。

ViSiCAST 系统使用特殊的策略而没有使用动画脚本来生成手语，它是使用现有 HamNoSys 手语书写系统的 XML 版本和标准通用置标语言（Standard Generalized Markup Language，SGML），其中 SGML 作为手势标记语言，着重于如何指定手形、手掌方向和运动细节以表达手语。SGML 是一种定义电子文档结构和描述其内容的国际标准语言，具有较好的通用性，用户可以接受 SGML 输入并生成动画。

ViSiCAST 系统中的词典存储了关于手语的语音信息，该词典不仅包括每个词条相关的语音 SGML 规范，还包括特殊的次范畴、句法和形态特征等。这种存储用到了手语手势标记语言。此标记系统本来是用于手语书写/转录系统，它着重于如何指定手形、手掌方向和运动细节以表达手语语义。

该系统处理的手语动画脚本使用了手势标记语言以及 HamNoSys 手语书写系统的 XML 版本。与先前介绍的 TEAM 系统和 ZARDOZ 系统使用的运动控制语言相比，SGML 更适用于较重要的运动类型。因此，定义美国手语的过程使用标记应该更直观。若要演示动画，ViSiCAST 系统设计师可以使用能接受 SGML 输入的动画角色，并产生动画。

这类手语生成软件比脚本软件更为简单，因为它可使用现成标准，如国际标准 SGML，像 ViSiCAST 就使用了现有 HamNoSys 手语书写系统的 XML 版本和 SGML。

也有学者自己定义了标准规范，比如国内 Ye 等（2009）基于 XML 语法结构为中国手语定义了表达内容格式化描述方法，并应用于中国手语合成系统。这些标准都指定了手形、手掌方向和运动细节。当然为了生成手语动画，还需要设计与每个词条相关的更多信息，如 ViSiCAST 使用的标准就包括语音 SGML 规范、特殊次范畴、句法和形态特征等。因此相比动画脚本系统，生成软件系统生成的动画更为直观。

4.3.3　两类软件的优缺点

这些手语生成系统都是对手语翻译的有益探索，但这两者各有利弊，还有很多问题需要改进。脚本软件目前仍是各自为战，自己开发动画人物模型，没有形成公认的统一标准。此外，动画虚拟人表达粒度不灵活，无法延伸和扩展，使很多语法信息无法表达。更重要的是这些手语生成软件都未针对空间位置进行扩展和优化，不便于表达手语对话涉及的实体，因此这些系统的输出动画没有反映手势的空间使用和手语词汇的屈折变化，还停留在单信道的计算上。例如，Sign Smith Studio 软件（针对美国手语定制的商业化脚本软件）的词典只包含了大多数美国手语动词未进行屈折变化的（屈折变化是指为限定某词的语法功能而添加词缀或改变词形所进行的词的变化）版本①。

如果要生成动词的屈折形式，用户必须通过附带的软件精确地生成手部动作来生成动词手势，这显然大大延长了生成美国手语脚本动画的过程。有一个英国手语动画生成软件可以把对话实体与空间有限数量（大概 6 个）的位置相关联（Marshall & Safar，2005），它还包含了其手势位置决定主语和宾语的一些动词。但是该系统处理的大多数动词只涉及相对简单的运动路径，不能针对参照物部署

① 参见 http://www.signingapp.com/index_desktop.html（该网站介绍了 Vcom3D 公司的所有手语应用程序）和 http://www.vcom3d.com/（该网址为 Vcom3D 公司官方网站）。

空间的任意位置。

此外这些系统也没有很好地处理面部表情等非手动特征。按照手语语言学的观点，一个手势者选择是否使用非手动特征、用什么程度的句子来表达它、表达到什么程度、如何选择并表达非手动特征——这些决策都是基于句子和其他物理空间限制的词法和语法选择。

目前的手语生成系统都没有充分考虑这样的非手动特征决策的复杂性，而这正是手语里呼应动词等手势空间建模需要用到的。对此，陈益强等（2006）做了初步的尝试，提出了协同韵律参数控制方法，实现了语音、唇动、表情、头部等信道的协同一致，从而实现动画人物的多模式行为合成协同。此后他们对真人手语表演数据中的手势与头部动作之间的关系进行了深入研究（何文静等，2012），并利用核典型相关分析方法（Kernel Canonical Correlation Analysis，KCCA）建立起手势与头部动作之间的预测关系模型，大大提高了虚拟人行为动作合成的逼真性。当然由于多信道转换的复杂性，在这方面还有很多工作要做。

4.4 小　　结

由此看来，手语的输入输出目前尚没有很好的解决方案，即便有可以勉强使用的解决方案，其效率和正确率也并不理想。当我们回顾中文机器翻译系统的发展历史时会发现，它又何尝不是如此呢？1959 年中文信息处理才刚刚起步，当时并没有很好的中文输入输出方案，研发俄汉机器翻译系统时，由于没有汉字输出装置，只能打印电报代码。到 20 世纪 80 年代初期研发英汉机器翻译系统时，这个系统已能打印汉字译文了，但是当时系统的汉字输出装置水平不高，这大大影响了系统的翻译速度。例如，某系统 1 分钟只能翻译 4—5 个句子（未计算穿孔输入时间，输出包括两种文字），平均 12—15 秒翻译 1 个句子，而当时 CPU 的计算速度可达到 1 秒钟翻译 1 个句子。对比当时日本的汉字输出设备，该设备已经每秒可达到 6000 字的水平。

时至今日，我国已实现了汉字编码标准化，并制定了六个信息交换用汉字编码字符集，我国自主研发的方正汉字排版系统也处于世界领先水平，并垄断了中文市场。我们相信人工智能时代涌现出的新技术必定会给手语计算带来新的发展机遇，也一定会开发出更实用、更先进的手语输入输出系统。

前面介绍的手语输入输出方案并不包含编码方案，主要原因是截至目前，手语尚没有形成被广泛认可或接受的书写系统。此外，我们认为手语的输入输出方案的趋势是向更自然的人机交互方向发展。根据有声语言输入输出研究的发展历史经验，在实际使用中，由于用户不同、用途有别，手语编码方法、输入方式不强求统一。一般来说，方案（包括编码方案）多一些不要紧，可以自然淘汰，比如中文输入法。从 20 世纪 70 年代的仓颉输入法开始到现在，前后出现过 1300 种输入法，但最后是搜狗拼音输入法和五笔输入法用得最为广泛。当然也要注意输入输出方案相对集中，以避免徒劳无功。输入输出设备可以大、中、小并举，但不应过多，要慎重发展，以避免人力和物力的浪费。

手语的输入输出是手语计算的第一道门槛，也是计算语言学中的一个新课题。这个问题如能得到解决，则表明手语计算的应用将空前扩大。笔者相信在不久的将来，有声语言里已实现的实用的信息检索、问答系统等，将会进入手语计算的领域，带动手语版 Siri 的出现，甚至“分析互联网”、中英文“知识图谱”等最新进展也将在手语领域得到应用。至于高级的人工智能系统（中文翻译机和问答机），虽然比较复杂，但我们相信它的实现也是指日可待。手语拥有比有声语言更长的历史，全世界总人口中有 5%以上的人具有听力障碍①，因此手语的输入输出迟早也必定会有更为显著的发展。

① 可见世界卫生组织官网 2021 年 3 月发布的首份《世界听力报告》，该报告称听力损失目前影响着全球超过 15 亿人，其中 4.3 亿人听力较好的耳朵也有中度或以上的听力损失。在未来 30 年里，听力受损的人数可能会从 2019 年的 16 亿人增加到 25 亿人。

第 5 章　手势计算基础——词法

目前深度学习（多层神经网络）已成为热点，但深度学习应用于自然语言处理首先要过第一关，即如何让语言表示成为深度神经网络能够处理的数据类型。下面我们看看图像和语音是怎么表示数据的。

从图 5.1 中可见，在语音中，用语音频谱序列向量所构成的矩阵作为前端输入交给深度神经网络进行处理，取得了很好的效果；在图像中，用图片的像素构成的矩阵展平成向量后组成的向量序列交给深度神经网络进行处理，也取得了很好的效果；而在自然语言处理中，研究者希冀用最简单的方法将每一个词用一个向量表示出来，但从实践结果来看，其效果并没有预期的效果好。

语音

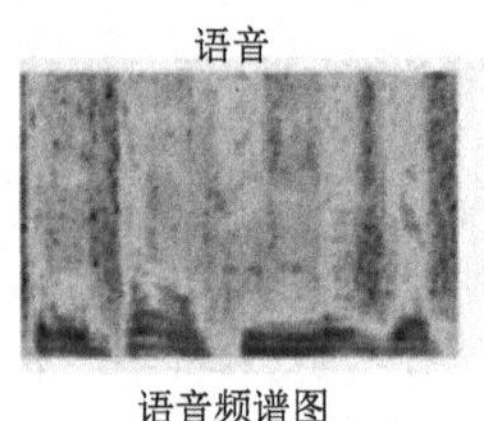

语音频谱图
稠密

图像

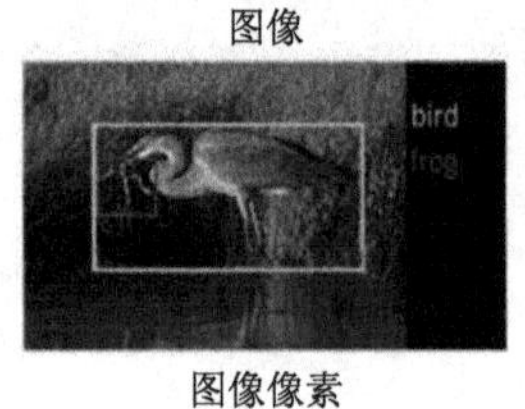

图像像素
稠密

文本

0	0	0	0.2	0	0.7	0	0	0	…	…

词、上下文或文档向量
稀疏

图 5.1　语音、图像、文本的表示

图像、语音属于比较自然的低级数据表示形式。在图像和语音领域，最基本的数据是信号数据，我们可以通过一些距离度量[①]来判断信号是否相似，而在判断两幅图片是否相似时，只需通过观察图片本身就能给出回答。

语言作为人类进化了几百万年所产生的一种高层抽象的思维信息表达工具，具有高度抽象的特征，文本是符号数据，两个词只要字面形式不同，就难以刻画它们之间的联系，即使是“麦克风”和“话筒”这样的同义词，从字面上也很难看出这两者意思的相同之处，这就叫作语义鸿沟现象。

文本表征并不是简单地通过一加一就能表示出来，而判断两个词是否相似时，还需要更多的背景知识才能做出回答。其最鲜明的特征之一是它有意义的表征。一个人无论说什么，比如一个词或一个词组，它往往都有想表达的意义。人类语言有一个特殊的结构，这个结构使其易于学习，即使是孩子也可以自然习得。与最先进的机器学习方法中使用的必要输入不同，人类语言应该是离散符号的分类

① 距离度量（distance）用于衡量个体在空间上存在的距离，距离越远说明个体间的差异越大，常见的有欧几里得距离、曼哈顿距离等。

表征。我们需要一种更有效、更有意义的方式来编码人类语言。

因此从上文来看，如何有效地表示出词汇/手势，是决定深度神经网络能够发挥出强大拟合计算能力的关键前提，目前人们对手语的词法研究集中于手势切分、手势空间建模等工作上，本章将进行系统的介绍。

5.1　词法理论基础

词法学是研究语言内部结构的学科，主要研究词的变化规则，包括词缀法研究、复合词法研究、中缀法研究等。计算词法学的目的就是要研究、分析和抽象出各种词法规则，表示成计算机可存储、理解和使用的形式，建立计算机可执行的词法分析方法，使计算机自然语言处理系统具有自动词法分析的能力。

现代语言学对中国手语的研究还处于起步阶段。目前国内对手语的分析仅停留在用中国古老的文字六书理论来解释，把手语构词法归总为象形、会意、表音、仿字和结合等，并用六书理论证明了手语的手势具有汉语文字一样的功能。既然手势相当于文字，那么就可以把手势像文字一样一个个地连接起来写。实际上当把手势对应的文字一个个地连接起来时，其结果就不像真正的自然手语那样顺畅，因为手语独特的地方就是用身体的各个部位及其各种独特的组合去表情达意。古老的六书理论无法适应现代计算机处理手语的需要，更不能适应手语计算的需要，如同一辆古老的马车无法奔驰在现代科技的“高速公路”上，方枘圆凿，格格不入。手语具备空间性这一特点，使得有声语言计算成果和经验不能完全适用，同时增加了计算机自动词法分析的难度。因此，手语的词法分析已成为手语信息化和智能化的瓶颈。

目前国外手语语言学研究走在我们前面，多少可为我们的研究提供借鉴，虽然中国手语与国外手语不同，但不少学者研究表明，世界各地使用的手语都有共同的语言现象——它们都有空间参考和动词词形变化。所有这些现象都涉及使用手势者周围的 3D 空间（通常被称为“手势空间”）来表示所讨论的实体。在对话过程中，手势者经常将人、概念或其他实体与他们身体的 3D 位置联系在一起。

例如，在提及新实体的名词短语开始或者结束时，手势者通过指向周围空间的位置，将有关名词短语的实体与该位置相联系。基于这些位置，手势者回忆这些空间关联，并且下一个手势运动会有所改变。当提到谈话中的这些实体时，手势者可以使用代词手势（看起来也像一个指向手势）指向手势者空间的合适位置。

一些手语动词手势也会改变手势的运动路径或手的方向，以便为动词主语、宾语等指示空间参考点的 3D 位置。一般情况下，这些屈折变化的动词的运动路径发生了改变，它们的方向也会从主语转换到宾语，但是它们的路径可能比这个更复杂。每个屈折变化动词有一个受主语和宾语 3D 位置影响的标准运动路径并产生一个该具体动词所独有的运动路径——主语的具体 3D 位置和宾语的具体 3D 位置。这些动词被语言学家称为“屈折变化动词”“指示动词”“呼应动词”。

这样一来手语动词在分类上跟口语就不同了，因为手语的动词往往通过空间的坐标、动作的路径、方向甚至掌向等来表达谓语的性质以及主语跟宾语的语法关系。以呼应动词为例，呼应动词一般要标记呼应值，呼应值（如第一人称、第二人称、第三人称等）由数字 1、2 和 3 下标表示，在呼应动词中所观察到的实际位置则由 o、i、m、j（仅用来标记位置，不代表任何含义）下标表示，如图 5.2 所示。

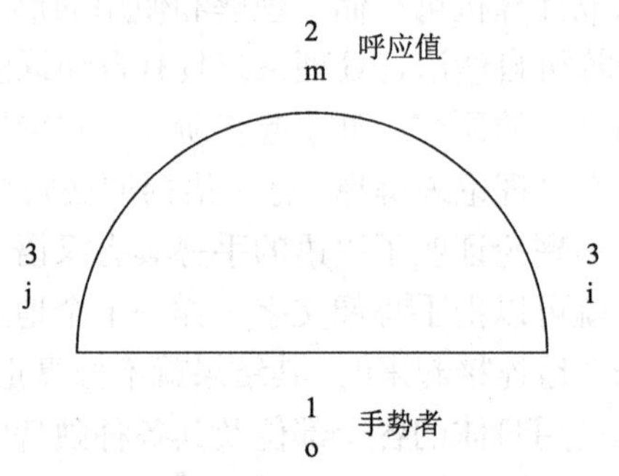

图 5.2　西方手语语言学对呼应动词的解释

西方手语语言学的解释表明，中国手语动词要按动词特征和运动方向正确界定，这样的界定直接影响到手语的词性切分结果。比如动词“看”，常用的汉语造句有“我看你，你看我”，这个表述在手语里只需要两个手势。这两个手势虽然是同一个动作，但其空间和运动方向不一样，而且省略了人称代词“你、我”，并一律用空间某实体代替。这种现象叫语法范畴，表示手语动词具有方向特征和人称代词特征，这是汉语里所没有的。

5.2　手势切分

若采用汉语作为中国手语的转写语言，则其与国外手语信息处理的特殊之处在于转写文本自动分词和消歧的解决问题。当然目前的汉语分词技术较成熟，使之应用于手语信息处理已经不是难题，它为下一步手语的信息处理创造了条件。需要注意的是中国手语切分除了可以借鉴国内外分词技术及算法研究的经验，还需要从自身的词法、句法等出发，提出与之相应的手语切分方案，特别是要处理好汉语最小语言单位“字”和手语最小语言单位“手势”的关系。

手语切分根据实际用途分为两种，分别是手语图像处理的手势切分和转写文本的手势切分。

5.2.1　手语图像处理的手势切分

有声语言的语音识别需要定义音系学模型以便进行音节切分，如声母、韵母等信息，在进行手语图像处理时，也需要定义手语的音系学模型，以便进行手势切分，由此可见，手语计算和手语图像处理之间存在着密不可分的关系。Liddell 和 Johnson（1986）提出了经典的运动-保持模型（Movement-Hold Model）。该模型认为手势是包含音节的，具体可分为运动和保持两个音位音段（phonological segments），它们按序列生成。根据这个理论，Vogler 和 Metaxas（1999）使用 HMM 对 22 个词进行了手势切分，证实了运动-保持模型的可行性。此后，他们以该模型为基础，提出了美国手语识别系统的框架，证明了该模型的有效性，即能够处理手语多信道的表征问题。此后一些手语识别研究均采用了此模型。

运动-保持模型的基本思路是：手势由保持音段和运动音段构成，它们按序列生成。这些音段都包含了完整的手部配置和语音特征（手形、运动、位置和方向），这些手形、位置、方向和非手动特征的信息通过每个单元的一系列发音特征表现出来。这些音段特征类似于口语发声。保持音段是指所有发音以稳定状态呈现的时间，而运动音段则是指多个发音变换的时间，即一次至少一个参数发生变化，当然可能只有一个手形或位置参数发生变化，但也有可能手形和位置两个参数同时变化，这些变化就在运动音段内发生。

比如手势“虫子”就只有手形变化，手势“到”只有位置变化，而手势“兴趣”在手势运动过程中既有手形变化，也有位置变化。表 5.1 说明了用运动-保持模型来转写手势“修改”的例子。

表 5.1　手势“修改”的运动-保持模型

手部类型		构成部分			过程类型
		H 音段	M 音段	H 音段	
右手	手型	数字 2	—	数字 1	发音过程
	位置	放置在左手手掌上（左手为背景）	—	放置在左手手掌上	
	方向	掌心向下	—	掌心向上	
	非手动标志	无	无	—	

续表

手部类型		构成部分			过程类型
		H 音段	M 音段	H 音段	
左手	手型	B 手形	—	—	发音过程
	位置	胸部	—	—	
	方向	手掌向上	—	—	
	非手动标志	无	无	—	

手势“修改”用右手放在左手之上（对于右利手手势者而言）以保持音段 H 开始，接着是运动音段（M）在左手手掌之上原地运动，最后在该位置以保持音段停止，见图 5.3。手势变化在于主手的手掌方向，从主手掌心向下到主手掌心向上。这种说法与 Stokoe 认为的手势参数同时生成的说法完全不一样，但是与口语音段结构的说法一致。运动-保持模型解决了 Stokoe 模型的描述性问题。一些手势序列很重要，且要具有对比性，这套系统能够有效描述序列，还能提供足够多的手语描述细节，并清楚地描述和解释无数个发生在手语中的手势过程。

图 5.3　手势“修改”

也有研究从其他角度将手势的运动单元划分成子单元，从而实现手势切分。例如，有些文献指出手语的音节应围绕音核进行组织，衡量音核的单位最强的就是视觉效果，不同的是手语音核前后不分响度的高低，只要是视觉强度较差的要素即可（Brentari，1998；Sandler，2008）。1990 年 Wilbur 建议将速度和加速度这些物理因素作为反映手语响度的基础。Kong（2008）和 Han 等（2009）据此将手势的运动单元自动分割成子单元，即运动模式开始时手部速度的加速度和模式结束时手部速度的减速度，并利用路径和加速度的不连续性来表明音段的开始和结束，然后使用动态时间规整（Dynamic Time Warping，DTW）距离测量或特征主成分分析（Principal Components Analysis，PCA）汇聚成一个可能的样本路径。

但这些论述在手语语言学界未达成共识，仍存在争议，因为很多学者认为 Stokoe 模型实际上描述的是语素（语素是最小的语义单位），而不是音素（最小的语音单位）。这种差异在于手语的表达具有同时性和序列性，进行手势切分时需要很好地解决这个问题。

连续手语识别的手势切分关键在于识别手语的音变现象，因为手语与有声语言口语一样，连续手势序列并不是单个音节的简单组合，手语句子里每个手势的组成部分以不同顺序组织，而且相互影响。受协同发音、韵律等因素的影响，手语也存在音变现象，从而导致连续的手势序列与单独的手势音节有很大的不同。流畅手语是每秒 2—3 个手势，比较慢，每句最长不超过 12 个手势音节。此外手势者的打手语风格不同，并且手势者之间也存在音变的个体差异。以中国手语为例，我们已发现中国手语有四个音变现象，分别是运动增音（movement epenthesis）、保持缺失（hold deletion）、音位转换（metathesis）和同化（assimilation）。

1. 运动增音

手势依次生成，意味着手势的音段是按照一定顺序生成的。有时运动音段可以添加在一个手势的最后音段和下一个手势的第一个音段中间。这种添加运动音段的过程就叫作运动增音。这可以用“我玩电脑”手语序列来说明（图 5.4）。

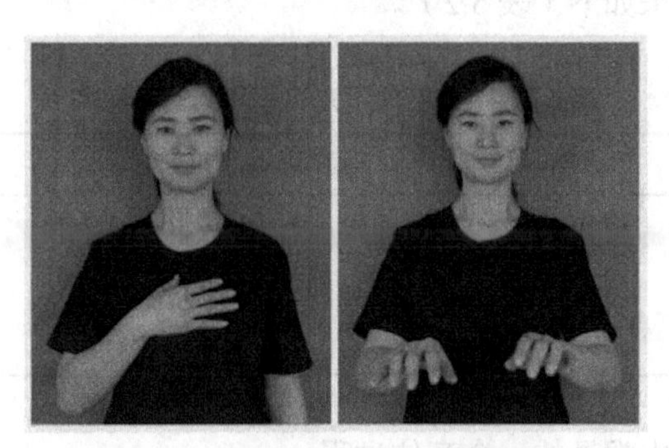

图 5.4　运动增音实例“我玩电脑”

这两个手势的基本形式是一个伴随内部运动的保持音段，如下所示：

我	玩电脑
H	H

当两个手势依次发生时，可以在两个保持音段中加入一个运动音段，这样序列看起来就像：

我		玩电脑
H	M	H

2. 保持缺失

运动增音与另外一个叫“保持缺失”的音位过程有关。当手势依次发生时，保持缺失清除了运动音段之间的保持音段，比如，手势“光芒”由一个保持音段、一个运动音段和一个保持音段构成。“暗下来”也同样由一个保持音段、一个运动音段和一个保持音段构成。当这两个手势依次发生时，可以在“光芒”的最后音段和“暗下来”的第一个音段之间插入一个运动音段（这也是运动增音的例子）。还有，当“光芒”最后一个保持音段和“暗下来”的第一个保持音段都被去掉时，其结构就变成了“保持—运动—运动—运动—保持”（图 5.5）。

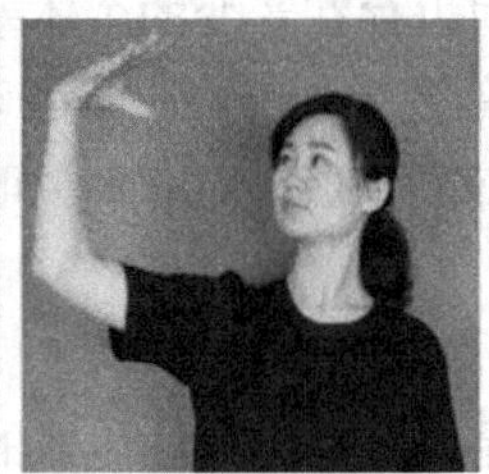

图 5.5　保持缺失实例“光芒暗下来”

完整过程看起来如下（表 5.2）。

表 5.2　“光芒暗下来”手势的基本结构

基本手势	光芒			过渡（非手势）	暗下来		
单独音段	H	M	H	—	H	M	H
运动增音	H	M	H	M	H	M	H
保持缺失	H	M	—	M	—	M	H

这是中国手语中常见的一个音位过程。

3. 音位转换

有时，一个手势的音段部分可以改变其位置，这种改变的过程称为音位转换。要解释音位转换，请看“健听人”手势的基本结构（表 5.3）。

表 5.3　“健听人”手势的基本结构

音韵类型	M 音段信息	H 音段信息	M 音段信息	H 音段信息
手形	A 手形	A 手形	A 手形	A 手形
位置	脸颊	脸颊	下巴	下巴
方向	掌心向外	掌心向外	掌心向外	掌心向外

但是，第一个和最后一个音段的位置特征可以调换（图 5.6）。

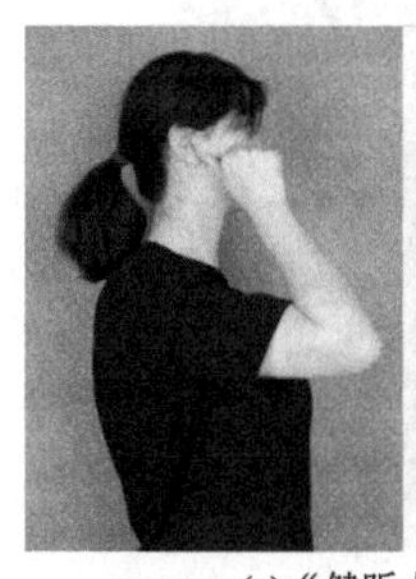
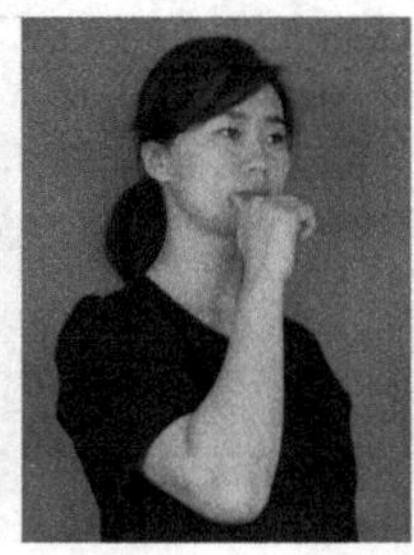
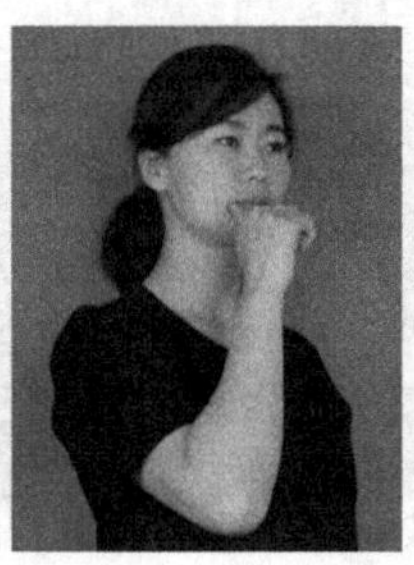
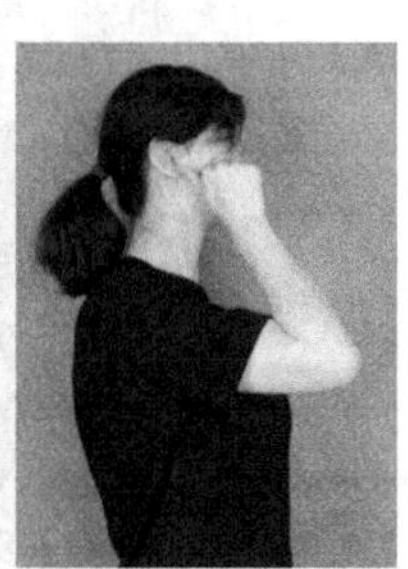

(a)“健听人”打法一　　(b)“健听人”打法二

图 5.6　音位转换实例“健听人”

在此情况下，手势“健听人”看起来如下（表 5.4）：

表 5.4　“健听人”的打法

音韵类型	M 音段信息	H 音段信息	M 音段信息	H 音段信息
手形	A 手形	A 手形	A 手形	A 手形
位置	下巴	下巴	脸颊	脸颊
方向	掌心向外	掌心向外	掌心向外	掌心向外

很多手势允许音段改变位置，包括下列手势：聋人、翻译、间谍、闭嘴、胡子、眼睛、怀孕、皮带、组织、年。其他手势则不允许这种情况发生，比如北京、馋、口罩、忘记、汗水、开始、安静、血液等。

4. 同化

同化指一个音段具有其邻近另一个音段的特征，通常发生在另一个音段的前面或后面。从手势“我”的手形就可以看出同化的特征。手势“我”的基本手形是一个数字 1 手形，但是当手势依次发生时，其手形为了与序列中其他手势的手形相匹配，通常会有变化。当手势者生成手势序列“我帮助你”时，由于“帮助”手形的原因，手势“我”的手形通常会从数字 1 手形变化成数字 5 手形（图 5.7）。同样当手势者生成手势序列“我打你”时，手势“我”的数字 1 手形会常常变成“打”的 D 手形。

其中，M 和 H 分别表示运动（movement）和保持（hold）两个音位音段。这是中国手语常见的一个音变过程，但目前对于这些音变现象建模的研究很少。1999 年 Vogler 等人就美国手语的运动增音进行了建模，使用 HMM 对 22 个词进行了手势切分，验证了音变现象建模的必要性。2007 年 Fang 等人研发中国手语大词

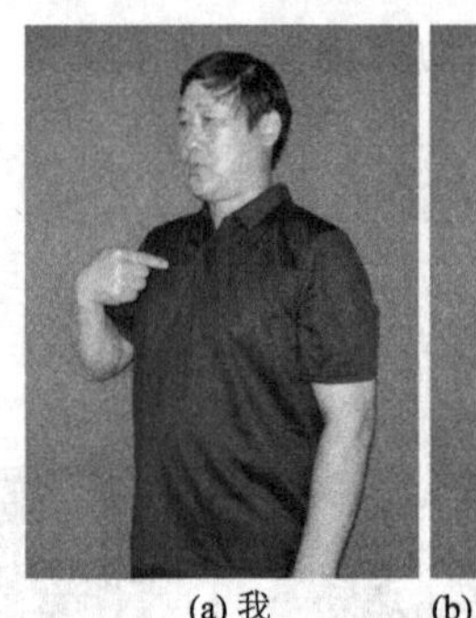
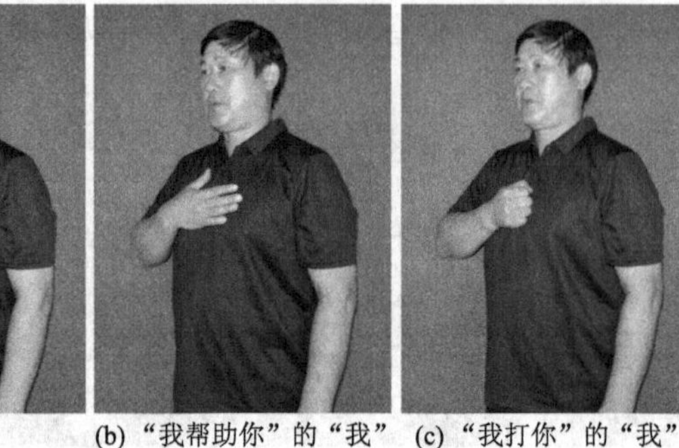
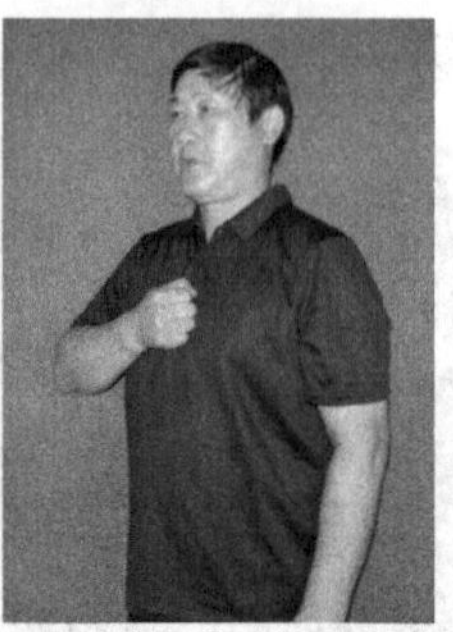

(a) 我 (b) “我帮助你”的“我” (c) “我打你”的“我”

图 5.7 同化实例“我”

汇量连续手语识别系统时，也以运动增音为基础提出了过渡运动模型，应用 K-means 聚类算法和 DTW 得到了 91.9%的识别率。这些研究仅用到了运动增音一个音变现象，并未覆盖到其他音变现象。因此只有精通手语语言学和熟悉手语内部独有的规律和特征，才能深入开展手语计算研究，否则无法将手语计算从手语图像处理中分离出来。

另外，手语动作识别离不开手语计算，仅有计算机图形学的知识是不够的，必须有手语语言学的知识支撑。如 Wang 等人指出，连续手语识别无法套用有声语言中语音识别的二元（bigram）或三元（trigram）模型等上下文相关知识，因为手语中并未定义音素，从而无法为语音建模，这种论述招致了手语语言学家的批评。Vogler 等人指出手语动作识别由于手语本身的特点而无法套用有声语言计算常用的与上下文相关的 HMM，因此需在手语音系学理论的基础上，建立手势的过渡运动模型。

5.2.2 转写文本的手势切分

对手语进行信息处理，首先要将手语转写成文本。大量文献表明，目前各国手语语料库的视频语料一般是用本国有声语言的书写系统进行转写和标注的，因此理论上沿用现有的有声语言切分模型来实现手势切分也是可行的[①]。对于切分单位来说，在汉语中，最小的语义单位是字；在英文中是词（word）；在手语中，则是手势（sign）。手势是手语体系中最小的单位，无法再进行分割。

如果是一个复合词，它由两个手势构成，这个手势就是语素。语素就是构成

① 实际上采集、转写、标注手语视频非常烦琐且困难，标注人员不可能花大量的时间来标注完整的语言学细节，包括句子类型、主手/辅手类型等。最常见的标注是标注人员根据手语视频直译的文本。受时间限制，标注人员也不太可能为这些直译文本添加手势的边界以及复合手势标记，因此不管是将手势识别成文本，还是将手势人工翻译成文本，对手势的切分都是绕不过去的问题。

词的词素，所以手势可以是一个词，也可以是一个词素。我们可以看到手语里的手势跟汉语里的词并不对等，对手语转写文本的切分最大的困难就在于手语文本里，一个词可能需要用多个手势表达出来，而多个词却可能只需要一个手势。比如“妻子”，在汉语分词里是一个词的单位，但在手语里却是合成词，因为手语对“妻子”的表示是“结婚”+“女人”或者“女人”+“结婚”，这样本来在汉语里是一个语素的“妻子”，在手语里却成了由两个语素构成的合成词。这种情况在中国手语里大量存在，经常是汉语里一个名词为一个语素，在手语里却变成了两个语素甚至三到四个语素，因此转写时要提醒转写人员，尽量按照手语原汁原味转写，不可自行意译为汉语意思。

手语中也分单纯词与合成词。单纯词如“女”“时间”“有”“努力”“研究”等，这些词全部是由一个手势构成的，是单纯词，也就是由一个语素来构成的。合成词则是由多个语素构成的，比如说“妻子”，手势者不能只打“女人”的手势，而是先打“结婚”的手势，再打“女人”的手势，或者先打“女人”的手势，再打“结婚”的手势。这个手语词有两个语素，即“女”和“结婚”，它们各为一个语素，也可以分别独立使用，成为一个独立词。以上合成为“妻子”的情况就是合成词。中国手语中存在大量这种类似情况，这些词既可以单独用，又可以合成使用。这样手语就如同中国汉语一样，可以以少量词或语素来表达天下的万事万物。

手语中的合成词同样包括复合词和派生词，复合词是由两个或两个以上词根构成的词；派生词由词根加词缀构成。比如“工厂、学校、宿舍、食堂、医院”等都是以“房子”的手势为词根，而“教师、教室、教养、教育”则是以“教”的手势为前缀。

中国手语有一种十分特殊的构词方式，即书空。所谓“书空”，就是用手指在空中书写某个汉字来表达与汉字一致的词义。例如，“孔子”的“子”、“人才”的“才”(图 5.8)。这种仿字和书空的形式类似于西方的手指语(fingerspelling)，美国已有语言学家把手指语列为手语词汇的一部分，并将这些书空手语词汇单独统计出来，为分词创造条件。

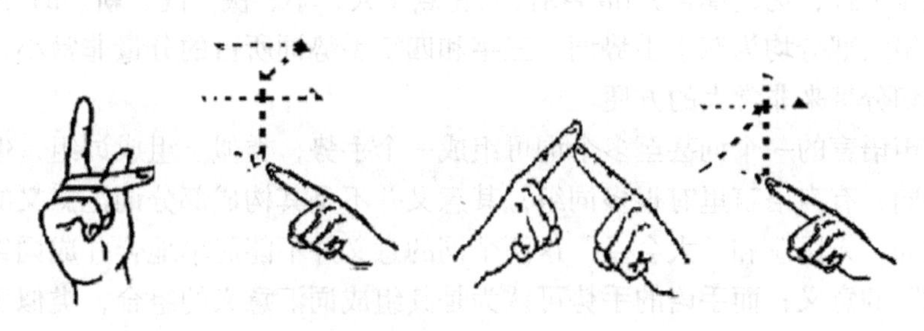

图 5.8　书空实例“孔子”和“人才”

中国手语还有一个动宾一体的问题，所谓动宾一体其实是从汉语语法角度来看的，中国手语语法简化，没有这个说法。比如汉语的动词“打”和宾语“篮球”，手语不用“打”加上“篮球”来表达，仅用一个手势就表达“打篮球”了；再比如“寄信”这个词，手语就一个手势动作就可以表达“寄信”的意思；还有“吃饭”，打手语者很少有人先打“吃”的手势，再打“饭”的手势，通常只打“吃饭”一个动作就表达完了。这是由手语的视觉语言的特性所决定的，相对汉语的语法特点，手语的语法比较简化，所以不能按汉语语法规则来分析手语，误认为中国手语动宾不分。

不仅汉语里有重叠词汇现象，手语中的重叠也是很丰富的。比如汉语中“红红的”“大大的”这些重叠词都表示程度加深。手语里也有重叠词，比如“红红的”“大大的”这些一般是用面部表情和扩大手势运动来表示程度。还有“批评”，“批评”一次（手语演示）表达普通的批评，面部表情一般；“批评”多次（手语演示），再配合面部表情，表示“狠狠地批评”，表示程度的加深。重复往往表示程度的变化。这个面部表情属于非手动特征（表情体态）。再比如“是”“是的！”（X 手形外指）是肯定的表达，“是吗？”（带面部疑问表情，头前倾、扬眉）是疑问表达，这些是如何表示的呢？这些是用面部表情来表示的。

如果把汉语和手语类比，汉语里的“吗”在语法功能上就相当于手语疑问的表情。手语疑问的表情特征为眉毛翘一点，身体前倾一点，脖子朝前一点，眼睛睁得大一点。汉语里的“吗”在手语里找不到对应的表达，手语中的面部表情就是一种不可或缺的语法修辞手段。手语语言学中有一个复杂的现象叫分类词谓语。在手语文本转写时，如果只把分类词谓语当作动词，并不考虑其相应的分类词手形，这样就解决了切分的问题。但是在后期处理计算机信息时，特别是机器翻译，必须考虑到这一点，不能忽略掉。在语法范畴上，手语与汉语相比，大大简化。手势本身没有阴性和阳性的区别，也没有单数和复数的区别，不存在主格与宾格的变化，所有格主要是通过语序、词界等隐性的句法形式来确定的。中国手语除了一小部分单字手势诸如身体部位名称（头、手、口等）、姓氏名称（张、刘等）、行为动作（打、吃、看等）和事物性质特点（大、小、快、慢、新、旧等）之外，其余的绝大部分均为双字手势词，三字和四字手势词所占的分量非常小，因而为文本的切分带来非常大的方便。

有声语言的一个词甚至多个词可组成一个手势，类似于组成词组，但两者的意义不同，有声语言里有很多词组，其意义并不是其构成部分词汇意义的简单组合，比如“人民”和“大会堂”这两个词的意义并不能简单地合并成词组“人民大会堂”的意义；而手语的手势可认为是其组成词汇意义的组合，类似于固定搭配，如“踢足球”。此外，有声语言的一个词对应两个以上手势的情况大量存在，因此为了切分的需要，在转写时，也需提醒转写人员不能将这些特殊手势转写成一个汉语词，而必须是一个手势对应一个词。

需要说明的是，有声语言需要分词是因为像中文之类的文本通常由连续汉字序列组成，词与词之间缺少天然的分隔符，所以中文信息处理比英文等西方语言多一步工序，即确定词的边界。但是像中文文本的手势切分不仅是确定单个手势的边界，还需要确定由多个手势组合而成的复合手势，这种情况也适用于英语之类的西方语言转写文本，因为包括汉语和英语在内的有声语言，其转写文本里一个词可能对应多个手势，多个词可能对应一个手势。

Yao 等（2017）总结归纳了重叠手势、书空手势、复合手势特征的切分知识，应用条件随机场（conditional random fields，CRFs）进行了手势切分，取得了 *F* 值 77.4%的切分率，证实了转写文本的手势切分可行性。

5.3　词性空间建模

目前手语词性与有声语言相比，特殊之处在于手语词性除了需要表征手势词汇本身的含义以外，还需要一系列的辅助动作来表达词性信息，即手势者在谈话时会在其躯体周边的空间部署占位符来表征话语里的个体或对象，并通过一系列动作来表达词性的语法信息，以便实现单信道向多信道的转换。以最常见的动词为例，由于动词涉及主语和宾语，需要进行空间部署来表征，因此根据动词空间属性的不同，语言学家将动词划分为三类：简单动词、呼应动词和空间动词。简单动词主要是通过眼睛注视等非手动特征来辅助手部动作完成，其特点是不通过手势的移动空间来显示语法信息，没有手语语言学中的人称、数或处所词缀等屈折形态标记（屈折词是由屈折变化所构成的词，主要通过添加词缀或改变词形的方式来限定某词的语法功能）。在转写该手势时可认为其等同于有声语言的一般动词。难点在于其后两类动词，呼应动词使用句法空间，而空间动词使用拓扑空间来表明其语法关系。其中呼应动词需要指示位置决定运动路径的方向，允许包含人称和数等屈折标记，如例 5.1 和图 5.9 所示。它们都是通过在语法空间中的移动来实现的。这是手语与口语的不同之处，有声语言一般使用虚词等语法手段来表达显性方向，但手语的呼应动词可以用视觉上的方向作为词形方向，来表示语义的概念。

例 5.1

武汉手语：教（面向第三人称）电脑（中国手语里经常省略“我”）

汉语：我教他电脑。

(a) 教

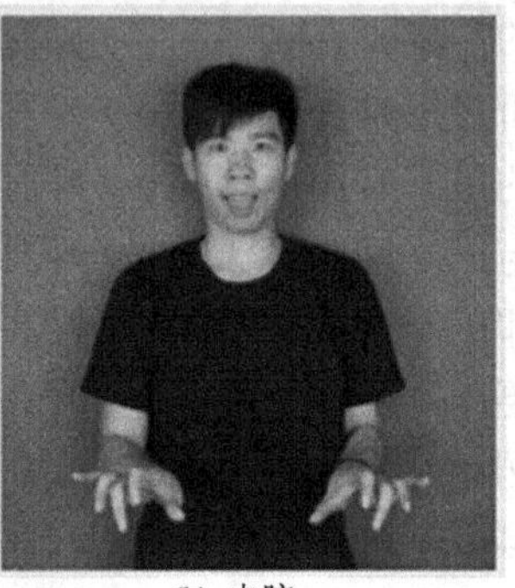
(b) 电脑

图 5.9　“我教他电脑”的手语

对于呼应动词的理解和生成而言，呼应动词由于在计算机识别或者转写时可识别出人称、数等屈折标记，在理解时没有太大的困难，所以目前的工作重点集中在呼应动词的生成上。Toro（2004）使用了 6 个呼应动词，利用已有的文景转换软件生成了 42 幅动画，第一次考虑了这个问题。此后 Toro（2005）在其博士论文中设计了动画算法以便生成 ASL 的一些呼应动词手势，包括相关主语和宾语的位置、动词运动路径的建模，得出的经验是需要考虑动词的引用形式、语言学特征、几何信息才能顺利生成呼应动词的手势动画，并把呼应动词的人称、数等屈折标记表达出来。但是他的工作仍需要被试去寻找视频里的手部位置，并写下角度和坐标，然后由另一个被试去寻找运动的模式，未用到机器学习方法。

2009 年 Segouat 和 Braffort（2009）在研究法国手语时，定性分析了视频里手势者的运动路径，并训练了两只手之间的运动模型，来达到生成呼应动词手势的目的，但他们的研究是基于手势视频里的二维图像来获取运动数据的，该方法易出错且效率低。

2010 年 Huenerfauth 和 Lu（2010b）采用了动作捕捉传感器，事先收集了手势运动数据，以此为基础对呼应动词进行了建模，通过建立手部运动的数学模型，对样本数据进行训练，确定最佳拟合训练数据的 3 阶多项式系数——最小二乘系数；然后在呼应动词的手势开始时，给定数学模型预测右手的坐标位置，给出主语和宾语在手势者周围的圆弧位置，如图 5.10 所示。评估结果表明生成的动画效果与真人动画效果相当。

2011 年 Duarte 和 Gibet（2011）也使用动作捕捉传感器做了同样的工作，但其重点重组了动作数据的元素并合成了手势动画。2012 年 Lu 和 Huenerfauth（2012）在前者的基础上，提出了基于向量的学习模型。他认为呼应动作最重要的是手部在空间的运动，而非手势的起点和终点，因此建立的运动向量模型仅用到手部的三个坐标值，并未采用能够表征起点和终点的原六个值，而是单独设计了

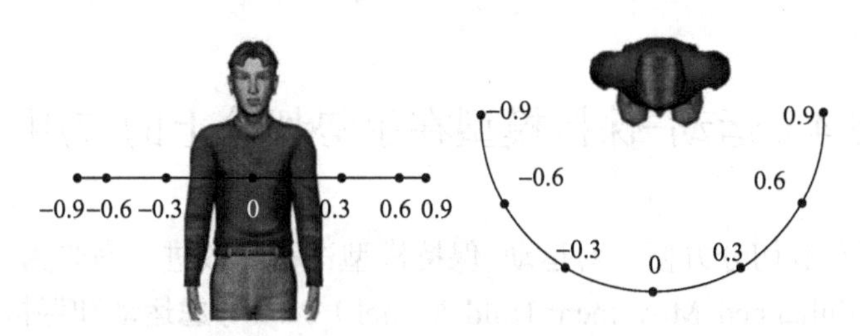

图 5.10　手势者呼应动词手势的数学模型

高斯核算法来预测手部位置。因此他们的多个手势者的实验数据结果表明，在呼应动词手势生成上基于向量的学习模型，优于以往的学习算法。这些学者在解决呼应动词的问题上做了有益的尝试。

最后一类动词即空间动词，可以通过屈折变化表征方式和位置而非表征人称或数量。如例 5.2 和图 5.11 所示，如要表达此句子，要先打出主语的完整手势（如“叶子”），其次是分类词手形词素（如“植物叶子”），这种手形代表一类对象，即陆地上的花草和水中的水草等所有植物叶子类，参见图 5.11（b）。可见，该空间动词给出了以下信息：路径、轨迹和动词所描述的动作运动速度，以及有关动作的位置。

例 5.2

北京手语：叶子 CP（classifier predicates）：叶子$_{形状}$_落下来。

汉语：叶子落下来了。

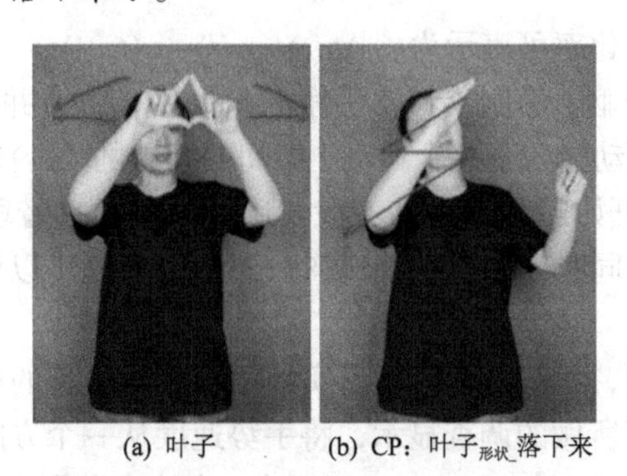

(a) 叶子　(b) CP：叶子$_{形状}$_落下来

图 5.11　“叶子落下来了”的手语

空间动词有两部分：运动语素和分类词手形语素。空间动词只是表征了位置和语义分类词上的共现，因此它属于分类词谓语范畴的一个子类。由于分类词谓语在手语计算中的重要性，我们下一章将单独用一章篇幅专门介绍分类词谓语计算。

5.4 运动-保持模型在手势切分上的应用

本书为了音节切分方便，对运动-保持模型进行了改进，命名为“增强运动-保持模型”（Enhanced Movement-Hold Model），不考虑运动和保持两个音位音段约各占一半时间的划分，只考虑手势者在打出手势时，最开始手部是置于躯干两侧还是放平静止不动，手势的四个音韵参数（手形、运动、位置和方向）均没有变化，这时以 H 音段开始，接着手部到达手势初始位置时，为 M 音段 + H 音段，即任何手势句子开始时，都是以 HMH 音段为开始，此后手势只要有一个参数发生变化，即可定义为 M 音段，运动为停止时，即可定义为 H 音段。进行计算机切分时这种模型有以下两个难点需要解决。

（1）如何区分手势开始或结束点的 H 音段与手势运动过程中间的 H 音段？

（2）手势从一个运动转化为下一个运动时，中间的拐点是否需要定义为 H 音段？这是音段定义的关键。

对于第一个问题，我们可以发现手势的运动轨迹是由一个个采样离散点组成的，对此我们可将掌心坐标的方向变化定义为：

$$\alpha(t)=\begin{cases}\tan^{-1}(F(t)-F(t-1))+2\pi & (F(t)-F(t-1)<0)\\ \tan^{-1}(F(t)-F(t-1)) & (F(t)-F(t-1)>0)\end{cases} \tag{5-1}$$

则运动轨迹的方向变化率可表示为：$\Delta\alpha(t)=\alpha(t)-\alpha(t-1)$

显然在手势置于躯干两侧或者放平静止不动时，$\Delta\alpha(t)$ 并不明显，而在运动过程中，手势从一个运动转入下一个运动，中间的拐点的 $\Delta\alpha(t)$ 较大。因此方向变化率 $\Delta\alpha(t)$ 可作为区分开始或结束点 H 音段与运动中拐点 H 音段的标志。通过统计，可定义 $\Delta\alpha(t)<0.51$，同时手掌速度 $\vartheta<2.86\text{mm}/\text{s}$，此时可以认为手势在躯干两侧或者放平静止不动。

对于第二个问题，我们这里分析了实际语料，对手势的运动音段和保持音段定义的心理承受程度所做的调查显示，将手势速度从一个方向转变为下一个方向的过渡时间 T 定义在经验值 00:00:01:59 以内。在这个范围内的手势过渡，聋人心理上认为是快速转到下一个运动而没有暂停，而超过这个时间范围的手势过渡，虽然可能并没有暂停而直接过渡到下一个运动，但聋人还是会认为有暂停，只是时间比较短暂。

根据以上分析，这里 M 音段可能的情况如下。

（1）某音段只有一个静态运动时：

1）当位置发生变化，其他三个参数没有变化时，此情况不存在。

2）当手形发生变化，其他三个参数没有变化时，此情况不存在。

3）当运动发生变化，其他三个参数没有变化时，则分为两种情况——当运动为静态时，不进行音段定义；当运动为动态时，则音段定义为 MH。

4）当方向发生变化，其他三个参数没有变化时，此情况不存在。

5）当手形和位置两个参数同时变化，其他两个参数没有变化时，此情况不存在。

（2）某音段只有一个动态运动时：

1）当位置发生变化，其他三个参数没有变化时，则定义为 MH。

2）当手形发生变化，其他三个参数没有变化时，则定义为 M。

3）当运动发生变化，其他三个参数没有变化时，则分为两种情况——当运动为静态时，则音段定义为 MH；当运动为动态时，则音段定义为 MM。

4）当方向发生变化，其他三个参数没有变化时，则定义为 M。

5）当手形和位置两个参数同时变化，其他两个参数没有变化时，则定义为 MH。

6）当手形和方向两个参数同时变化，其他两个参数没有变化时，则定义为 MH。

7）当位置和方向两个参数同时变化，其他两个参数没有变化时，则定义为 MM。

这种改进后的增强运动-保持模型在中国手语中单个手势的保持和运动组合可能有 HMH、MMH、HMHMMH、HMH、MHMMH、MMHH、HMHMHMHMH 等 28 种。若不考虑书空等复杂情况，可能的组合数量会下降到 12 种。由此可以看到不是所有手势都是“保持—运动—保持”（HMHMH）结构。

但是除了 HM 结构，至少还存在五种可能的手势结构（表 5.5）。在大多数情况下，HMHMH 型音节在中国手语中分布非常广泛。并非所有的组合都能被语言结构所包含。不同音段结构反映了意义上的差异，如“快”（HMHMH）和“速度”（HMHMMMMH）之间的音段结构差异。在手势“尊重”中，音段结构差异反映的是年龄差异或地域差异，即上了年纪的手势者可能用 HMHMH 的变体来描述，而年轻人则用 HMHMHMH。需要注意的是，手势的意义差异或者手势者地域与年龄的差异是这些手势组合方式的差异来源。运动-保持模型为描述这些差异给出了清晰而准确的思路。

表 5.5　中国手语中可能的音节结构组合

结构	中国手语
HMH	旅游、演讲
H	尝试、电脑[a]

续表

结构	中国手语
HMH	研究、哪儿
HMHMH	借[b]、龙
HMMMH	欢迎、翻译

注：a 表示做这些手势时手指要扭动，表示内部运动；b 运动-保持模型表示的“借”，描述成 HMHMMH

关于中国手语的音变现象，我们还需要做更深入的研究，但是我们可以发现中国手语音节切分比汉语口语音节切分更为简单，至少某个手势过渡到下一个手势发生音变时，只是 MH 的前后序列发生了变化，并且这些变化仍能被体感设备感应到，没有跳出运动-保持模型的范围；而口语音节切分需要分清楚声母段、过渡段、韵母段、闭塞段、停顿段等很多细节，在使用机器自动切分时仍存在难度，比如停顿与闭塞的差别有时不易区分。根据以上理论，我们可以根据图 5.12 得到以下例子。

图 5.12　手势句子“成长天安门没”

汉语句子：我自从出生以来，没去过天安门。

手语句子：成长（指从小到大）天—安—门没。

音韵特征序列：HMHMH M HMMMMH M HMH M HMH M HMH

实际数据序列：H（0，0，0，0，26，25，21，5）M（0，0，0，0，26，25，5，2）H（0，0，0，0，24，25，21，2）

M（0，0，0，0，24，25，27，2）H（0，0，0，0，4，25，49，2） M（0，

0，0，0，4，25，19，5）H（0，0，0，0，5，7，21，5）

M（0，0，0，0，5，7，11，5）M（0，0，0，0，5，7，11，5）M（0，0，0，0，5，7，11，5）M（0，0，0，0，5，7，11，5）

H（0，0，0，0，5，7，21，5）M（0，0，0，0，16，49，19，2）H（0，0，0，0，2，49，21，2）M（0，0，0，0，26，49，26，2）

H（0，0，0，0，18，49，21，2）M（18，49，21，3，18，49，21，3）H（4，49，21，3，4，49，21，3）

M（2，49，10，3，2，49，10，3）H（2，49，21，3，2，49，21，3）M（2，12，21，6，2，12，21，5）

H（2，12，21，6，2，12，21，5）M（26，25，26，6，26，25，26，5）H（26，25，21，6，26，25，21，5）

5.5　如何表征手势?

有声语言分布式词汇表征，即词嵌入模型被认为在获取语言的语义和语法规则上是有效的。虽然目前有很多基于本体的知识表示模型，比如 WordNet、概念图等，但这些语言学表征模型不能直接表征相关度及语言属性。在不同的自然语言处理任务中，比起基于本体的表征模型，词嵌入模型表现出了更好的性能。因此词嵌入模型已被广泛用于获取更精确的语言学规则，词嵌入模型还支持词汇之间面向向量的推理，因此在手语计算未取得突破的情况下，我们可以尝试将词嵌入模型应用于手势的分布式表征。然而大多数词嵌入方法都以有声语言的词为基本单位，根据词的外部语境来学习嵌入。

目前尚未看到应用于手语研究的文献，手语与有声语言最大的区别在于它的最小语义单位为手势，并且一个手势的语义与其内部成分相关。因此我们以中国手语为例提出了两个手势嵌入模型：基于音韵参数的手势嵌入模型（phonology-based sign embedding，PSE）和基于语义类和音韵参数的手势嵌入模型（semantic-category-and-phonology-based sign embedding，SPSE）。核心思想是采用语义知识来改进中国手语手势的分布式表征的学习，基于 C-PHRASE 模型，我们设计了组合函数来学习手势嵌入，为了解决手势歧义和非组合词的问题，我们提出了多原型手势嵌入和有效的手势选择方法。我们在词汇相关度计算中验证了 PSE 和 SPSE 的有效性，结果表明，SPSE 的性能表现优于任何一种忽视内部特征信息的词嵌入模型。

5.5.1　手势表征问题的提出

最近几年词向量最经典的有三项工作，包括 Collobert 和 Weston（2008）的

SENNA、Mnih 和 Hinton（2009）的 HLBL、Mikolov 等（2010）的 RNNLM。很明显这三项经典工作并不能适用于所有的语言，也不能解决所有的任务。例如，Collobert 和 Weston 的方法只考虑相近词信息，结果是复数形式之类的词法特征最相近的词被优先考虑，这是印欧语系独有的特点，而汉语没有复数的说法，也没有词形变化，无法适用于 Collobert 和 Weston 的 SENNA。

Mikolov 的 RNNLM 也有同样的问题，他对比了词法关系，比如复数、单数、最高级等，这些词法关系在中文里也不存在，因此我们预计未来几年内将会出现更多的更适合本国有声语言的词向量表征模型。为了解决这个问题，各国学者提出学习最小语义单元的词嵌入模型，比如汉字和俄语字母。例如，Chen 等（2015）认为大多数词嵌入方法采用单词作为基本语义单元，并从外部语境学习词嵌入，而忽略了单词的内部结构，于是采用汉语作为典型语言提出了汉字词嵌入模型。Botha 等（2014）的 Log-Bilinear 模型利用加法作为组合函数从语素向量导出词汇向量。Huang 等（2012）使用多个词向量来表示多义词，使得词向量包含的语义信息更丰富。

然而手语与有声语言不同，语言学家普遍认为各国手语具有其独特的语法概念，但其音系学结构基本相同，因此建立统一的手势表征模型是有可能的。此外我们不考虑双语单词嵌入，即不考虑从两种不同的语言中把单词嵌入一个共享的空间去，也不考虑将手语视频与标注好的词汇嵌入同一个表征下的模型。我们只考虑如何针对手势的特点，制定手势表征模型，使得手势向量富含更丰富的语义信息。

要将词嵌入模型应用于手势表征，首先要解决第一个问题，即处理好有声语言最小语义单位——词与手语最小语义单位——手势的关系。通常一个汉语词语有可能由两个手势构成，比如“工厂”在汉语里是一个词，但在手语里却是合成词，因为手语对“工厂”的表示是“打工”+“房子”，或者“房子”+“打工”。

汉语的一个词语对应手语的两个以上手势的这种情况很常见。所幸的是按照转写规范，这样的手势在转写时必须把“打工”+“房子”或者“房子”+“打工”都写出来，尽量忠实于手语。与以上情况相反，汉语的两个词语只需要用一个手势即可完成的现象也大量存在。比如像“打篮球”是两个词，分别为动词“打”和宾语“篮球”，但手语仅用一个手势就可以表达“打篮球”的含义。因此我们在表征手势模型时，必须考虑到这个问题，而不能按汉语语法规则来分析手语。

第二个问题是受目前的技术限制，大规模的手语视频语料自动标注技术尚未出现。对未包含进手语语料库训练集的新手势来说，其手势嵌入的获取是很难的。Mikolov 和 Zweig（2012）曾使用一个或多个索引来表征所有未登录词，但这样的解决方案还是会丢失新词的信息。此外，新手势的嵌入还是会遗失细节，因为训练数据缺乏足够的语境信息。所幸的是手语的音韵特征包含了丰富的内部语义信息。

众多研究表明，在语音学编码中，空间位置是唯一基于语义编码的参数。因此，手势的内部结构信息可以提供有价值的语义知识，从而填平了其在学习手势表征时未登录手势与登录手势之间的鸿沟，因此手势的语义可以从文本语料库中学习。同时它的语义也可以从手势的音韵特征，如位置、方向、手形、运动等音韵参数的意义来推断，因此我们比较权衡后决定从其内部特征来学习手势嵌入。

第三个问题是如何处理手势的多歧义问题。手语的歧义情况比有声语言更复杂，以隐喻“开花-春天”为例，在汉语里使用两个词语就可以完成从具体域到抽象域的映射，但在中国手语里，仅用一个手势就可以表征源域“开花”和目标域“春天”这两个域。也就是说，一个手势可以同时表达“开花-春天”两个词语的概念，具体是哪种概念，得结合语境来看。Bengio 等（2003）曾表示用“将多义词用多个词向量表示”来解决这一问题。

5.5.2　我们的模型

由于有声语言的一个词语甚至多个词语可组成一个手势，这有点类似于词组，但是这两个概念的意义是不一样的。在有声语言里，很多词组的意义并不是其构成部分的词语意义的简单组合，比如“人民”和“大会堂”这两个词语的意义不能简单地合并成词组“人民大会堂”的意义；而手语的手势可认为是组成词语的意义的组合，有点类似于固定搭配，如“踢足球”。

在词组的表征上，已经有很多论文通过组合操作将词嵌入扩展到其他语言学意义单元上，比如词组、单词序列。举个例子，给定表征“红色”和“轿车”这两个词语的向量，其组合操作应能导出“红轿车”的合适含义，也就是说如何选择 u 和 v 这两个向量的组合函数 f。最常见的向量组合操作是向量 u 和 v 的笛卡儿积线性函数，它允许指定加法模型。还有一个组合操作是向量 u 和 v 的张量积线性函数，它来源于乘法操作的模型。Kruszewski 等（2015）提出了 C-PHRASE 模型，它基于 Skip-Gram 和连续词袋模型（CBOW），通过优化词组或句子的联合语境预测来生成词组或句子的表征，它采用了加法和乘法操作，是目前性能最好的词组表征模型之一。为了解决手势表征的问题，我们以 C-PHRASE 为基础，提出了 PSE 和 SPSE。

1. C-PHRASE 模型

C-PHRASE 模型首先评估词向量，以便这些词向量的组合能够预测单词、短语乃至句子的语境。具体评估的过程如下。

给定一个解析文本语料 T，由一些短语成分 $C[w_l,\cdots,w_r]$ 构成，其中 $w_l,\cdots,w_r$ 为短语成分的一系列持续词汇，表示位于语料 T 的第 l 个位置到第 r 个位置。

C-PHRASE 模型的目标是把形式合法成分的语境窗口里词汇的对数概率总和最大化。

$$\sum_{C[w_l,\cdots w_r]\in T}\sum_{1\leqslant j\leqslant Cc}(\log P(w_{1-j}\mid C[w_l,\cdots w_r])+\log P(w_{r+j}\mid C[w_l,\cdots w_r])) \tag{5-2}$$

C-PHRASE 模型规定使用 softmax 函数来定义概率 P 如下：

$$P(w_0\mid C[w_l,\cdots,w_r])=\frac{\exp\left(v_{w_0}'^{T}\frac{\sum_{i=1}^{r}v_{w_i}}{r-l+1}\right)}{\sum_{w=1}^{\omega}\left(v_{w}'^{T}\frac{\sum_{i=1}^{r}v_{w_i}}{r-l+1}\right)} \tag{5-3}$$

其中 ω 是表示词汇的大小，v'和 v 分别表示为输出（语境）和输入向量，并采用输入向量来表征词汇。在实践中采用 Mikolov 等（2013）提出的词向量和负采样。

C-PHRASE 模型与 CBOW 模型的区别在于，C-PHRASE 模型在句法树上各个级别上使用合成后的形式合法成分向量表征来预测这些成分的语境，而不是只使用单个单词或词袋来预测语境。接着，对于长度为 $h(C)$的成分，C-PHRASE 模型将 $c_c=c_1+h(C)c_2$ 语境单词与其左右语境单词一起进行考虑（非负整数 c_1 和 c_2 是模型的超参数，当 c_2=0 时，语境变为常量）。图 5.13 给出了 CBOW 模型的框架，其中“特殊教育学院”是一个手势序列，按照手语语言学理论，这些手势都包含了 4 个音韵参数，分别是手形、位置、运动和方向，我们将在下一个模型里给出。

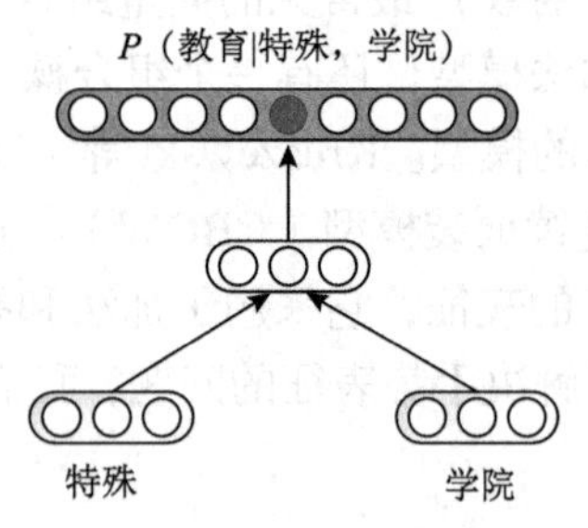

图 5.13　CBOW 模型的框架

2. PSE 模型

为了解决数据稀疏的问题，许多研究提出了利用词汇内部结构来学习词嵌入的方法。中心思想是将最小语义单元建模为参数的实值向量，比如汉语里的汉字，从而推导出词汇向量。Luong 等（2013）利用递归神经网络来建模内部的层次结构，Botha 等（2014）和 Chen 等（2015）简单地用加法来作为组合函数。本章沿着这个研究思路，提出了 PSE 模型，如图 5.14 所示。PSE 模型扩展了 C-PHRASE 模型，充分考虑了词向量和音韵参数向量。

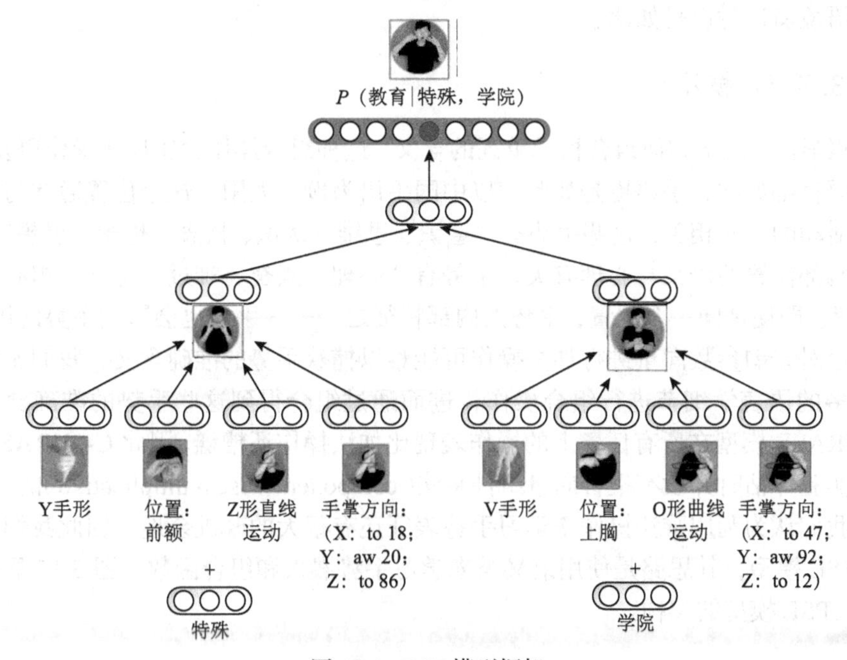

图 5.14　PSE 模型框架

PSE 模型考虑了音韵参数嵌入，其目的是改善手势嵌入的质量。我们将音韵参数集表示为 P，手势词汇量为 S。对于每个音韵参数 $p_i \in P$，我们学习一个音韵参数向量 p_i；对于每个手势 $s_i \in S$，我们学习一个手势向量 s_i。这种模型的核心思想是联合学习音韵参数嵌入和手势嵌入，而手势等同于 C-PHRASE 模型里的短语。我们需要从其短语自身和其组成音韵参数学习以其短语形式来表征手势，定义如下：

$$v_{s_i} = v_{w_i}^C + \frac{1}{4}\sum_{k=1}^{4} v_{p_k^i} \tag{5-4}$$

其中 v_{s_i} 是手势向量，$v_{w_i}^C$ 是从 C-PHRASE 模型中获取到的词向量，$v_{p_k^i}$ 是音韵参数向量，每个手势都有四个音韵参数，并且 p_k^i 是手势 s_i 的第 j 个参数。C-PHRASE 模型只简单地使用了加法和乘法作为组合操作。这是处理新手势的原则化方式，通过加上或乘以音韵参数向量我们可以得到新手势向量。使用负采样很容易高效地训练该模型。

借鉴 Mikolov 等（2013）提出的模型，我们利用随机梯度下降（stochastic gradient descent，SGD）和负采样来训练 C-PHRASE 模型，采用 BP 算法来计算梯度。手势和音韵参数向量被随机初始化。PSE 模型的关键思想是替换 C-PHRASE 模型里 w 和 C 实时组合得到的存储向量 x，但同样也要使公式（5-2）的概率最大化。作为结果，手势 s_i 的表征将会随着音韵参数嵌入 p_k^i 改变而改变，甚至当手势不在语境窗口时也是如此。

3. SPSE 模型

很显然，汉字如何组合构成单词的含义，这种组合操作远比加法操作更复杂。有声语言都如此，手语更是如此。以中国手语为例，太阳穴这个位置通常与表达思想活动的语义相关，这些手势有“意识、思维、认识、概念、想念、思想”等。同样胸部位置的语义与心理有关，手势有“心理、兴奋、难过、生气、担心、犹豫”等。即使是同一个位置，手势的内部特征之一——手形也会影响手势的语义。简单地对音韵参数向量进行加法操作可能难以捕获手势的准确含义，我们希望使用更多的语言学细节进行组合操作，进而通过组合得到这些手势的准确含义。C-PHRASE 模型在所有任务上的操作表现比加法操作还糟糕，因此 C-PHRASE 模型在实验评估时并没有报告向量组件乘法（component-wise multiplicative）的结果。

我们认为利用乘法操作来学习手势表征还有很大的改进余地，因此我们提出了 SPSE 模型，其思路是使用语义类来学习手势嵌入和组合函数。图 5.15 显示了这种 SPSE 模型的架构。

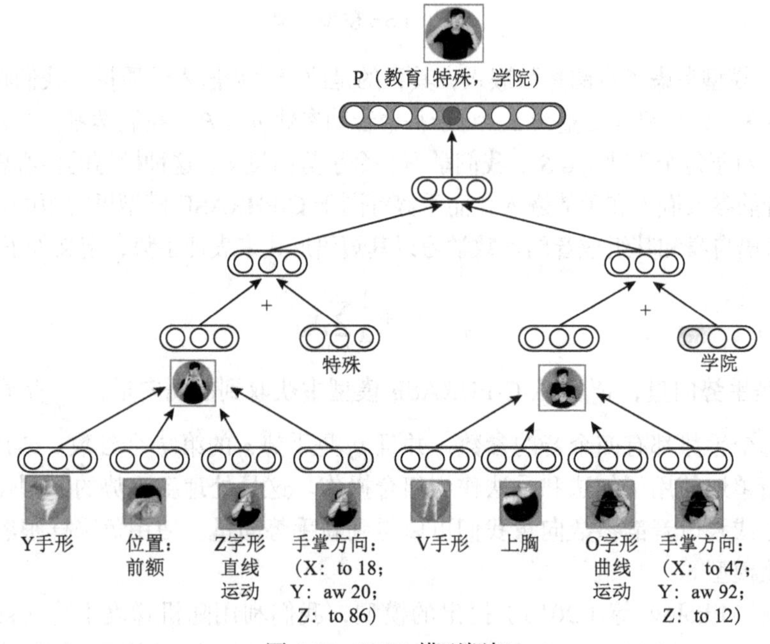

图 5.15　SPSE 模型框架

SPSE 模型的核心思想是对于手势和其音韵参数的不同语义关系，学习不同的组合函数。因此，我们需要创建中国手语语义列表，来识别手势的语义关系，以便其跟学习词嵌入一样，也学习组合函数。音韵参数在手势里通常是具有含义的。

根据 Emmorey 和 Corina（1990）的发现，儿童习得手语的音韵参数顺序为：位置、手形、运动、方向。为此我们编制了中国手语语义列表，标注了 1400 个手势，这些手势都附带了语义信息，其中每个音韵参数都附加到语义类中。

我们按照树状的层次结构把收录的所有手语语义组织到一起，其中第一层为树根，第二层为位置类，第三层为手形类，第四层为运动类。其中位置类有 28 个小类，手形类有 69 个小类，运动类有 63 个小类。每个小类都有很多手势，这些手势又根据位置和手形等属性分成了若干个手势群。基本上，每个手势群要么语义相同（有的语义十分接近），要么在音韵参数上有很强的相关性，如“思想、意识、思维”在同一行，“标兵、榜样、信仰”在同一行，另外“铲车、传真、积累”在同一行，这些手势语义不相关，但在音韵参数上是相关的。

根据以上分类，该列表使用了 3 级编码，第 1 级用 A 表示，后面用数字表示序号，同理第 2 级用 B 表示，第 3 级用 C 表示。例如，“A1B17C1=院子 道路 隧道 船”，其中“A1B17C1=”是编码，“院子 道路 隧道 船”是该类的手势，如图 5.16 所示。

	BT	BU	BV	BW	BX	BY	BZ
1	A1B17C1	院子	道路	隧道	船		
2	A1B17C2	买卖	要				
3	A1B17C3	窗	客				
4	A1B17C4	交通					
5	A1B17C5	小孩子	侄子	孤儿	扣除		
6	A1B17C6	成年人	锯	建筑	承认		
7	A1B17C7	亲戚	门	接近			
9	A1B17C9	贸易	炊帚				
10	A1B17C10	商					
13	A1B17C13	标兵	榜样	信			
14	A1B17C14	手	宝贝				
15	A1B17C15	脚	爱				
16	A1B17C16	平刀					
18	A1B17C18	铲车	传真	积累			
19	A1B17C19	墙壁	瓦刀	铡刀			
20	A1B17C20	分配	供应				
24	A1B17C24	舵					
25	A1B17C25	鱼	帮助	扫帚			
26	A1B17C26	模型	发票	铁锹			

图 5.16　中国手语语义列表（用于识别和捕获手势的语义关系）

手语语义列表编制完成后，虽然手势具有高度的歧义性，手势的每个音韵参数都有一个以上的语义范畴，但该手势的语义范畴是基本确定的。

这样我们就可以定义手势向量 v_{s_i} 如下：

$$v_{s_i} = v_{w_i}^{C} + \frac{1}{4}\sum_{k=1}^{4} r_k^e \odot v_{p_k^i} \tag{5-5}$$

其中 $r_k^e \in R^{d\times 1}$ 是在训练过程中我们想学习的权重向量，$\odot$是对应元素相乘（element-wise multiplication）。它构成了 SPSE 模型的基础，同时 $\theta = \left\{r_k^e, v_{w_i}^C, v_{p_k^i}\right\}$ 是需要学习的参数。

4. 多原型音韵参数嵌入

与有声语言相似，手语的音韵参数具有高度的歧义性，因此我们提出了多原型音韵参数嵌入来解决这个问题。基本想法是为每个音韵参数保持多个向量，每个向量对应该音韵参数的其中一个含义。因此这里给出了多原型音韵参数嵌入的两种方法：一是基于词典的音韵参数嵌入，二是基于聚类的音韵参数嵌入。

（1）基于词典的音韵参数嵌入。为了从词典中学习手势的语义关系，我们以中国手语语义列表作为词典的原型，从手语语义列表中获取语义知识。中国手语语义列表将手势的语义属性进行编码，从中我们可以根据手势的音韵参数将某些手势归于一类。接着我们可能需要同属于一个语义类的手势表征，它们彼此接近，因此我们可以定义语义知识 e 为(d)，其中 $d\in D$，D 是词典的语义类集。对于 $r_k^{(d)}$，$k \in \{1,2,3,4\}$，其中 1、2、3、4 分别对应手势里音韵参数的序号，每个音韵参数的各种向量根据手势里音韵参数的序号而有所不同，并且对于每个手势的一个特定音韵参数，向量赋值可由音韵参数的序号来自动决定。因此，我们将公式（5-5）的 e 替换为(d)，这样手势的新表征如下：

$$v_{s_i} = v_{w_i}^{C} + \frac{1}{4}\sum_{k=1}^{4} r_k^{(d)} \odot v_{p_k^i} \tag{5-6}$$

我们称这种模型为基于词典的 SPSE，但是在该模型里，一个音韵参数的准确含义并不是只与对应手语语义列表里语义类的序号相关。受词嵌入的多原型方法启发，我们提出了基于聚类的音韵参数嵌入。

（2）基于聚类的音韵参数嵌入。在分类词谓词里，分类词被用于将手势划分为不同的类别，同时分类词手形被视为分类词的标志。我们遵循 Huang 等（2012）提出的多原型词嵌入方法，也提出根据音韵参数的语境来简单聚类该音韵参数的所有出现，比如手形参数，从而形成该音韵参数的多原型。对于每个音韵参数 p_k^i，我们都可聚类其所有出现为 $N_{p_k^i}$ 的群，同时为每个群建立一个向量。这时我们就

可以标记语义知识 e 为(C)，其中 $c \in C$，C 是集群的集合，集群可通过以下余弦相似度计算得到：

$$\mathrm{Sim}(v_1, v_2) = v_1 \cdot v_2 / \|v_1\| \times \|v_2\|$$

对于手势 s_i 的第 k 个音韵参数 p_k^i，我们给定群分配如下：

$$c_k = \begin{cases} N_{c_k} + 1, & \text{if } \mathrm{Sim}(v_{p_k}^{c_k}, v_{\text{context}}) < \lambda \text{ for all } f. \\ \arg\max \mathrm{Sim}(v_{p_k}^{c_k}, v_{\text{context}}), & \text{otherwise} \end{cases} \tag{5-7}$$

其中 N_{c_k} 是与音韵参数 p_k^i 相关群的数量，$v_{\text{context}} = \sum_{a=i-K}^{i+K} \left(v_{w_a}^C + \frac{1}{4} \sum_{p_b \in s_a} v_{p_b^{\text{most}}} \right)$，$v_{p_b}^{\text{most}}$ 是先前训练过程中手势 v_{s_a} 最常用的音韵参数嵌入。

类似地，我们可将公式（5-5）的 e 替换为(c)，如下：

$$v_{s_i} = v_{w_i}^C + \frac{1}{4} \sum_{k=1}^{4} r_k^{(c)} \odot v_{p_k^i} \tag{5-8}$$

5.5.3　实验与分析

限于目前的技术条件，中国手语还没有机器学习的基础——生语料和熟语料，只能考虑使用中国手语手势相似度计算任务来评估模型，并进行量化分析。首先使用 ELAN 软件来转写、标注、建档手语视频，以便建立一个中国手语的手势相似度数据集，我们称之为 CSLWordSim-353，并把这个数据集作为实验对比的标注数据集。它把最常用的 WordSim-353 数据集翻译成中国手语，然后用索尼 HVR-Z1C 摄像机进行拍摄，接着把录制的视频 CSLWordSim-353 转写成中文文本，并根据实验的要求标注了手势里音韵参数的所有必要信息。训练集包含了 2 小时成语故事和生活片段的手语视频，包括 1—2 万个手势。评价指标是通过模型在这个数据集词对上的相似性得分和人工判断的相似性得分之间的 Spearman 相关系数（$\rho \times 100$）来定量评估的。

1. 模型比较

我们以 CBOW 和 C-PHRASE 这两个模型为基准，与我们提出的 PSE 和 SPSE 模型进行了比较，负采样时将负样本的数量设为 10，同时运行训练算法 30 次。

比较结果可以发现 CSLWordSim-353 有很多手势没有在训练集中出现，此外原 WordSim-353 的很多英语单词翻译成中国手语时是两个手势，比如 fruit、rooster、madhouse 等单词需要两个以上手势才能表达其含义。为了避免这些单词和未登录手势的影响，我们将这些词的相似性分数设为–1。除去这些单词和未登录手势之后，我们将得到的子集称为 CSLWordSim-183。

模型比较的结果如表 5.6 所示，其中“353 对”是指原 WordSim-353 数据集的中国手语翻译版本，“183 对”表示“353 对”的一个子集，删除了训练集中未出现的手势。可以看出 PSE 和 SPSE 相比 CBOW 和 C-PHRASE 有显著的提高，但与有声语言的实验结果相比，相关系数仍然很低，显然是严重的数据稀疏性所导致的。在 CSLWordSim-183 数据集中，PSE 和 SPSE 仍然取得了比 CBOW 和 C-PHRASE 更高的准确度，这表明将手势内部的音韵参数进行建模有利于手势表征的学习。

表 5.6　模型比较结果

模型	CSLWordSim	
	353 对	183 对
CBOW	8.15	40.06
C-PHRASE	9.35	43.39
PSE	10.21	45.47
SPSE	11.97	47.56

2. 案例分析

图 5.17 显示了三个常用手势词语（China、Japan、mother）在四个模型条件下的 5 个最接近的手势，显然 CBOW 模型能够较好地从外部语境中捕获语义信息；C-PHRASE 是基于 CBOW 的模型，返回结果跟 CBOW 没有太大的差距；PSE 模型主要是捕获手势内部的语义信息，基本上是返回同一个或一个以上音韵参数的手势，同时语义差距也不算太大；SPSE 则同时基于语义信息和音韵信息，能够较好地在语义之间取得平衡，同时在数据稀疏的条件下比 CBOW 和 C-PHRASE 模型表现更好，具有更强的适应性和鲁棒性。

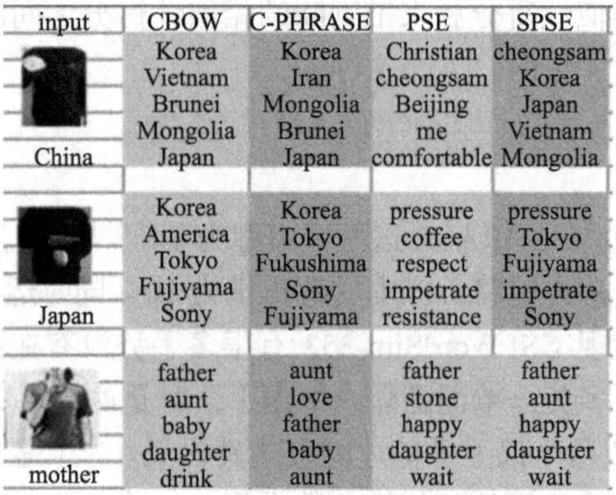

input	CBOW	C-PHRASE	PSE	SPSE
China	Korea Vietnam Brunei Mongolia Japan	Korea Iran Mongolia Brunei Japan	Christian cheongsam Beijing me comfortable	cheongsam Korea Japan Vietnam Mongolia
Japan	Korea America Tokyo Fujiyama Sony	Korea Tokyo Fukushima Sony Fujiyama	pressure coffee respect impetrate resistance	pressure Tokyo Fujiyama impetrate Sony
mother	father aunt baby daughter drink	aunt love father baby aunt	father stone happy daughter wait	father aunt happy daughter wait

图 5.17　三个常用手势的 5 个最接近手势

从图 5.18 中可以看到，PSE 模型返回手势“妈妈”（mother）的最接近手势时，返回的都是“爸爸”（father）、“快乐”（happy）、“等待”（wait）、“石头”（stone）之类的手势。如图 5.18 所示，虽然这些手势都具有相同的位置、运动，但不同的手形和方向已基本确定了这些手势属于亲属成员专有名词类、不及物动词类、状态形容词类等。其后 SPSE 模型则兼顾了语义类和外部语境，返回的结果在语义和内部结构上均最相似。因此从定性的对比结果来看，本章提出的 SPSE 模型对手势的表征结果比其他方法效果要好，而且表明本章提出的手势嵌入模型生成的手势向量质量更高；时在数据稀疏的情况下，SPSE 模型比 CBOW 和 C-PHRASE 模型更适用于手语语料的手势表征学习。

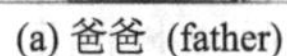

(a) 爸爸 (father)　(b) 妈妈 (mother)　(c) 快乐 (happy)　(d) 等待 (wait)　(e) 石头 (stone)

图 5.18　手势“妈妈”（mother）的最相似手势

5.6　小　　结

本章首先从语言学的角度分析了手语的音节结构，总结了中国手语的音变现象，为了适用于计算机处理，我们提出了手语音系学的改进模型——增强运动-保持模型。总的来讲，手势由保持音段和运动音段构成，它们按序列生成。改进模型主要修正了原模型的不理想状况，针对实际手语生成修正和补充了很多细节。比如，最开始手部是置于躯干两侧或者放平静止不动，手势的四个音韵参数（手形、运动、位置和方向）均没有变化，这时就是 H 音段，而原模型并没有考虑到这种情况，对手势运动到下一个运动中间的拐点如何定义为 H 音段也未补充说明。因此我们提出的增强运动-保持模型为描述这些音节差异给出了清晰而准确的思路。此外我们还发现了手语的 4 个音变现象，这些现象为计算机处理手语创造了条件。

最后本章探索了利用手势内部的音韵参数信息来增强手势表征学习能力的方法。词汇表征旨在研究如何在计算机中结构化地表示词汇语义信息。伴随着大数据时代的来临，从大规模文本语料中自动学习词嵌入已成为主流研究方向。然而受限于手语本身的特点，手语的大数据时代尚未来临，目前仍然面临着数据稀疏的严重问题。有文献指出训练语料的大小和生成的向量并不总是与语义表征和组合方法之间的适配同样重要。

本章提出了既考虑手势外部语境信息，同时又考虑手势内部结构信息的手势表征学习模型——PSE 模型和 SPSE 模型。手势相似度计算的实验验证任务表明，与传统的有声语言词汇表征学习模型相比，PSE 模型和 SPSE 模型由于考虑了手势的内部信息，因此均能够显著提升手势的表征能力，特别是 SPSE 模型无论在定性还是定量评估中都优于其他模型，并且极大地改善了手势嵌入的效果。

在分类词谓词里，分类词被用于将手势划分为不同的类别，且被视为分类词的标志。受此启发，我们还提出了多原型音韵参数嵌入，从而提高了手势嵌入的语义表征能力，解决了手势的歧义问题。该参数嵌入的基本想法是为每个音韵参数保持多个向量，且每个向量对应该音韵参数的其中一个含义，因此我们获取了一个手势内部音韵参数的多个向量，这些变量对应着手势的不同意义，从而给出了多原型音韵参数嵌入的两种方法：基于词典的音韵参数嵌入和基于聚类的音韵参数嵌入。

由于各国手语具有一致的音系结构，因此我们提出的两个手势嵌入模型具有很强的扩展性。只要国外手语也具有丰富的内部信息以及存在着歧义性问题，就适用于我们研发的手势嵌入模型。因此本章提出了手势的分布式表征——手势嵌入模型，这两个模型对中国手语的深度计算相关技术发展极具参考价值，对手语的计算语言学领域也是个贡献。

限于时间关系，本章所编制的手语语义词典原型——中国手语语义列表只做到第三层，未来词典应扩展到第四层方向类和第五层非手动特征，因为对手势语义进行有效扩展，或者将热点手势替换为同义手势，可以明显改善语义理解的质量，这对于信息检索、文本分类和自动问答系统等应用很有帮助。

第 6 章　分类词谓语计算

我们先来看看如何用手语表达句子“猫在床下跑”的两个例子（图 6.1、图 6.2）。

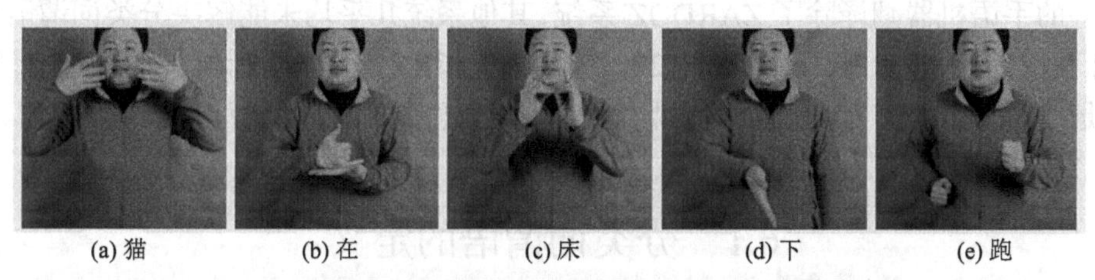
(a) 猫　(b) 在　(c) 床　(d) 下　(e) 跑

图 6.1　母语为汉语的手势者的“猫在床下跑”手语打法

注：手势者为清华大学手语社学生，可代表手语初学者

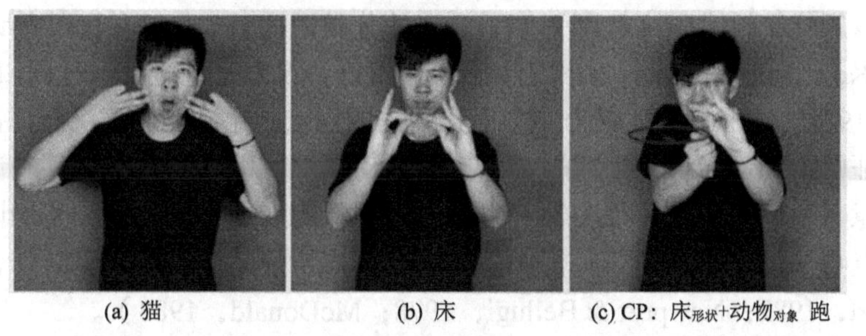
(a) 猫　(b) 床　(c) CP：床$_{形状}$+动物$_{对象}$ 跑

图 6.2　母语为中国手语的手势者的“猫在床下跑”手语打法

注：手势者为北京联合大学特殊教育学院的聋生，可代表精通手语的手势者

相信读者可以看出，所谓的手语翻译，并不是汉语到手语一对一的翻译，例如图 6.2 就完全不是按照汉语语法和语序打出的手语，这种现象就叫分类词谓语。

它是手语里最为独特的语法现象，国内学者对此的研究才刚刚开始，尚未见到系统的研究报道。曾有学者做了手势频率统计，发现聋人平时在手语交流时，分类词谓语的某些类型几乎每分钟出现一次，有的甚至多达每分钟出现 17 次（MacFarlane & Morford，2003），从而引起不少语言学家的关注和研究。国外已有不少文献报道了手语的分类词谓语现象，而且各国手语都表现出这种语言特征的共性，并以此作为本国手语是独立语言的证据之一，中国手语也不例外。本章试图从认知语言学和计算语言学的角度来阐述中国手语的分类词谓语现象。

将汉语翻译成中国手语或将中国手语翻译成汉语时，如何翻译分类词谓语是一个跳不过去的难题。在大多数情况下，像图 6.1 以汉语语法和语序演示的手语序列对于多数听障人士来说是难以理解的。从目前来看，分类词谓语是手语计算的关键，是手语计算取得突破的切入点。分类词谓语计算比较复杂，显然超出了目前机器的计算能力，以致手语语言学学者将其评价为超语言的空间手语、构成空间参数化表达式等。

由于分类词谓语是手语里最特殊的语言现象，同时其计算又最为复杂，因此我们有理由相信分类词谓语计算或将成为手语计算研究领域耀眼夺目的“新星”。国外的手语机器翻译除了 ZARDOZ 系统，其他系统几乎均未能解决分类词谓语计算问题。美国学者 Huenerfauth（2003，2004）指出，分类词谓语计算是手语计算的最终目标，只有实现了分类词谓语计算才是真正实现了手语计算。

6.1　分类词谓语的定义

据可查文献记载，从 1960 年开始语言学家们就一致认为，手语的语言学现象基本可以用传统语言学来解释，但手语中的分类词谓语却是一种独特的语言现象（Cogill-Koez，2000）。对此，学术界经历了从简单到更为完整的认识过程。T. Supalla（1978，1982）提出了高度综合的多语素谓语的观点。他认为，每一个具备分类词谓语表征的动词都包含一个或一个以上的运动词根，以及一些表示某种词汇意义或语法意义的词缀。此后很多学者也提出了类似的观点，虽然在分类词谓语结构上的观点与 Supalla 有所不同，但大多赞同分类词谓语是高度综合语素结合的观点（Newport，1982；Newport & Bellugi，1978；McDonald，1983）。

Klima 和 Bellugi（1979）提出它是模仿性的，是不可分离结构的观点，他认为分类词谓语的参数——运动、位置、方向、手形——是连续变化的，即以模拟方式反映其空间里参照物运动或者形状的不断变化。这种模拟以非语言方式使用了代形词（proforms）。分类词谓语到底是由离散的、范畴性的语素构成的，还是连续性的、模仿性的表征，至今还存在争议，但是 Supalla 将分类词谓语作为多语素谓语的观点占主流，本书亦采纳了此观点。

分类词谓语的英文名称为 classifier predicates，类似的概念还有“多语素谓语”（polymorphemic predicates）、“多重组合手势”（polysynthetic signs）、“多成分手势”（polycomponential signs）、“多语素动词”（polymorphemic verbs）、“多成分动词”（polycomponential verbs）等。目前 classifier predicates 的汉语译法不一，比如我国台湾地区译为“分类词述语”，我国香港地区译为“量词谓语”，而大陆（内地）地区的部分学者则译为“类标记谓语”。后面我们将集中讨论分类词谓语，为了便于讨论和理解，我们将采用直译方法选择用“分类词谓语”来表述。

所谓“量词”“类标记”等都赋予了 classifier 一词其他译法。我国台湾地区的译法应该是想说明分类词负责把手语词分成不同的类别，一类词彼此的语法结构相似，以区别于另一类词，这与本书的说法一致。香港地区的译法应该是想说明量词是谓语的词缀，用来反映指称事物的特点，如是否属于圆形对象类、扁平对象类等，但香港学者已指出量词谓语里的量词手形是可作为呼应标记的，这也同样印证了本书的说法，即分类词本身除了有语义的分类功能之外，也有用于呼应的功能。我国大陆（内地）部分学者的译法“类标记”则告诉我们分类后有一个“符号”——手形是这类词的记号或标号。这些众多译法使我们可以从多角度理解分类词谓语的含义。

下面我们先来看看分类词谓语有什么表征和特点。由于中国手语有多种形式，尚未统一，以下均以北京手语和武汉手语为例，素材均来源于清华大学中文系手语语料库。根据语料库统计，在不涉及专业术语的情况下，对于语料库中的各地生活用语，聋生能看懂 70%—80%，稍有区别的只是有些词语的打法不同。下面列举范例：

例 6.1 北京手语：叶子 CP：叶子$_{形状}$_落下来
汉语：叶子落下来了。

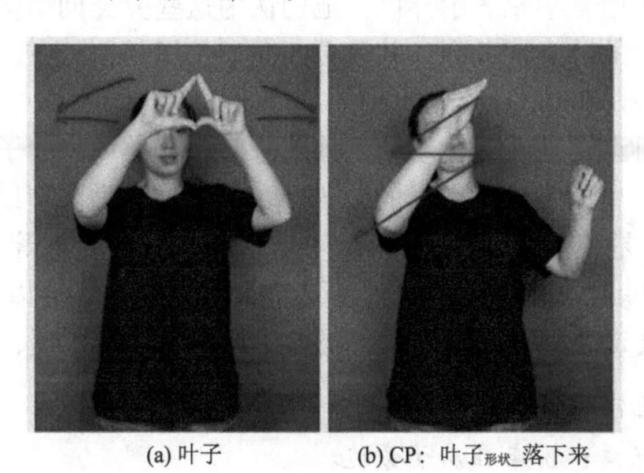

(a) 叶子 (b) CP：叶子$_{形状}$_落下来

图 6.3 “叶子落下来了”的手语

例 6.1 中用到了两个手势，其中“CP：叶子$_{形状}$_落下来”里的 CP 是分类词谓语 classifier predicates 的缩写，而“_”则表示这两个词用同一只手同时表征出来，“形状”则代表分类词手形的种类，通常分类词手形词素可划分如下类别。

（1）对象（CL_sem）：该手形代表整个对象、一种物类。

（2）形状（CL_sass）：该手形代表某对象的形状。

（3）操作（CL_hand）：该手形代表如何操作对象。

（4）身体（CL_body）：该手形代表身体或身体的一部分。

我们可以看到例 6.1 中主语是“叶子”，谓语是“CP：叶子$_{形状}$_落下来”，其中“CP：叶子形状_落下来”是模仿叶子的形状和落下来的动作同时表征出来。“叶子形状”的手形可以代表陆地上的花草和水中的水草等所有植物的叶子一类，这样就起到了分类词的功能。曾有学者认为这些用法与有声语言中形状相同或相近的名词常常用同一个量词来表示类似，只不过手语中的量词本身具有描摹事物形状和特征的作用，但是这样的类比是不严谨的，因为在汉语量词里，分类词只是其中一部分，西方语言学家就认为汉语的量词是用于数量结构并对名词进行分类的数词分类词（numeral classifiers）（Aikhenhald，2000），其汉语有声语言量词的解释并不适用于中国手语。

分类词在概念上是区分名词所指示的事物（而不是名词本身），分类词是词语或词素，而不是发挥语法功能，所以人们常常从其他语言中借用分类词，在这个方面很像量词。例如，在计量咖啡的“杯”数时，人们并不关注是什么样的杯子或者什么牌子的咖啡。在美国手语中，分类词结构被用于描述位置、状态（大小和形状），以及物体如何进行人工处理。表达这一类结构的特定手势就体现了分类词的功能，因此这也是本书采用“分类词”这一术语的原因，这种分类词现象在东亚语言中经常可以见到。

当然也有一些语言学家表示异议，他们认为这些分类词结构并不能在所有的方面与有声语言中的分类词并列，并且更倾向于使用其他的方式表示，诸如多语素或多成分的手势（Emmorey，2002）。

例 6.1 中这种谓语涉及运动动词“落下来”和分类词“叶子形状”，在手语研究文献里，例 6.1 中附带这种手形的谓语，一般称为分类词谓语。需要说明的是分类词“叶子形状”是模仿植物叶子、小动物和大型动物的足部等三类对象的手形，因此分类词“叶子形状”的手形除了表示所有植物的叶子，还可以代表青蛙、老鼠、老虎的爪子等一类动植物对象。还有一类分类词谓语涉及位置，如例 6.2 所示。

例 6.2 北京手语：车 房子 CP：房子形状+车对象_在
汉语：轿车在房子旁边。

(a) 车

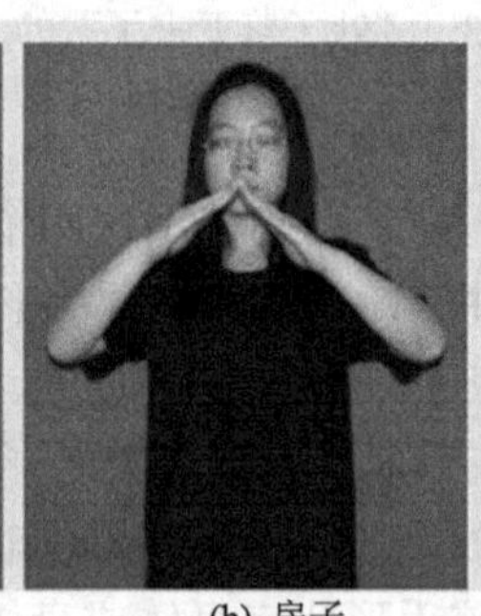
(b) 房子

(c) CP：房子形状+车对象_在

图 6.4 “轿车在房子旁边”的手语

例 6.2 中的手语句子的“+”表示这两个手势用不同的手同时表示出来。图 6.4（b）中的手势表示“房子”，这时表示出的是“房子”的完整手势（双手四指尖像一个屋顶的形状连接），而图 6.4（c）表示的“房子”是该手势的部分表示（图中是“房子”完整手势的左侧部分），这种手势“CP：房子$_{\text{形状}}$+车子$_{\text{对象}}$_在”是包含位置的分类词谓语。

由此我们可以看到分类词谓语由运动语素和分类词手形语素两部分组成，甚至还有位置等多成分。其实中国手语并非所有谓词都包含分类词手形，例如后面将要提到的简单动词和呼应动词谓语就不需要分类词手形语素。

手语中的分类词谓语不能用传统语言学来解释，因为尽管分类词手形单位似乎与有声语言中的量词或名词分类法等形式相似，但这种手形还是展示出了显著的特征群/聚合，从而使分类词谓语不同于其他语言学现象（Schembri，2003），具有独特的语言学表征，吸引着众多语言学家去研究。此外很多语言学家使用了“谓语”（predicate）的说法而不是“动词”（verb），通常是认为分类词谓语中多成分结构的一部分（子集）明显是动词性的，但其中的一些形式被另一些研究者描写为具有形容词作用的形式（Schick，1990）。作为对名词或名词词组做出论断的成分，谓语可以是名词、动词、动词词组或形容词。当然这种复杂的结构是否包括一部分非多成分的表达形容词意义的手势，还需更深入的研究。

我们还发现中国手语中有些手形只能用于表示一个名词手势，它表明这种分类未必是所谓的分类词手形语素的功能。很多语言学家指出应将空间结构中所谓分类词的主要功能看成一个代形词（Sutton-Spence & Woll，1999；Baker & Cokely，1980；Kegl & Wilbur，1976）。代形词是指参照和代表某物位置的任何事物。既然如此，为什么分类词手形语素仍然具有分类功能（虽然不是所有的分类词都有这样的功能）呢？语言学家张荣兴教授指出，代形词是上义词，有时也称为上位词（Chang et al.，2005）。由于上义词-下义词关系的层次通常被作为分类标准，因此，它仍含有分类的功能。此外与有声语言中代形词的功能一样，手语中这种上义词也具有照应的功能，同时照应句法或对话中手势更具体。也正因为如此，手语语言学中分类词谓语既可属于形态学范畴，也可属于句法学范畴。

6.2　分类词谓语的来源

分类词谓语与呼应动词具有很紧密的联系，因此，学术界是在对后者的研究中才发现前者的。为了更好地说明此类动词，研究者需要了解手语中存在两种不同类型的空间，即拓扑空间（topographic space）和句法空间（syntactic space）（Sutton-Spence & Woll，1999）。在物理上，拓扑空间和句法空间的手势空间完全一样，但手语使用了这两种完全不同的方式来表达空间。拓扑空间再现了真实世界的立体地图，这是一个表示事物与情况的手势空间中的空间布局，对应着真实世界的事物与情景。比如手势者描述他的餐桌上一塌糊涂时，会依次用手势表达“我的碗（右）被打破了，我的食物（中心）洒了，我的玻璃杯（左）是空的”，这种描述用到了拓扑空间，因为它再现了餐桌上的状况，正如真实情景一样。

句法空间产生于语言内部，不会投射到真实世界。再如为了表达“我的父亲爱母亲”，手势者可在左边的手势空间打出一个手势代表父亲，然后右手边打出一个手势代表母亲，最后再打出“爱”的手势。这种打法正是基于文本语言来创建的，允许手势者在空间中引用。有了以上铺垫，我们就可以很好地理解 Sutton-Spence 和 Woll（1999）对手语动词的三类划分：简单动词（plain verbs）、呼应动词（agreement verbs）、空间动词（spatial verbs）。简单动词使用眼睛注视，呼应动词使用句法空间，而空间动词使用拓扑空间来表明词语的语法关系。以此推论，中国手语中这三类动词被认为可以屈折反映语法关系，尽管它们的屈折方式不同。

例 6.3 简单动词

武汉手语：跳舞　我　喜欢

汉语：我喜欢跳舞。

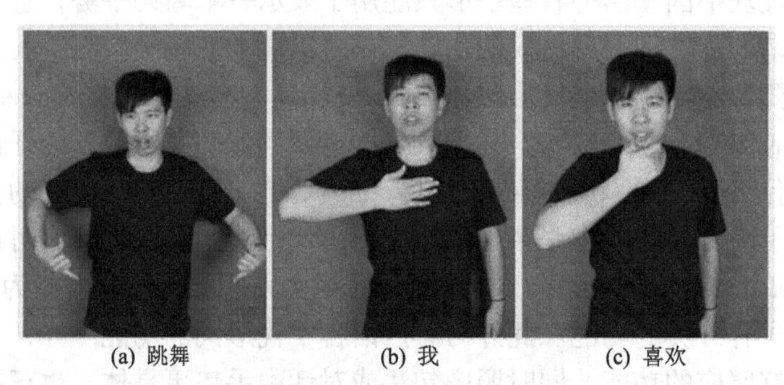

(a) 跳舞　　(b) 我　　(c) 喜欢

图 6.5　“我喜欢跳舞”的手语

由例 6.3 可见简单动词需要独立的主语和宾语词，其特点是不通过空间移动来显示语法信息，没有人称、数或处所词缀等屈折形态标记。在中国手语中，像“怕、想、洗、吃、喝、住”之类的词都是简单动词，因此，它们有时被称为“无呼应动词”（non-agreement verbs）（Smith，1989）。我们可以发现图 6.5（c）表示出动词“喜欢”，拇指头与食指头接触形成小圆圈，指头接口处靠近下颚。由于其使用了身体位置，因此简单动词有时也被称为“体锚动词”（body-anchored verbs）（Sutton-Spence & Woll，1999）。

由于简单动词不通过空间移动来显示语法关系信息，主语（即“我”）和宾语（即“跳舞”）不改变动词的运动和方向。

例 6.4 呼应动词

武汉手语：教（面向第三人称） 电脑 （中国手语里经常省略“我”）

汉语：我教他电脑。

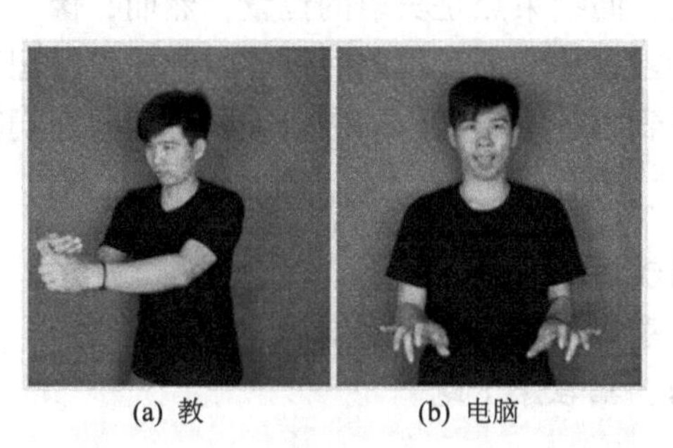

(a) 教　(b) 电脑

图 6.6　“我教他电脑”的手语

例 6.5 北京手语：钱 给（自身给对方）

汉语：我把钱给你。

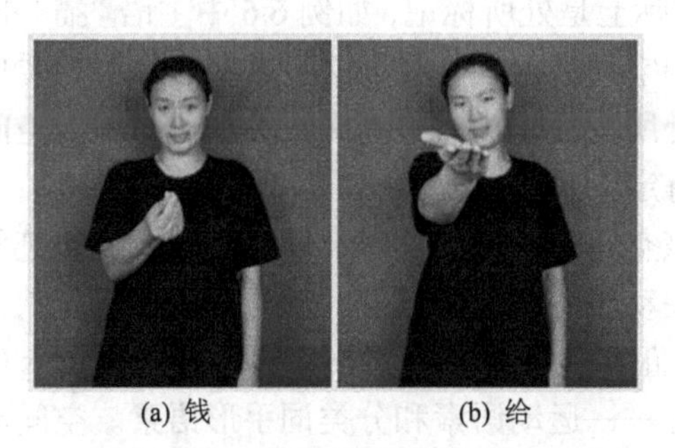

(a) 钱　(b) 给

图 6.7　“我把钱给你”的手语

通过图 6.6、图 6.7 可以看出，呼应动词需要指示位置决定运动路径方向，呼应动词允许包含人称和数等屈折标记。中国手语中的呼应动词有“拿、抓、打、骂、去、到、寄、教、救”等。它们都是通过在句法空间中的移动来实现的，即由动词的运动和方向的变化显示了以下信息：谁正在实施行为、谁或者哪些东西受到行为影响。由于这组动词通常包括动词运动和方向的变化，因此它们有时被称为“方向性动词”（directional verbs）（Sutton-Spence & Woll，1999）。这是手语与有声语言的不同之处。有声语言中的显性方向也利用语法手段（如虚词），但只有手语中的方向性动词才具备以词形方向（视觉上的方向）来表示语义方向这种语法手段，这是由其特殊的视觉模式所决定的。

不同于简单动词，呼应动词变化形式与句子的主语宾语保持一致。这些动词的不同形式决定了主语和宾语的不同组合。例 6.4 武汉手语中的呼应动词“教”移动到宾语所在的位置，即“他”。例 6.5 北京手语中的动词“给”移动到宾语的位置，即“你”。这两个呼应动词有一个开始点（主语呼应标记）、一个线性运动（动词原形），然后是结束点（宾语呼应标记）。在一般情况下，这些动词的起点是主语的位置，而结束点是宾语的位置。然而，像“邀请、拿、借”之类的呼应动词却是例外。这些动词表示向后呼应，开始点标记宾语，结束点标记主语。由于起点和终点表示主语和宾语的语法关系，因此它们被认为是语法上的呼应标记。

例 6.6 空间动词

武汉手语：猫 床 CP：床$_{形状}$+动物$_{对象}$_跑

汉语：猫在床下跑。

例 6.6 武汉手语的打法可见图 6.2 所示，可以看到要先打出主语的完整手势（如“猫”），其次是分类词手形词素（如“动物”），这种手形代表一类对象，参见图 6.2（c）。通常这种动词需要确定参照物，否则就没法确定参照物实际上指的什么。这种参照物实际上是处所标记，如例 6.6 中主语“猫”的活动处所通过“跑”显现在“床”下面的空间坐标上。在语法上这些坐标可被看成带有处所词缀，而动词的方向则带有处所特征，构成空间一致关系。目前对空间动词是带形态形式还是话语标记尚没有定论。

但可以看出，该空间动词给出了以下信息：路径、轨迹和动词所描述的动作运动速度，以及有关动作的位置。但空间动词可以屈折反映方式和位置，而不屈折反映人称或数量。正如 T. Supalla（1982）与 Valli 和 Lucas（2000）给出的定义，即空间谓词有两部分——运动语素和分类词手形语素。空间动词还有一个表征，即位置和语义分类词上的共现。由于这一表征，它们有时也被称为分类词动词（classifier verbs）或谓词（predicates）。

中国手语中，属于空间动词的还有“走、跳、飞、躲、摔、撞”等词语。这些动词被称为运动和位置动词（T. Supalla，1982）或者空间方位谓语（Smith，1989）。根据 T. Supalla（1986）的说法，在运动和位置动词中，手势的每一个语音参数本身都是一个语素，因此这样的手形是一个绑定语素，不能单独使用。

从以上对动词划分的简单介绍中，我们可以看出，只有空间动词才使用拓扑空间来构成语法关系，运动和位置动词的手形是典型的分类词手形语素，手和身体发音器官的相对位置标志着中心名词（如运动对象）和次要名词（如背景对象）的相对关系（T. Supalla，1986）。因此只有空间动词具有与谓语相关的代形词，而不是简单动词和呼应动词。这样在空间动词中主体和背景代形词的使用才允许手势者给出关于动词所描述的动作路径的信息，在同一时间内显示运动对象（主体）和参照物对象（背景）的关系。

为什么所有手语中空间动词都使用了主体代形词（即分类词）？正如Sutton-Spence和Woll（1999）指出，当我们考虑需要使用双手打出的或者固定在身体上的所有手势时，主体代形词的重要性可以看得最清楚，因为主体代形词只使用一只手，它们可以通过运动放置在不同的位置。换句话说，主体代形词的使用允许手势者给出关于动词描述行为的路径信息，在同一时间内表示运动对象的关系（比如主体）和参考点对象（比如背景）。

这表明涉及主语和宾语语法关系的主体和背景也可以被认为是呼应标记。如果在呼应动词中用来表示主语和宾语的起点、终点可以被视为语法上的呼应标记，那么用于说明主语和宾语语法关系的主体和背景的代形词也可以考虑作为手语中的呼应标记，因为主体代形词参与了动作的开始，而背景代形词涉及动作的终点。

正如Meir（2001）指出，空间动词和呼应动词都包含路径语素，与其源参数和目标参数呼应，即这两类显示了源-目标的一致性。因此T. Supalla（1982）、Gl82l和Roland（1998，1999）、Zwitserlood（1996）提出了这种将主体代形词（如分类词谓语里的分类词）视为呼应标记的假说，认为呼应动词中句法空间运动的起点和终点、空间动词中拓扑空间运动的起点和终点可以表示其主体和背景代形词，这两个都是语法手段，用于呼应它们的参照物。

这种说法可以在中国手语中得到验证，比如从例6.1至例6.6中可以发现用来代替更具体手势的手形是上位词，应被视为代形词，因为它们具有照应的功能，构成一个引用主语论元的充分参照物，并在对话中允许代语脱落（pro-drop）。出于这个原因，考虑给定代形词作为中国手语的呼应标记看来是可行的。

6.3　中国手语分类词谓语的解释

关于如何解释手语中的分类词谓语现象，学术界主要运用Talmy(1985，2000）提出的运动事件模型来分析各个国家及地区的分类词谓语，如美国手语（T. Supalla，1990），以及我国的台湾手语（Chang et al.，2005）、香港手语（Tang，2003）、上海手语（李线宜，2010）等。总的来讲，这些学者借鉴了Talmy（1985）提出的术语“主体”（figure）和“背景”（ground）：主体指的是被定位的运动对象，而背景是指定位主体的参照对象。手语中主体和背景这两个成分具有代形词，因此分类词成分就是被用于与运动成分相结合的主体代形词。这样手语中运动事件的概念结构有两个分离的成分：主体成分和背景成分（Tang，2003）。这样就可以更好地说明手语空间实体之间的非对称关系（图6.8）。

例 6.7 北京手语：房子 CP：房子$_{形状}$_在这里　树 CP：树$_{形状}$_在那里　轿车 CP：车$_{对象}$+房子$_{对象}$+树$_{对象}$_停

汉语：把轿车停在房子和树之间。

(a) 房子　(b) CP：房子$_{形状}$_在这里　(c) 树　(d) CP：树$_{形状}$_在那里

(e) 轿车　(f) CP：车$_{对象}$+房子$_{对象}$+树$_{对象}$_停

图 6.8　“把轿车停在房子和树之间”的手语

根据 Talmy 的观点，运动事件包含图形、背景、运动和路径四个语义范畴。这种框架事件得到了同时发生的事件如“方式”的支持，并且人脑具有某种认知加工的能力，能够将感觉的一部分划分出边界，为边界的内容赋予独立实体的属性，这些独立实体中有一种实体可以被看作“宏事件”（macroevent）（Talmy，1985，2000），因此把轿车停在房子和树之间是一个突显动作“停”的事件。该宏事件中实际上包含三个存在事件：

（1）那里存在一幢房子；

（2）这里存在一棵树；

（3）把车停在房子和树之间。

换句话说，这里用到了三个分类词谓语，其中前两个事件实际上是存在事件，表示“某处存在、有、位于”这一存在状态，可表示为：

（1）主体 {[某处存在、有、位于]+路径+方式} → 背景；

（2）（场所）+主题。

第三个事件是运动事件，可表示为“主体 背景 {[运动+主体]+路径+方式} 背景”。

在第一个事件中，“房子”是先行词，它的论元是宾语，其分类词手形跟词根“存在”的动作合并产生了第一个方位谓语，是一个不及物的一元谓语。该谓语是通过往下到停顿在空间坐标的动作来表达的。

同理，在第二个事件中，“树”是先行词，其分类词手形跟词根“存在”的动作合并产生了第二个方位谓语。前两个事件并没有特别指明事件中主体所在的背景，如图 6.8（b）和图 6.8（d）所打出的背景就是手势者面前所在的空间，因此从语义角色看，我们可以认为这里的场所就是人面前默认的空间。虽然这两个都是存在事件，但手势者并没有简单地用同样的手势表示存在，而是分别用左手表示房子，右手表示树，分别利用表示房子和树的分类词手形，在胸前向正前方向伸展和向下运动，到达身体腹部前方位置，再加上一个停顿来表示，用这样的一个辅助动作，来作为动词“存在”的词形的表面形式。

按照 Talmy 的说法，这是表示主体所在位置的一种运动路径，所以在有声语言中“存在”是静态的概念，到手语中又变成了手形的运动，这种运动不能理解为事件的存在主体在真实世界中位移的路径。用一个短暂的运动路径表明事件主体从空间某一位置移动，如果有背景的话，还要保持其所在位置不动，这种表示方法在美国手语以及我国的手语中也存在（T. SuPalla，1990；Tang，2003）。因此中国手语常常由事件涉及的主体构成分类词谓语中的分类词手形，这一手形与存在路径和方式同时编码在一起，来呈现手语中的存在事件。

在第三个事件中，“轿车”作为主体，是空间动词“停”表示的行为的施动者，而“房子”和“树”作为背景，是行为的位置。主语“轿车”的分类词手形（即 Ch 手形）与词根“停”合并，就构成另外一个二元的谓语：一个是题元，另一个是位置。其中主手的移动体现了轿车的运动路径和运动方式（沿着不太明显的弧线行驶），这里采用了 Ch 手形来体现轿车开过去的运动方式，通过 Ch 手形可以将动词词根（分类词手形）与运动的路径和运动方式结合。这样动词“停”就意味着词根沿着（不太明显的弧形）路径的运动方式（如行驶）或者沿路径运动的方向（如向着代表房子和树的代形词的 V 手形），使许多运动语素（运动路径、运动方向、沿着路径的运动方式）可以同时与许多发音体语素（相关名词的分类词手形和空间位置）相结合，形成了运动方式、运动方向、运动路径等语素与动作施动者、承受者等信息的结合和编码方式。此外，运动的主体总是构成运动动词分类词结构的动词词根，而所有与运动有关的其他相关语素都围绕着这一运动词根进行编码，这与现代汉语围绕动词为核心建立语言的形态结构有所不同，手语中句子的核心成分是名词，这一名词常常是句子的施事或者受事。

有趣的是在表示背景时，房子和树的代形词又采用了全新的手形即 V 手形作为其本身的代形词，如图 6.8（f）。请注意例 6.7 中是先出现背景房子和树，再出现主体轿车，在中国手语中大都如此，这符合 Schick（1990）和 T. Supalla（1990）的发现，还体现了手语序列性的特征。需要说明的是，“把轿车停在房子和树之间”这一句子涉及三个论元，特别是主体或背景不止一个论元时，中国手语一般是从左到右表述论元，这符合一般的认知心理；同时又因为手语的同时性特征，可以将事件中的施事论元（轿车）与表示地点参照物的参事论元（房子和树）所呈现的部分同时表现出来，将这些展现在同一个场景中。在表达一个事件中含有多个论元的时候，受发音器官的限制，手势者无法使用手势的双手形式，而只能使用各个论元的代形词，因此才出现了以 V 手形来表示房子和树的分类词形式的情况。

只有在分类词谓语涉及两个论元的时候，才有可能出现 Tang 和 Gu（2007）在研究手语的分类词谓语中提出的观点，即主手一般指涉的论元角色是施事、主事或主语，非主手一般指涉的论元角色是受事、处所、来源和宾语等。

6.4　如何确定分类词谓语中主体和背景代形词？

Talmy（2000）解释“运动”（motion）时，称运动是“在事件中运动的每秒的存在状态和所在位置”，在技术上被分析为抽象的深层动词“动作”（move）和“位于”（be located）。中国手语由于汉语的影响和渗透，从不受任何手指字母的限制，而是充分利用单手、双手、手指、肢体和表情来做形象动作，其中象形表意功能的手势占主体，因此中国手语对“动作”和“位于”的描述及分类较为详细。

在这点上，中国手语与英国手语等其他国家手语有很大的差异，如英国手语认为代形词的确定需要判断参照物的形状和大小（Sutton-Spence & Woll，1999）。

6.4.1　动作

由于动作的施事者不同，因此所实施的动作就可能不同，因此中国手语对具有生命力的施事者所在的范围类别做了划分，主要分为以下几类：天上的施事者、地上的施事者、水里的施事者、地下的施事者。这里“地上的施事者”一般为人或者动物，这类施事者扮演主体角色时，其主体代形词并不是手势手形本身或者手形的一部分，而是采用以下新手形：V 手形（用于慢动作）和 Y 手形（用于快动作），如图 6.9 所示。

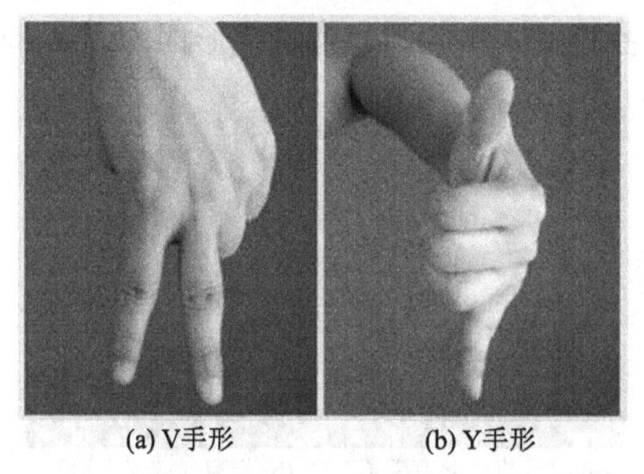

(a) V手形　　(b) Y手形

图 6.9　V 手形和 Y 手形

我们可以看到选自不同于给定手势一部分的新手形（如猫、狗）是主体代形词最常见的手形。V 类标记手形代表运动主体的腿部动作，它将运动路径语素与运动方式语素合在了一起，它既可以表示走路姿势，也可以表示弹跳方式，V 手形的这种运动方式和路径与真实情景中的运动方式和路径具有较高的模仿度和相似性。

一般来讲，主体代形词采用的手形不一定是用来指一组共享一些共同物理或语义特征的实体。下面是一些常作为主体代形词的手形和它们表示的更具体的手势（表 6.1）。

表 6.1　常用作主体代形词的手形（洪卡娜，2008）

0	b0	5^	L°	I
面积较小的圆柱体、球体	圆形扁平物体	花、球体	颗粒物	细长物体

借鉴张荣兴教授提出的概念，笔者在描述主体和背景代形词的选择方式时，使用了运动手和非运动手的概念，而没有使用传统的主手和副手（dominant/non-dominant）的说法（Chang et al.，2005）。若地上的施事者为无生命物体，比如坦克、直升机、伞、计算器、插座和空调等，这类施事者扮演主体或者背景角色时，需要先选择非运动手形来表示主体形态，然后再选择运动手形来充实或扩展内涵。如图 6.10 所示，“直升机”由非运动的 U 手形来充当直升机的躯体，然后才是用运动的“5”手形来代表螺旋桨并不停地动。“坦克”是由非运动的拳头手形来充当坦克躯体，另一只手将食指伸出来，其余手指做拳头状，代表旋转的

炮塔，通常这类施事者的主体代形词和背景代形词均为其非运动手形。

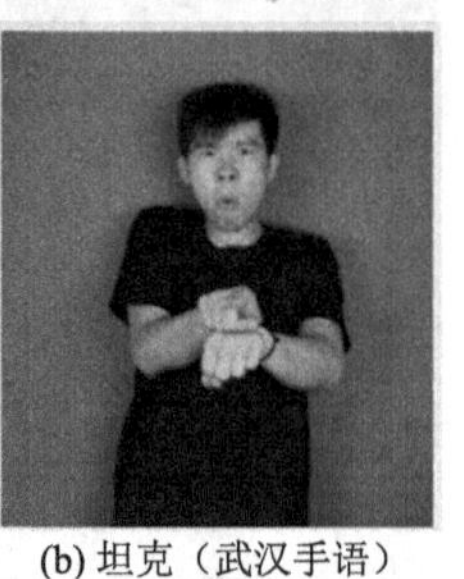

(a) 直升机（北京手语）　(b) 坦克（武汉手语）

图 6.10　“直升机”和“坦克”的手势

为什么这类施事者的主体代形词和背景代形词都是同一个非运动手形？这个问题具有较强的认知基础，因为语言是认知的一个有机组成部分，语言进化过程离不开人的经验和非语言的心理因素，因此这种手势不仅仅是通过模仿达到形象逼真的效果，使其能够更形象具体地传递信息，更主要的是在许多情况下这种非运动手的使用具有更加实际的意义和功能。

人们在设计复杂产品时，一般要先设计框架，然后再充实内容。换句话说，就是要先设计产品的主体的形态，然后再考虑充实或扩展其内涵。发明新手势时也不例外，为了表达“坦克、直升机”等名词，根据以上认知原理，人们往往先把“坦克、直升机”等概念的主体形态表达出来，像坦克的躯体是主体形态，是坦克的基础，要先用非运动手表达出来；其次，才是在这些基础之上的扩展，比如炮塔是坦克最明显的特征，在考虑扩展时，人们会想到用运动手代表炮塔，并且用炮塔和躯体前进或者炮塔不停地转动直观地反映坦克的概念。再如“直升机”，首先是由非运动的 U 手形来充当直升机的机身，然后才是用不断旋转的“5”手形来代表螺旋桨，这样的表示才符合人们的一般认知规律。作为表达“坦克、直升机”等手势基石的非运动手自然要充当主体代形词和背景代形词。

如前所述，如果给定的手势是由运动手和非运动手所生成的，那么非运动手生成的手形可以被作为主体或者背景的代形词。当然这种情况也有特例，比如“火车”，它是由非运动手充当背景代形词，而运动手充当主体代形词，这种情况在中国手语里很少见。

6.4.2　位于

通常要表达“某处存在、有、位于”这一存在状态时，主体即手势本身，在表达主体概念时，应尽可能保留手势形状。当手势只需一只手来完成时，即此手势扮演主体角色时，它被用作主体代形词，如图 6.7（a）所示。

如前所述，若两只手的手势是由一个非运动手和一个运动手组成，那么这种手势充当主体或者背景时，其主体代形词手形或背景代形词手形通常都用非运动手表示，因为不是所有的手势都是由这两种手形组成的，即非运动手产生一种手形，运动手产生另一种手形；有可能两只手都运动，也可能都不运动，如图 6.2（a）、图 6.3（a）、图 6.4（b）和图 6.6（b）所示。这时当一个手势需要两只手完成时，若两只手为同样的手形并呈对称形状，不论运动与否，即此手势扮演主体角色时，可固定一只手不动，将非运动手作为主体或者背景的代形词。

例如“房子”的手势是由两个相同的手形，即“5”手形构成的，两只手的四个手指尖连接形成屋顶形状。因为给定手势具有两个相同的手形，无论是否运动，每个手形都可作为主体或者背景的代形词，所以我们可以将“房子”完整手势的部分表示看作代形词，应该指出相同的手形可能与不同的手势相关（如自行车和房子），但是当手势不同时，手形的方向也是不同的。这个例子表明代形词没有明确的分类功能。但是有一种观点认为完整手势的部分表示应被视为简化形式而不是代形词，因为每个形式只能表示一个词语手势，而不是一类手势。张荣兴教授指出，第一，主体的一些手势使用了全新的手形，而该手形不是给定手势的任何一部分（如猫）；第二，部分形式或全新手形是用来指前面提到的名词短语。基于这两个原因，部分表示应被视为代形词，而不是简化形式（Chang et al.，2005）。

还有一类名词是近几年修订的中国手语新词汇，比如“爸爸、妈妈、小姨”之类的名称，因为这些名词不同于以上所提到的名词具有高度象形性，它们甚至看不出来跟手语本身有联系。这类名词通常需要一个新的手形，而不是给定手势的一部分作为代形词。比如“爸爸、妈妈”（图 6.11）的新手形为 V 手形或者 Y 手形，来充当其主体或者背景代形词。为了清楚说明这一点，我们需要区分两种视觉驱动的手势，该手势表示所指参照物的图像。第一类通过描摹参照物形状来表示图像，第二类使用来源于能够表示参照物的手形形状（Mandel，1977）。“房子”的手势也属于第二类。

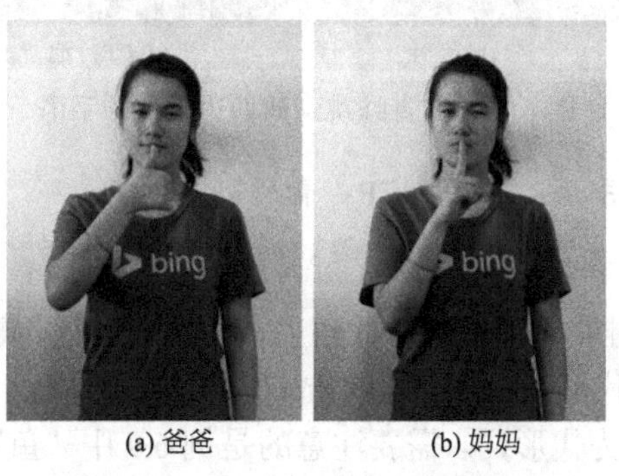

(a) 爸爸　(b) 妈妈

图 6.11　“爸爸”和“妈妈”的手形

因此，无论是否为运动手，都可以是主体或背景的代形词。中国手语中“妈妈”的新手形是数字“1”的手形，即食指，因为食指通常被认为地位仅次于大拇指，代表第二地位。它不是模仿妈妈的形状，因此“妈妈”的手形都不能作为主体或者背景代形词，而是需要一个新手形作为其主体或者背景代形词，同时也表明在这两种形式之间的选择（即完整手势部分表示和分类手形两者之间）不是完全由名词的语音形式决定的。

6.4.3 主体和背景代形词的同现

正如我们之前提到的，主体和背景是两个参与运动事件的实体。看来中国手语空间动词和其他手语一样都要求主体和背景组件与运动组件同时出现。然而，正如 Sutton-Spence 和 Woll（1999）所述，主体和背景的完整手势常常用到两只手或固定在身体上，从而使运动组件和主体、背景组件同时发生是极其困难的，如例 6.7。主体和背景代形词的使用满足了主体和背景应与运动组件同时出现的要求，在同一时间内指定了语法关系。

按照以上代形词的确定方法，我们就可以准确地表达分类词谓语现象。以“青蛙”的手语为例，见例 6.8 和例 6.9，以及图 6.12 和图 6.13 所示。

例 6.8 北京手语：池塘 青蛙 CP：池塘$_{\text{形状}}$+青蛙$_{\text{对象}}$_跳
汉语：青蛙跳到池塘边上。

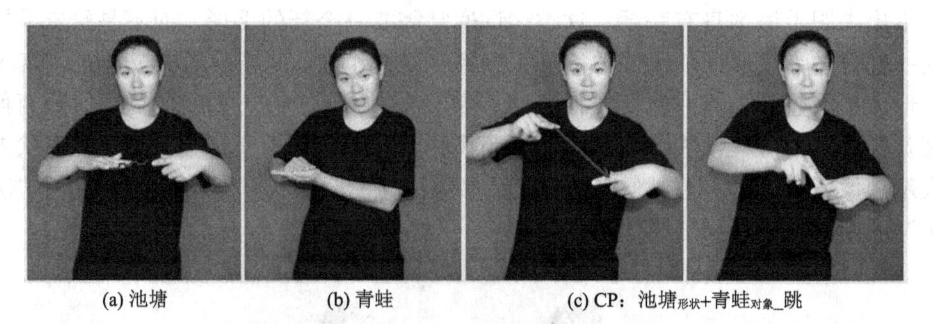

(a) 池塘　(b) 青蛙　(c) CP：池塘$_{\text{形状}}$+青蛙$_{\text{对象}}$_跳

图 6.12 “青蛙跳到池塘边上”的手语

例 6.9 北京手语：青蛙　CP：青蛙$_{\text{对象}}$+鱼$_{\text{对象}}$_游
汉语：鱼游到青蛙旁边。

例 6.8 中，“青蛙”扮演了主体的角色，而例 6.9 中“青蛙”扮演了背景的角色。当它是主体时，代形词由 V 手形生成，如图 6.12 所示；而当它是背景时，给定手势的部分表示作为代形词。需要注意的是例 6.9 中“鱼”的词汇手势是主体，其代形词恰好是相同的词汇手势。在这种情况下，看起来词汇手势是可选的。应

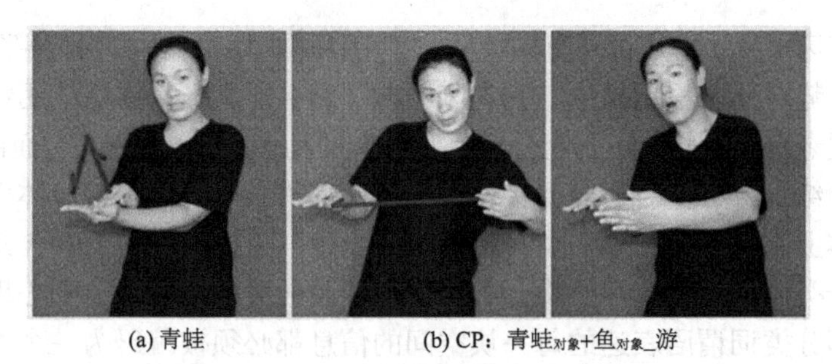

(a) 青蛙　　(b) CP：青蛙$_{\text{对象}}$+鱼$_{\text{对象}}$_游

图 6.13　“鱼游到青蛙旁边”的手语

该指出，中国手语中两个实体（主体和背景）的语序是不固定的。如果我们把主体和背景代形词视为呼应标记，则语序的灵活性并不奇怪。由于这些代形词已经确定了谁正在做动作、动作在哪儿发生，因此对固定的语序并没有要求。

6.5　分类词谓语计算的难点

在生成手语动画时，若要描述场景、工具、动作、大小，以及其他视觉/空间或现场/过程的属性信息，分类词谓语是最理想的表达方式，但分类词谓语不能用传统语言学理论来解释。分类词谓语是手语计算中最复杂的手语现象（通常与空间语义有关），它突破了语言表达的传统定义，这些都是有声语言计算理论无法解决的。

分类词谓语计算的首要问题就是如何表征分类词谓语的手形和运动类型，以及映射到语义表征时如何转换。另外如何用到空间背景和世界知识，这显然也是个难度很大的课题。为了实现分类词谓语计算，研究者需要模拟真人手语译员事先在心里形成 3D 空间影像，然后将空间的对象位置映射到物理手势空间，以表达分类词谓语的概念。

具体来讲，像“猫在床下跑”的例子，首先手势者要选择一个基于“猫”的实体特征（小型动物、四条腿对象、在跑动过程中等）的手形闭集（即分类词手形，此手形与其手部在手势者前面的空间进行的运动一起组成分类词谓语），以及手势者希望讨论的实体空间特征，比如其表面（猫在平坦的地面上）、床下空间的大小、形状、位置（猫在床下任意位置）、运动（跑动、非静止）等；然后手势者针对需要表达的床下空间的轮廓、手势者周围空间的位置（在伸展两只手的范围内选择哪个空间位置来代表施事者“猫”和受事者“床”）、3D 空间的运动（在床下有限空间内表示跑动）、物理/抽象的维度（床需要表示多大、跑动幅度需要多大）或某些其他需要被传递的对象属性，比如床是不是席梦思、猫是不是每天都在床下跑、猫是否还有同伴陪它跑等因素，而相应地制定手部立体运动。

此外手势者还要根据汉语“猫在床下跑”的上下文环境提取语用特征，比如想表达猫捉老鼠很勤快，还要配合眉毛和眼睛的动作（眉开眼笑）、面部表情（表达夸张的情绪），必要时还需要头部动作（头部稍微向前倾）、身体姿态（抬起肩膀、身体上部左右摇晃等）及其他方式来表达“猫在床下跑”的含义。

因此分类词谓语计算需要将分类词谓语涉及的对象实体映射到心理空间和物理空间，即分类词谓语表达的每一块空间的信息都必须被编码为一个语素，通常需要许多语素传达各种各样的空间信息来表示分类词谓语，特别是在用作组合空间信息来描述场景中对象之间的空间关系或比较的情况下。国外学者 Liddell（2003a）做了一个统计分析，比如分析分类词谓语“一个人走向另一个人”的语素时，总共有 28 个语素，包括两个面对面的实体、都在同一水平面上、都在垂直方向、自由运动、都有一个特定的距离、在直线路径运动等。他认为要生成各种分类词谓语，此多语素模型需要一个巨大的甚至可能是无限数量的词素集合。

由于分类词谓语的表达是动态的，因此还需要把实体对象的相互作用和 3D 场景的部署限制编码成一系列的规则。仍以“一个人走向另一个人”为例，为了部署场景，手势者除了需要决定实体对象的位置信息外，还需要为实体对象“一个人”选择开始和结束的位置，是直线运动还是曲线运动，以及运动路线是平坦的还是连绵起伏的，这样手势者才能流畅地表达运动路径。此外在表达该分类词谓语时，道路、地面等信息也会被表达出来，这是为了防止出现人在地面下运动的常识性错误，一些必要的生活常识和世界知识是必不可少的，如人一般站在地面上等常识。由此可见分类词谓语计算离不开大量的语义理解、空间知识和逻辑推理。

以上两个难点造就了分类词谓语计算的复杂性，使分类词谓语计算显然超出了目前机器的计算能力，以致 Bangham 等（2000）将其评价为超语言的空间手语、构成空间参数化表达式等论述。

从计算本质来看，分类词谓语计算仍属于单信道向多信道转换映射的过程，与其他手语现象不同的是，分类词谓语计算还融合了大量的空间隐喻和场景加工计算。国内外尝试使用理性主义和经验主义方法来解决分类词谓语计算的问题，但是经验主义方法需要一定规模的语料库支撑，传统语言能够成功地使用经验主义的方法，是因为爆炸式增长的网页、软件等资源为语言计算提供了大容量、多样性和高增速的大规模语料数据。手语语料因为视频采集过程烦琐和标注困难，导致手语计算面临着严重的数据稀疏问题。此外即使解决了手语语料匮乏的难题，机器学习也不可能解决所有的手语理解和生成问题。因此相当长的时间内，众多学者仅限于使用理性主义方法来尝试解决分类词谓语计算的问题。

最早的理性主义尝试就是在传统英语词典的基础上增加了一套像“猫、床、地面”等分类词谓语的语义特征，把词典中特定动词或介词与其他空间特征相关联，从而在进行分类词谓语计算时根据其空间信息缩小可能的分类词手形集合，最后生成手部空间运动。例如，美国罗切斯特大学开发的手语机器翻译系统是在传统的英语词典里存储语义特征，如“人+车辆+动物+平面表面”。针对每个单词或词组在英语词典里存储一组 3D 坐标，将英语词典中特定动词或介词与其他特征，如运动路径、固定位置、相对位置、形状、轮廓等相关联，可以帮助识别谓词要表达什么样的信息，从而进一步缩小谓词可能的分类词手形集合，产生谓词的 3D 运动。由于 3D 场景部署有许多可能性，这种方法在组合上是不切实际的，如考虑汽车可以在不同形状和坡度的道路上行驶。其他用得最多的是采用基于启发式规则的方法来计算运动路径，比如基于英文源文本的一些有限的特征集或者语义元素集合来设计运动路径。这种方法需要将基本的特征集组合以便产生一个单一的分类词谓语运动的动画组件库，将这些组件与相应的英语特征或语义元素相关联，这样就可以选择适当的动画组件并在转换时可以组合产生 3D 运动。

这些基于规则的方法有个前提条件，那就是需要手势者事先决定用哪些空间信息来交流，并决定如何对其空间信息表征进行排序，这样才能描述如何构建一个独立的分类词谓语。此外，只能生成单一的分类词谓语，如果要生成多个相关分类词谓语还很困难。更重要的是这些基于规则的方法都缺乏规划整个场景元素的能力。这种通过有限规则来理解自然语言的无限输入是很难满足分类词谓语处理的全部需要的。

国内有一些学者研究使用了启发式规则，如徐琳等（2000）采用规则解释方法开发了一个中国手语机器翻译系统，由于自定义的一系列规则有限，该系统将汉语句子限定为简单陈述句和简单疑问句。当然考虑到分类词谓语计算的复杂性和多变性，这些规则是无法满足分类词谓语计算的所有需求的，并且这些规则的随意性太强，因为它们需要制定规则的人员自行决定如何部署坐标、如何定义运动路径等。这些方法最大的缺点就是缺乏部署 3D 空间元素的能力，从而导致最后只能处理一个分类词谓语的计算，无法实现多个分类词谓语的计算。

随后 Huenerfauth（2010）提出了分类词谓语计算的空间规划模型，他认为传统音系学模型无法表征分类词谓语，生成的时移坐标流无法精确描述分类词谓语，分类词谓语计算涉及大量的甚至无限的时移参数，因此空间规划模型的目标是减少计算所需的时移参数数量，设计一系列算法来简化眼睛、头部、手部位置等参数，并与手势语义相关联以便计算 3D 位置，借用参数化行为表征（parameterized action representations，PARs）模型来规划场景元素（Bindiganavale et al.，2000）。这种方法也需要事先规定 PARs 模板，它是否适用于所有的分类词谓语还有待验证。

也有一些语言学家建立了一个手势的多种打法动作捕捉搜集数据语料库，他们记录了手势输出的手形、手的位置、方向、运动和非手动元素的时移参数。但这些模型并没有针对分类词谓语的表征需要而进行设计。比如表示分类词谓语出现的手形数量并不多，但这些模型却记录了相当多的手形信息，而记录手部方向的信息太少，以至于无法指定复杂运动路径，而这些复杂路径是表示分类词谓语所必需的。

因此在未来的一段时间内，分类词谓语计算还将以理性主义方法为主，至少我们需要更关注分类词谓语的大脑加工，通过建立小系统来模拟智能行为。只有当对分类词谓语计算的认识积累到一定程度，并且弄清楚分类词谓语的认知机理之后，我们才能提出分类词谓语计算的整体解决方案。成功的分类词谓语的机器翻译必须实际运用一些空间常识来理解所要传达的空间场景，需要进行复杂的空间常识推理，只有这样才能理解源语言——汉语，并通过空间隐喻将 3D 分类词谓语的表达式翻译出来。

此外大脑的概念网络涉及左右脑的若干神经结构，这些概念网络与左脑外侧颞叶的词汇网络相联系，包含人物、动物或工具的专门信息。这些专门信息是生成分类词谓语手形要用到的，这项研究表明听障手势者的大脑特别适宜于处理手语——空间自然语言，这就提示我们：分类词谓语的机器翻译需要借鉴大脑研究的成果，建立起相应的认知加工模型，以便进行知识表示和空间推理，而不能使用传统语言计算理论来生成相应的分类词谓语，从而克服传统语言计算的缺陷。

6.6 分类词谓语的认知

因为生成分类词谓语进行的语言学分析需要用到左脑半球，而使用分类词手形进行的空间分析需要用到右脑半球，一般认为分类词谓语认知需要左脑半球与右脑半球共同完成。Emmorey（2002）报道了一位右脑半球损伤的患者案例，该患者母语是美国手语，但其理解手语却非常困难。Emmorey 发现右脑半球损伤可能会造成以下分类词谓语加工的困难：手语会话、手语分类词使用、空间句法理解。首先，这种脑损伤可能会破坏与手语使用有关的元控制（meta-control），这种破坏在手语会话时会造成交流困难；其次，分类词谓语较特殊，因为它需要将分类词手形与动作相结合才能表达分类词谓语的概念；最后，左脑半球损伤也会影响手语句法加工，因为这涉及语言加工，不需要空间加工。她认为聋人理解分类词谓语时同时需要两个大脑半球的支持，还指出在导致此患者理解困难的原因中，空间因素比语言复杂性因素多一点，因此这个问题还有待于进一步研究，要想澄清这个问题需要更详细地研究大脑单侧病变的不同影响。不过 MacSweeney 等（2002b）通过 fMRI 技术发现分类词谓语认知可能只涉及左脑半球，因为实验发现聋人受试者在阅读分类词谓语时，只激活了大脑顶叶左侧部分，而该顶叶区域通常不参与口语加工，但与需要场景空间分析的各种非语言任务以及反映身体部位意识的任务有关。这种结果很令人困惑，需要更多的实验来证实。此外一系列文化和环境因素对分类词谓语的认知也有影响。Bavelier 等（2002，2006）指出语前聋和听力早期损失都可能导致大脑语言加工沿着与健听人不同的方向发展。如果聋人的大脑从一开始就与健听人的大脑不同，那么其手语加工的功能定位可能依赖于手语用户的听力状态，以后生活中的事件也会影响其大脑发育。Petersson 等（2000）研究发现受过教育的健听人其大脑激活模式与没上过学、没学过读写的健听人不一样。先天性聋人与成长在手语环境中的健听人和聋人，都可能在大脑功能上出现分离效应。Bosworth 等（2002）发现不管受试者是否失聪，只要成长在手语环境中，他们在加工点运动的简单图形时①，左脑半球加工都比右脑半球更有效率。这两组使用手语的人的表现与不会手语的健听人是不同的。

可以看出手语模态对分类词谓语也有影响，具体表现在分类词谓语加工与听觉加工区域有关。在 fMRI 研究中，Bavelier 等（2001）指出聋人对周边的视觉注意力比健听人更有效率，即便这两组人都是手势者。此时，关注周边视野事件是一种听觉损失效果，它驱使聋人大脑进行重新配置。Fine 等（2005）利用 fMRI 技术发现聋人的视觉点模式运动激活了大脑某些区域，即健听人大脑里颞上叶的听觉皮层区域。这表明“未使用的”听觉皮层可以通过视觉进行重塑。研究者发现，当观看英国手语视频和没有意义的手势时，相比健听人，聋人的这部分大脑区域激活得更多（MacSweeney et al.，2004）。

中国人学习的是一门非字母语言，与使用字母语言的人相比较，中国人大脑里识别字体的区域显示出独特的激活模式（Siok et al.，2004）。受过双语教育的人可以显示出与受过单语教育的人不同的脑组织（Mechelli et al.，2004）。健听人学习美国手语时，当他们在学习的早期和晚期看到手语句子时会显示出不同的大脑激活模式（Newman et al.，2002）。

这些研究结果表明大脑激活模式对一些认知因素是高度敏感的，如先前语言学习环境里识字、拼写、语言习得年龄和第二语言学习条件等因素。

MacSweeney 等（2002）将英国的聋人与健听人相比较。英国手语的感知能力和视听英语句子的感知能力都用到了非常相似的神经系统。正如在 Neville 等（1992，1997，1998）的研究中，这两种语言都用到了左脑半球的外侧裂周边区域，还用到了右脑半球，而且不同语言模式用到的右脑半球范围没什么不同。他们还推测这可能反映出了左右两个大脑半球对人类理解语言都有贡献——无论语言是说出来的还是用手语表达出来的。

---

① 指黑暗背景中光点的运动。

分类词谓语特殊性的另一方面可能体现在非手动特征特别是面部表情上。对于不打手语和不做面部表情的健听人而言，面部意图加工是右侧化的。手势者的大脑如何加工这类非手动特征呢？也许可以把面部表情分离出来，这样语言学部分就可以在左脑半球中加工，而情感部分则在右脑半球进行，与不会手语的健听人的右侧化模式是一样的。这个观点在 6 个会英国手语且有半侧脑损伤的受试者身上得到了验证（Atkinson et al.，2004）。

大脑右侧损伤的非失语症患者可以毫无困难地打出否定的手势，但不能理解非手势（面部表情）的“否定”。这个意外的发现提醒我们，可能“否定”在语法上没有被完全表达出来，而是用其他（语用、韵律）方式表达出来的。这些语用加工可能更多地由右脑半球来完成。在功能上，头部和脸部动作可能被解释为对话语的一种评论，而不是整体评论。也许英国手语中非手势的“否定”会被搪塞成“都说狗有骨头，但我不这样认为”，因此有研究人员认为“否定”只是一种句法特征，它不意味着在手语语言加工也是如此。

他们猜测手语里“否定”的表达是左侧化的，这种猜测是基于两个设想：一是语法否定是一种句法功能，二是句法加工由大脑左侧控制。然而第一个设想主要是建立在有声语言怎样表达否定含义的基础之上的，因此研究人员认为手语和有声语言的结构方式既有相似之处，又有不同之处。在这种情况下，这个结果表明英国手语里“否定”的默认形式，在韵律或语用层面上，可能比句法层次上更好理解。可是这种解释取决于第二种假设，即我们知道的支持语言句法加工的神经基础——句法加工由大脑左侧控制。

这个例子表明当解释语言加工的神经生物学基础研究时，研究者应该十分谨慎——这不仅会对语言学理论产生影响，而且对我们理解大脑功能也有影响。

6.7　小　结

分类词谓语是手语中一种独特的语言现象。中国学者对分类词谓语的研究刚开始涉足，尚未见到系统的研究报道。本书试图从语言学的角度阐述中国手语的分类词谓语现象，一方面结合 Talmy 的动态事件和代形词的分析，解释了中国手语的分类词谓语现象，分析了主体代形词和背景代形词如何形成以达到手语同时性和序列性要求，并由此确定了主体代形词和背景代形词通常是由非运动手形组成的；另一方面也说明了中国手语与汉语的相互影响，对“动作”和“位于”这两类的手语代形词做了较为详细的描述及分类。

此外，本章还讨论了中国手语的分类词谓语现象，通过 Talmy（1985）的运动事件模型，分析了中国手语中分类词谓语里的分类词手形的代形词，以此说明运动的主体或者背景是如何与谓语相关联的。我们提出用来表示一类更具体对象的手形是代形词，这些代形词被认为是呼应标记，用于标识给定谓语的参数。

我们确定了两种代形词，即主体代形词和背景代形词，由此可以发现不同地域的手语之间各有异同之处，比如“青蛙”作为主体代形词使用时就存在着差异，但作为背景代形词的时候，我国台湾手语与内地手语完全相同。此外，“鱼”的代形词的使用事实上也是一样的。

我们还讨论了主体代形词和背景代形词的形成，这些都是随“动作”和“位于”这两类而改变的，由此也说明了中国手语之丰富，具有自己的特色。至于为什么只有空间动词具有与谓词相关的代形词，而不是简单动词和呼应动词，这个问题的答案就在于只有空间动词使用拓扑空间来构成语法关系。主体代形词和背景代形词的使用允许手势者给出关于动词所描述的动作路径的信息，在同一时间内显示运动对象（主体）和参照物对象（背景）的关系。

传统计算语言学方法的缺陷就在于不能模拟手语 3D 场景中的对象空间布局，为了解决这些问题，美国学者认为分类词谓语表达的特定主题可以由独特的中间语言框架来表示,该中间语言框架由翻译体系结构的分析/理解部件进行选择和填充。

此外空间推理和常识推理方法是生成流畅的分类词谓语手形和运动的基础。不过限于目前的人工智能推理的发展水平和空间表示技术，开发这样的系统显然并不现实，因为它需要相关领域的知识，并且工作量庞大。不过它可以为分类词谓语计算提供借鉴。

到目前为止，分类词谓语是否更多地占用右脑这个问题还没有明确的答案。根据一般常识，左脑半球管理语言思维功能，右脑半球管理非语言功能，基于手语分类词的使用特别依赖空间分析，我们猜测分类词加工涉及右脑半球。但 Emmorey 等（2002）的研究表明美国手语分类词涉及左脑半球和右脑半球，而 MacSweeney 等（2002b）对英国手语理解的研究表明，与带有较少分类词手势的句子相比，带有很多分类词手势的句子对左脑半球的激活更明显。

这两项研究都认同大脑顶叶的上部和下部是互相牵连的。这些顶叶区域不仅涉及有声语言的加工，而且涉及需要场景空间分析的各种非语言任务，比如身体位置的反应意识任务。这些研究的偏侧化差异可能是由于不同的任务要求：Emmorey 等的研究侧重的是参与者需用手语描绘出刺激源，手势生成响应于图像刺激等；MacSweeney 等的研究侧重的是对手语句子的学习和理解。可能在 Emmorey 等的研究中，更大的映射需求（用动作描绘出手语）导致了大脑右顶叶的需求增加，因此分类词谓语的认知神经机制还需要进一步的深入研究。

第7章　句法分析

与图像和语音不同，语言通常被认为具有明显的树结构，也就是说，在进行语法或语义组合时，通常不是按照词的顺序进行组合的，而是先组合语法或语义关系比较近的词或短语。例如，“我喜欢红苹果”，其中“红”修饰的是“苹果”，“喜欢”的对象也是“苹果”，而非距离较近的“红”。因此，句法分析（syntactic parsing）任务在自然语言处理中被认为是最核心的任务之一，它分析句子的句法结构（主谓宾结构）和词语间的依存关系——是并列还是从属等。句法分析可以为语义分析、情感倾向、观点抽取等自然语言处理应用场景打下坚实的基础。

随着深度学习在自然语言处理中的使用，特别是本身携带句法关系的 LSTM 模型的应用，有声语言句法分析已经变得不是那么必要了，但是在有声语言里一些长句的句法结构十分复杂或者手语标注样本较少的情况下，句法分析依然可以发挥很大的作用，因此句法分析依然是很有必要的。

同样基于以上语言学理论，在将深度神经网络（深度学习）应用于自然语言处理时，人们也自然地想到了利用有声语言的树结构来构建深度神经网络结构，这种网络结构又被称作“递归神经网络”（recursive neural networks）。前面例句的句法分析结果如图 7.1 所示，而递归神经网络也是按照该分析的树结构来构造网络结构的，其中每个节点都可以使用向量进行表示。

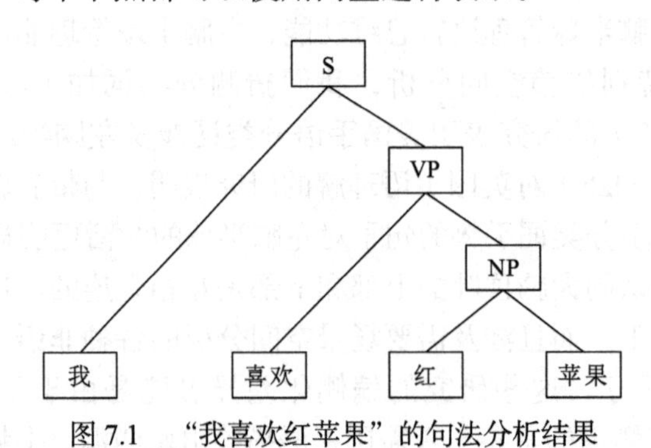

图 7.1　“我喜欢红苹果”的句法分析结果

7.1　引　　言

语言计算研究对现代句法理论的发展方向有明显的引导作用。转换生成语法在理论语言学界是研究的热门话题，但在语言计算界却是应者寥寥。一个原因是语言计算首先要解决表层结构的识别和分析问题，还顾不上对深层结构的解释；另一个原因是转换生成语法是基于范畴的，用来分析有声语言句法结构范畴化的文本还可以，而用来穷尽式地分析大规模真实文本则有些捉襟见肘。这种分析更需要基于词汇的句法理论，如链语法（link grammar）、范畴语法（categorical grammar）、依存语法（dependency grammar）和词汇-功能语法。链语法给每个词分配一个链接表达式，范畴语法给每个词分配一个或若干个句法范畴，依存语法为每个支配词规定配价，词汇-功能语法对语法功能进行词汇编码。在这些语法理论中，句法规则都具体落实到词汇上，或表现为链接要求，或表现为范畴演算，或表现为依存关系，或表现为合一运算。

这种语言计算的句法分析研究对象是单一信道的类字符串，其句子结构的识别分析并不是最终目的，而是探寻句子深层语义信息的必经之路，最终达到消歧的目的。这与手语计算的句法分析存在明显的差异，手语计算里的句法分析也是为了获取句子深层语义信息，但消歧并不是核心任务。因为手语的羡余性很强，其核心任务在于多信道分析和编码，所以手语的句法分析并不仅仅是单信道的句法分析，也包括多信道的句法分析，还包括多信道的协同和组合最优化，以便获得跟有声语言的单信道句法分析一样的高效率。

有声语言同样也需要多信道句法分析。2019 年，ACL 主席、微软亚洲研究院的前任副院长周明（Zhou，2019）在 ACL 年会上的主题演讲指出，自然语言处理有两个重要发展方向：一个方向是深度学习和语言学相互促进，另一个方向就是多模态。自然语言处理可以与图像处理和语音处理相结合，以便更好地进行搜索、问答系统等多模态处理。其他模态的算法可以有助于更好地处理语言计算任务，而自然语言处理的新算法也可以扩展到其他模态。这是因为人类的交流和沟通是多模态的，Mehrabian 和 Ferris（1967）表明语音模态和其他眼神接触、面部表情、手势、身体姿势等模态都为有效沟通做出了贡献。一些研究结果表明，这种除语音外的多模式行为占所有交流效果的 2/3（Hogan & Stubbs，2003；Burgoon et al.，2009）。当口头语言和非语言消息相反或产生冲突时，非语言信息就成为人们辨析语义正确与否的主要信息依据，即视觉获得的语言信息（Malandro，1989）。可见，有声语言也需要多信道的方式，才能有效地弥补语音信道表达的不足，防止因单一模式表达而带来的误解。同时，有些场合，如噪音区域、公共场合，也常常需要采用除语音以外的其他表达方式来增强对相互表达的意思的准确理解。

7.2 手语句法分析特点

7.2.1 手语句法特点

手语句法主要与主题化有关，主题化可理解为句子的某一名词性成分的移位过程。目前学界对中国手语主题化的讨论还不充分。一般认为，在有声语言里，句首是主题的常在位置。然而，中国手语的主题研究尚未达成共识，从我们现有的北京手语、武汉手语语料来看，中国手语似乎把句尾作为主题的常在位置，如例 7.1 和例 7.2。

例 7.1 汉语：我去北京大学打篮球。

手语：我去打篮球 $\overline{\text{在北京大学}}^{\,t}$

例 7.2 汉语：我要五本书。

手语：$\overline{\text{我要书五}}^{\,t}$

这种结构可表示为“主语+宾语+谓语（形容词）（名词）”。对此，有学者认为这种手语主题化的共同特点就是达到目的。这是一个类似 C 语言或 Java 语言等的高级语言结构，需要不停地判断是否满足条件，直到满足条件判断后才可达到目的。可见，“句首位置”是一个有弹性的、模糊的位置，主题的性质和特征虽然肯定与它相关，但仅靠它来描述是不够的。特别是在中国手语里，它明显受到语用因素的影响，比如让句中的某个成分处于句尾并成为注意的中心或成为对比的焦点。也就是说，从主谓句中派生出其他句子类型的过程具有明显的语用动机，这样就形成了主题化过程。

对于多重话题结构，其形式规则可以表示如下：

（1）主语+补语+宾语+谓语（形容词）（名词）；

（2）第一人称+第二人称+谓语（动词）；

（3）第一人称+第二人称+谓语（形容词）（名词）。

例 7.3 汉语：我很怀念咱们在一起玩三国杀的快乐时光。

手语：$\overline{\text{我挺想你的}}^{\,t}$，你和我们玩三国杀你的样子 $\overline{\text{很有趣}}^{\,T+NMS}$

可以看到，手语句子最后使用了“有趣”这个手势，“有趣”这个词也包含“快乐”的意思，只不过“有趣”这个手语易学，“有趣”的手语加表情就能表达出很多意思，如“挺有意思的、挺好玩的、好奇心”等等。同时，这种主题化需要通过特殊的非手动特征进行标记。

由以上可以看出，聋人在将语义表达转换为句法表达时，通常将重要信息和强调部分置于适当位置（一般是句尾），以提高其已知程度和受注意程度。这种主题化决定了手语的句法结构和功能性质，因此手语句法结构的手部单信道内部成分关系仍然可以套用有声语言的句法分析理论，并未涉及其他非手动特征信道的句子内部成分。尽管如此，手语的手部信道的句法分析仍与有声语言存在很大差异，以手语句子成分——代词的运用为例，手势者一般用靠近躯干的位置来指代人、场所或物体，并利用空间距离来表示指代对象之间的关系，从而利用空间实现了代词功能，这与有声语言有较大差异。首先，有声语言使用单信道容量有限，而手语使用多信道，理论上可无限次划分，因此手语里的代词所指数量可达到无限次；其次，有声语言代词一般指一类对象，而手语里的代词所指更具体，即某个实际对象（Lillo-Martin，2002），因此手语运用空间指代事物及其方位很方便且形象，但其指代对象较多时，容易造成混淆，从而给句法分析带来了不确定性。例如，手语句子也需要分析话语结构，即逻辑语义结构、指代结构、话题结构等。不同的是这些指代、话题结构都与代词运用有关。听障手势者在表达话语时，一般会在其自身面前的空间里表示一个实体，用其位置、运动或重新定位这个虚构的对象来表示位置、运动、形状或者所讨论的一些现实世界的对应实体的其他属性。这种手语句法分析的难度在于手势空间非拓扑性可以为手语代名词引用或呼应存储位置，这些位置可以建模为无形世界的特殊对象。Liddell（2003b）认为这些代名词引用位置（或标记）的布局、管理和操作是一个很复杂的问题。

7.2.2　非手动特征对句子分析的影响

影响手语句法分析的主要因素是中国手语的非手动特征，这是与有声语言最大的不同之处。有声语言句法分析通常只分析语音模态或者书面语模态单一信道的句法，不会去分析非字面语言的含义，而手语的非手动特征与有声语言的非字面语言有着异曲同工之处。在一部分语料里，我们发现手语句子的手势是相同的，但非手动特征的存在才使得句子类型有所不同，如图 7.2。

图 7.2　“家+你”的非手动特征对手语句法分析的影响

从图 7.2 中我们可以看到，四个手势都是相同的，都是表示“家+你”，但因为非手动特征的存在，图 7.2 中分别表达了四种句子类型，从左到右分别如下。

（1）陈述句：$\frac{\text{点头}}{\text{家你}}$译为：你在家。

（2）一般疑问句：$\frac{\text{疑问}}{\text{家你}}$译为：你在家吗？

（3）否定句：$\frac{\text{摇头}}{\text{家你}}$译为：你不在家。

（4）祈使句：$\frac{\text{皱眉}}{\text{家你}}$译为：你在家！

由此可见非手动特征对手语句法分析的重要性，很多句子甚至独立的手势都需要非手动特征的参与才能表达完整的意思，这些词汇手势包括“微笑、难过、愤怒”等之类的情绪动词，以及“非常、很”等表示程度的副词等，与这些独立词汇手势的音韵学结构有关。非手动特征在形态学结构中也是非常重要的，原因是这些信号具有独立的含义，可以附加在不同手势之中。比如，被注释为“快”且具有“快速的”含义的眼睛和唇部紧闭的动作可以与很多不同的动词一起生成为不同的表达，比如动词“开车、学习、读书、走路、鞋子”。非手动特征在中国手语对话中显得尤其重要，也就是说，非手动特征的使用大大提升了手语表达的精确度。非手动特征可以提示间接引语（reported speech）的用法，在话题转换和控制方面起着重要作用。因此，非手动特征在包括音韵学、形态学、句法学、语义学和语用学在内的中国手语句子结构中是十分重要的。

由于非手动特征涉及利用地形空间来表达语言学意义，因此我们需要了解手语中存在的两种不同类型的空间，即地形空间（topographic space）和语法空间（syntactic space）（Sutton-Spence & Woll 1999）。在物理上，地形空间和语法空间的手势空间完全一样，但手语使用了两种完全不同的方式来表达空间。地形空间再现了真实世界的立体地图，这是一个表示事物与情况的手势空间中的空间布局，对应着真实世界的事物与情景。比如手势者描述他的餐桌上一塌糊涂时，会用手语表示：“我的碗（右）被打破了。我的食物（中心）洒了。我的玻璃杯（左）是空的。”这种描述用到了地形空间，因为它再现了餐桌上的状况，正如真实情景一样。语法空间产生于语言内部，不会投射到真实世界。再如为了表达“我的父亲爱我的母亲”，手势者可在左边的手势空间打出一个手势代表父亲，然后在右手边打出一个手势代表母亲，最后再打出“爱”的手势。这种打法正是基于文本语言来创建的，允许手势者在空间中引用。有了以上铺垫，我们就可以很好地理解 Sutton-Spence 和 Woll（1999）对手语动词的三类划分：简单动词、呼应动词、空间动词。简单动词使用眼睛注视；呼应动词使用句法空间，包括前面提到的代词用到的也是句法空间；空间动词使用地形空间来表明它们的语法关系。可以看出，空间动词给出了路径、轨迹和动词所描述的动作的运动速度，以及有关动作的位置等信息，这样的信息是通过手部信道和非手动特征信道来完成的。空间动词还有一个表征，即位置和语义分类词的共现。由于这一表征，它们有时也被称为分类词谓语。此外手部信道与非手动特征信道还存在着多信道协同的问题，因此我们做句法分析时，不能将手部信道和非手动特征信道分开分析，必须统筹综合考虑。

7.3　手语句法分析现状

为了建立手部信道和非手动特征信道的协同关系，一般是将手语进行更细粒度的信道分解，比如将摇头动作分为两个信道：一个用于手语句子里与头部、肢体相关的否定-摇头这样的非手动特征，另一个用于与单个手势相关的摇头动作。接着用结合单个手势和非手动特征信道的值来表示摇头强度的变化。这是因为在手语否定句中，手势者通常会使用更强烈的摇头来表示否定情绪。在远离手势“不”的地方，摇头（非手动特征）强度降低。如果不能在“否定-摇头”这一非手动特征与手势“不”之间建立时间协同关系，则手势“不”的出现时间会影响非手动特征“否定-摇头”的强度。因此非手动特征的强度很容易受到手势出现时间的影响，通常在某个手势期间，非手动特征强度最强。由于手势者的左右摇头与单独的手势不协同，我们要将手势和非手动特征分开，即进行更细粒度的信道分解，接着将摇头强度的变化看成结合单个手势和非手动特征信道的值的附加效应，只有当值为打开（ON）时，强度才达到最高，当值为关闭（OFF）时，强度降到较低的水平。由此可以看出手语的句法分析除了多信道的句法分析，还包括多信道的协同和组合最优化，以取得跟有声语言的句法分析一样的高效率。

因此求出多个信道的信息容量之和的最优解，在一个多模态语言（包括有声语言和手语）生成系统的初始设计中是很关键的问题。对于手语来说，句法分析的核心任务显然已超出了手部单信道句子分析的范畴，因为手语的手部单信道句法分析完全可以套用现有的有声语言句法分析理论，而无法成为核心任务。手语句法分析的目标是实现手语句子多信道分析的方案，获取最优的多信道编码表征，从而为实现手语的多信道输入输出创造条件。本章调研了近年来手语句法分析的模型，并对此进行了梳理。

7.3.1　注释图

注释图这个概念最初用于有声语言的多模态分析（Bird & Liberman，2001），后用于一些手语或者口语的伴随手势语料库，主要以注释图格式存储手语的运动学信息，允许将手势信息与其他类型的通信信息轻松集成，如话语结构、语音部分、语调信息等。这种注释图可用于检验关于语言交流的副语言信息与言语含义之间的关系的科学假设，还可用于开发统计算法以自动分析和生成语言交流的副语言信息（如用于人机界面研究）。严格地讲，注释图并不是用来做多信道表征的，而是作为多层注释的逻辑表示（Martell，2002）。

如图 7.3 所示，标注软件界面中的静止图像来自卡耐基梅隆大学教授 Brian MacWhinney 授课的视频片段，下面为多层注释，分别代表手势空间的不同方面。通常身体的每个独立运动的部分都有两条轨道：一条轨道用于“位置/形状/方向”，另一条轨道用于“运动”。当身体的一部分保持不动时，位置对象将描述其位置并跨越保持该位置的时间；当身体的一部分处于运动状态时，没有时间段的位置对象将被放置在运动的开始和结束位置，以显示手势的开始和结束位置。不跨越时间段的位置对象也用于指示某些复杂手势中关键点的位置信息。运动轨迹中的对象跨越了相关身体部位运动的时间段。

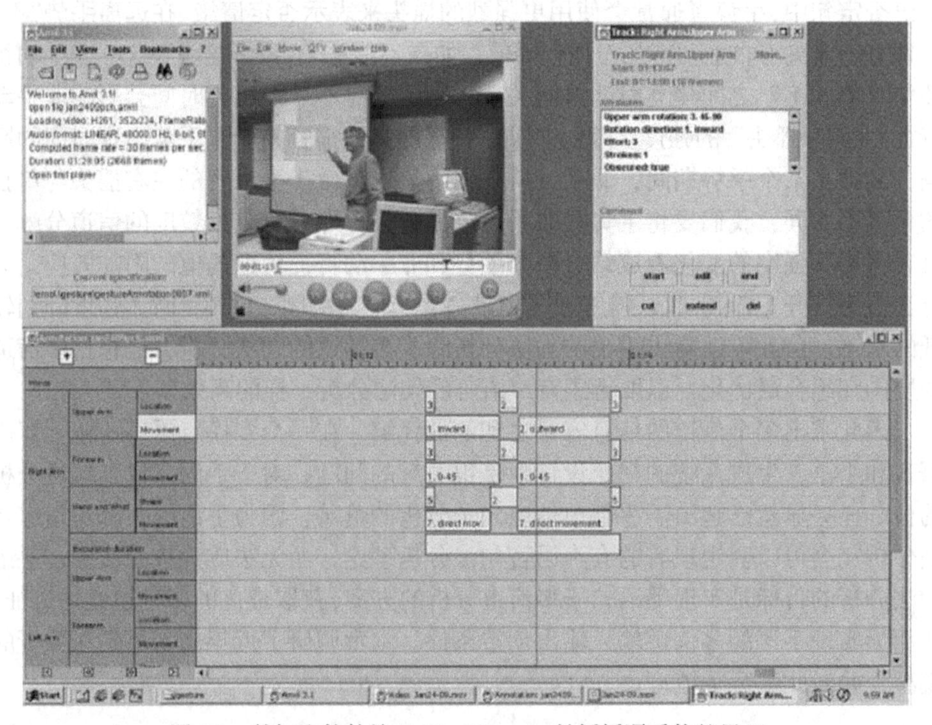

图 7.3　某标注软件关于 MacWhinney 教授授课手势的界面

通常情况下，人的身体的一部分保持静止，而其他部分处于运动状态。例如，人可以在上臂移动的整个手势中保持单手形状。这种多层注释使单个手势的这些不同部分可以分别得以有效记录，并且一旦记录下来便可以轻松查看。一旦所有轨迹都填充了适当的信息，就很容易看到被分解为解剖结构的手势结构。

将图 7.3 转化为注释图，如图 7.4 所示，可以看到这个注释图本质是一个有向无环图（directed acyclic graph，DAG），其中节点表示某些给定信号的时间戳，而弧线表示跨越这些时间戳之间的时间的某种语言事件。这个注释图记录了手势者的头部/躯干运动、语音转录和句法信息，以及音准/音高信息。

注释图使用“属性：值”（attribute：value）配对向量来捕获手臂和手的每个部分的手势信息，如图 7.4 所示，标记为“手腕运动”的弧线从 1：13.34 到 1：13.57 的时刻，编码了 MacWhinney 教授在此时间段内移动右手或腕部的运动信息，从 1：13.34 到 1：13.67 编码了右手的形状变化信息。使用注释图对手势或任何语言信号的运动学进行编码的特殊优势在于，注释可以轻松扩展以包含其他数据；唯一的限制是所有数据共享同一时间轴。

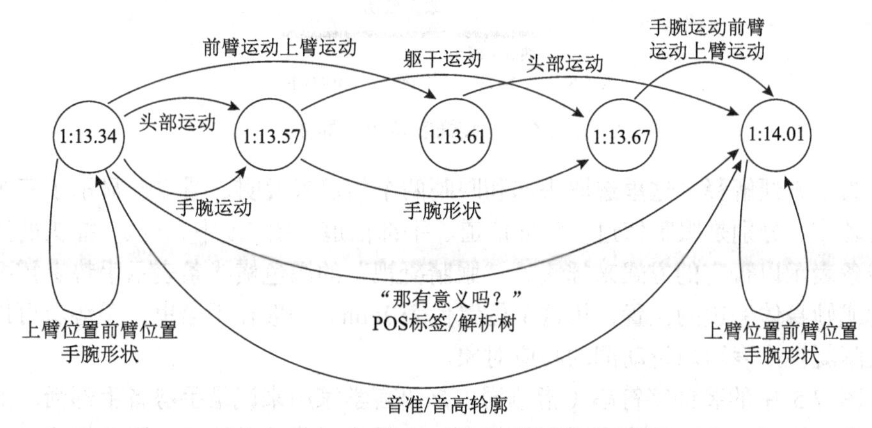

图 7.4　MacWhinney 教授授课手势注释图

通常来讲，图是用来描述复杂系统的最佳方式，利用图解析文法进行重写，使之转化为句子解析语法，并非不可能。目前图关系语法分析允许轻松实现语法驱动的解析技术，给定一个“关系语法”和一个输入语句，然后一个递归过程开始验证输入的语句是否可以通过生成规则和评估规则导出。该过程以自下而上的方式构建句子的分析树（Tucci et al.，1994），但是图描述的多维结构并不等于手语的多信道结构，并且多维结构的高建模成本和高解析成本是一个跳不过去的问题。

注释图之类的方案主要是作为自然语言（包括有声语言和手语）的标注方案，而不是在自然语言生成过程中使用的数据结构。它们可以记录事件的精确计时信息，比如某人在句子开始后 3.45 秒扬起眉毛，但它们没有指定哪些时间关系必须协同，以及哪些必须一致。它们记录的是单个信道的细节，而不是一组作为语法输出的所有信道的信息。

除了需要处理的结构是多维的，以及用到的分析语法是多维的，分析生成的结构也只是线性字符串，不全是多信道结构的手语表征。此外，这些文法中的规则允许节点分成多个附带约束条件的无序子节点集，这不符合手语或有声语言多模态的句法分析条件。

7.3.2 装饰字符串

为了表征手语的多信道信息，Neidle 等(2000)提出了“装饰字符串”(decorated string)的标注概念，如图 7.5 所示，这是使用“装饰字符串”标注一个手语句子。在这个句子中，手势者用双手打出三个手势：John、not、arrive。此外手势者还做出了摇头的动作、眼睛的凝视动作、嘴巴的张口动作等多个信道的动作，为了便于说明，图 7.5 只给出头部信道和眼睛信道。

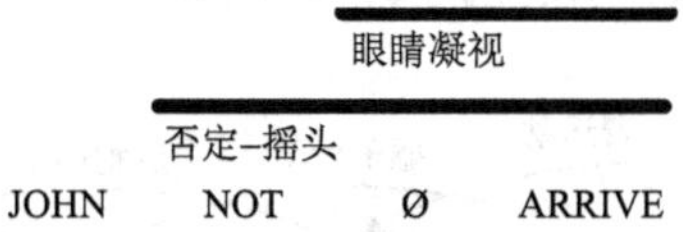

眼睛凝视

否定-摇头

JOHN NOT Ø ARRIVE

图 7.5 “装饰字符串”标注

为了方便解释，这里选取头部和眼睛两个信道来说明，图 7.5 显示了三个信道的动作，分别是眼睛信道、头部信道、手部信道。图 7.5 中，否定-摇头的黑色横线条表示以否定的方式来摇头，“眼睛凝视”的黑色横线条表示手势者需要凝视他或她身体旁边的位置，用这个位置代表 John。一般在手语里，手势者可以使用眼睛凝视来表示屈折动词的呼应对象。

图 7.5 中的装饰字符串（指单词）是语言学家用来记录手势者手部活动的。其中黑色横线条并不是代表手语的信息，而是代表非手动特征，黑色横线条看上去像是“装饰”字符串。这个标注用“空符号”（Ø）作为一个语言学单位的占位符，它表示手势者的手部未做任何动作。在该例中，Ø 表示手势 arrive 开始之前眼睛凝视了一会儿。

接下来我们用有声语言的句法分析来分析这个手语句子，由此生成的句法树如图 7.6 所示，显然这种方法只能做到手部信道的句子层次分析，并没有与眼睛信道和头部信道相关联，因此这个句法树解释了手语句子里手部信道的语法结构，但没有说明非手动特征的黑色横线条如何跟它相关联。

由于句法树是用来表示文本字符串嵌套结构的图形化方式，它可直接转化为括弧结构，图 7.6 这个句法树转化为括弧结构（一维）后，如图 7.7 所示。我们可以看到非手动特征横线条就超出了括弧结构的表示范围，从而使括弧结构无法清楚地表示非手动特征横线条。虽然如此，但装饰字符串的提出在手语语言学上依然是一大进步。

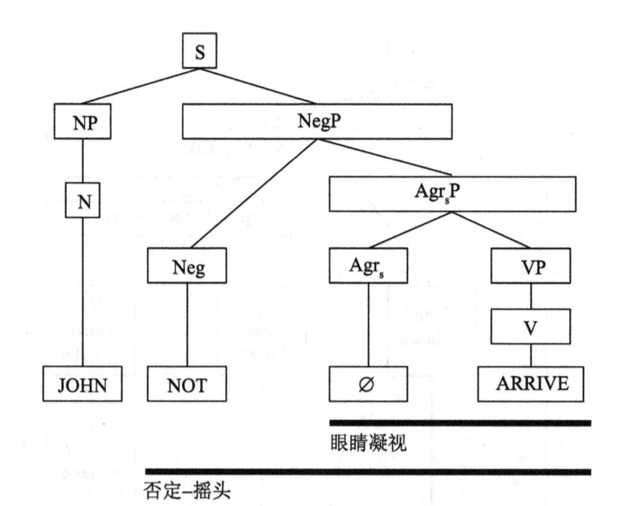

图 7.6 “John not arrive”的句法分析结果

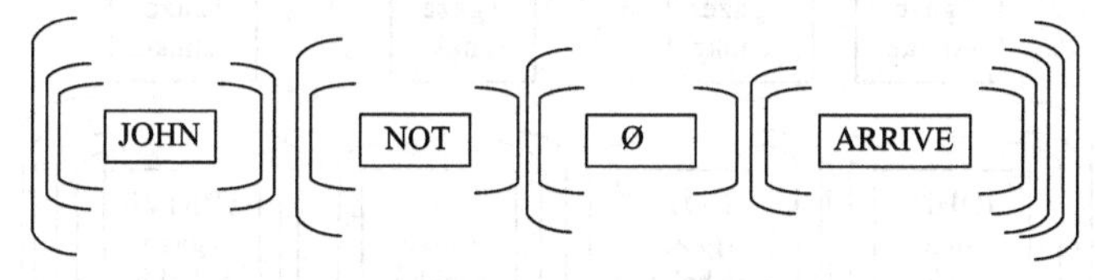

图 7.7 “John not arrive”的括弧结构

7.3.3 特征传播算法

为了让非手动特征与手语句子里的手部信道建立关联，即让头部信道和眼睛信道与手部信道建立关联，特征传播（feature propagation）算法提出将头部信道和眼睛信道的值与手部信道绑定（Huenerfauth，2006a），即将值与句法树中的节点相关联，这些特征将其值从父节点传播到子节点，以便通过树“传播”信息。在图 7.8 中，一个特征[+shake]表示摇头，代表正在发生；另一个特征[+gaze]表示眼睛注视。这些特征被传递到树的叶子上的各个手势上。请注意 Agr_SP 节点如何将其父节点的[+shake]传递给子节点，并将[+gaze]添加到其所有子节点上。

这等于是为了借用有声语言的句法树，直接把头部信道和眼睛信道变成手部信道的附庸，使这三个信道变成了一个信道，此外这种算法切断了头部信道和眼睛信道的连续性，比如把头部信道的否定-摇头运动分解成与每个手势协同的单个摇头事件，而实际上这个否定-摇头运动跟单个手势的边界不存在协同的关系，等于不考虑对头部信道和眼睛信道做语义分析，也没有把头部信道和眼睛信道置于与手部信道同等的地位。

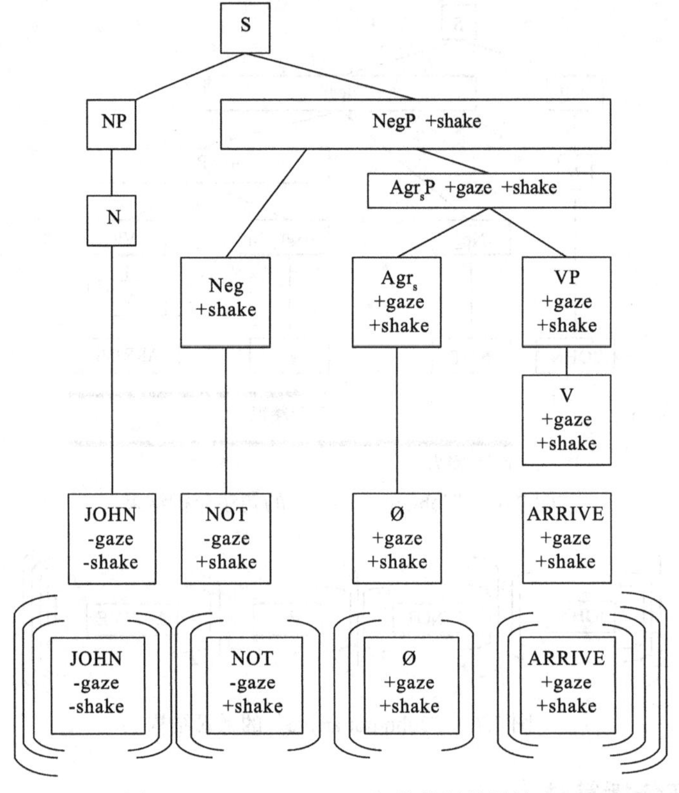

图 7.8　"John not arrive"的特征传播算法

此外生成手语动画或图片时，这种算法认为每个手势之间的边界就是一个跨越所有手语信道的全局同步点，这种把单个手势孤立识别与生成的思路与实际连续手势和非手动特征组成手语句子的现象相差甚远，因此这种算法是存在问题的，因为它将非手动特征的表征分解为每个手势的单个事件。这种特征传播方法不能准确地表示手语多个信道的协同关系。

此外，如果把这个算法应用于手语机器翻译系统或者手语动画生成系统，需要把非手动特征信道的摇头特征合并到手部信道的单个多手势事件中，但这种合并后的单一信道表征并不表明何时允许跨手势合并非手动特征（以及何时不能）。这种过度协同手势的做法会导致机器翻译系统或者手语动画生成系统产生动画虚拟人所需运动的过度约束的规范脚本。这种规范脚本引入不必要的约束，可能会使动画虚拟人本来就很难满足的要求难以成功执行。

7.3.4　3D 树

既然将头部信道和眼睛信道合并到手部信道并不可行，那么跟手部信道做句法分析一样，将头部信道和眼睛信道这两个信道也单独表示成自己的字符串，也做同样的句法分析，是否可行呢？结论是可行的，见图 7.9，我们可以看到这种 3D 树可并行地表示所有三个信道里字符串的结构，不需要将非手动特征事件分解成小块表示，同时将非手动特征事件链接到树结构。此外树中的一些分支节点（比如 S、Agr_sP、NegP 等节点）不只连接一个信道，有可能是横跨 2—3 个信道，我们可以把 S、Agr_sP、NegP 等节点视为覆盖多个信道的 3D“模块”。

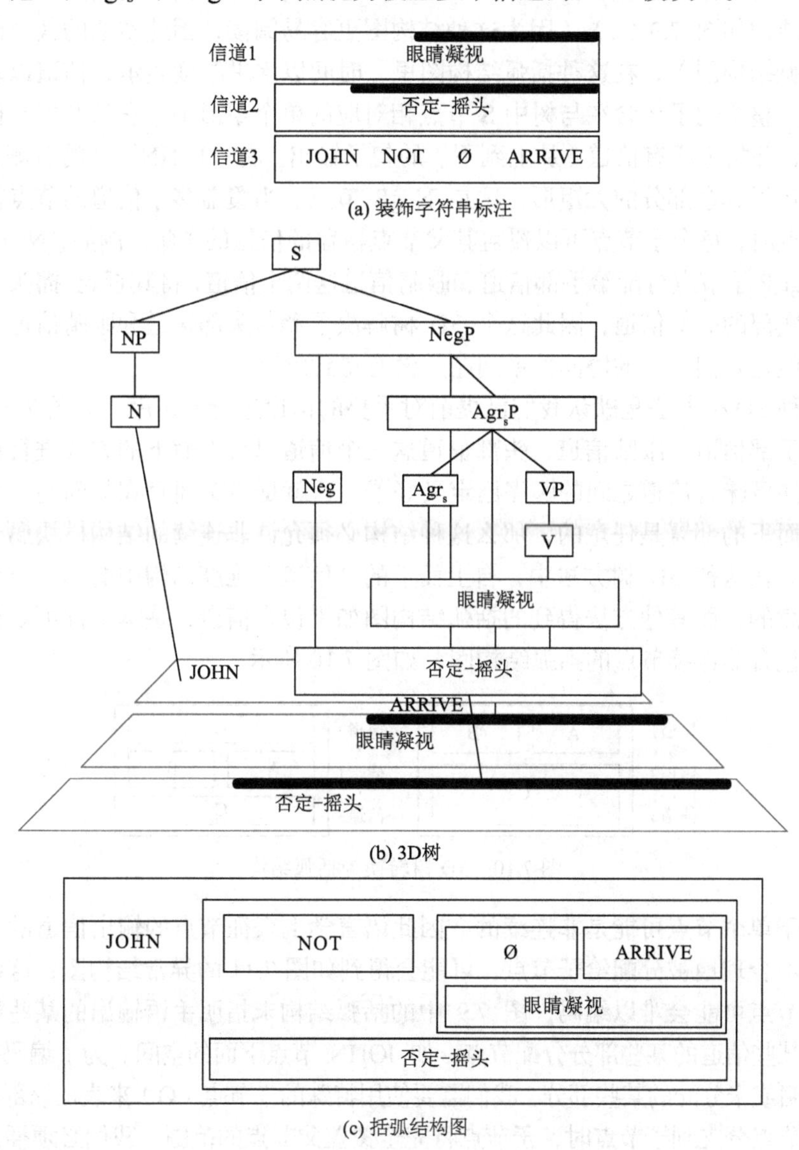

图 7.9 “John not arrive”的 3D 树

图 7.9 记录了手势的多信道特性，表明节点如何分解为子节点，并显示了如何将信道的任务分配给节点的子节点。与传统的句法树相似，括弧结构图将手语句子分解为嵌套的、不重叠的组件。这些子节点可以将它们的父节点划分为从左到右的时间顺序成分，并且它们还可以承担由它们的父节点覆盖的手势从上到下的信道的子集的任务。

3D 树转化为括弧结构时，是否会丢失头部信道和眼睛信道的信息呢？转化后的括弧结构如图 7.9（c）（因为这种结构图更容易阅读，因此本章的其余部分将使用括弧结构图），在这种括弧结构图里，时间以水平维度表示，信道以垂直维度表示。整个句子包含在与树中 S 节点相对应的单个矩形中。它从左到右横跨整个句子，并指定所有信道（从上到下）的句子输出。在“JOHN”框的右侧，有一个包含句子其余部分的大矩形，这是 NegP 节点。当覆盖多个信道的节点被拆分为子节点时，每个子节点可以覆盖其父节点覆盖的信道的子集。例如，NegP 节点将其 $\mathrm{Agr_sP}$ 子节点分配给手部信道和眼睛信道这两个信道，将其否定-摇头子节点分配给底部的头部信道，因此这个 3D 树解决了涵盖头部信道和眼睛信道信息的问题，但是它们之间的协同关系问题并没有得到解决。

这种 3D 树方法是默认我们已提前对手势的信道进行了排序，如图 7.9（b），我们将手部信道、眼睛信道、头部信道这三个信道以自上而下的方式进行部署，这种标注意味着信道之间的顺序已定义好了，这就是 3D 树存在的问题。如果信道自上而下的部署是任意的，那么这种结构必须允许非连续的结构模块属于单个子节点。在这种 3D 树方法中，自上而下的“信道”维度结构中的单个节点可能是非连续的，而其他方法得到的括弧结构图如果包含信道，基本上都可以保证避免生成包含非连续节点的括弧结构图，如图 7.10 所示。

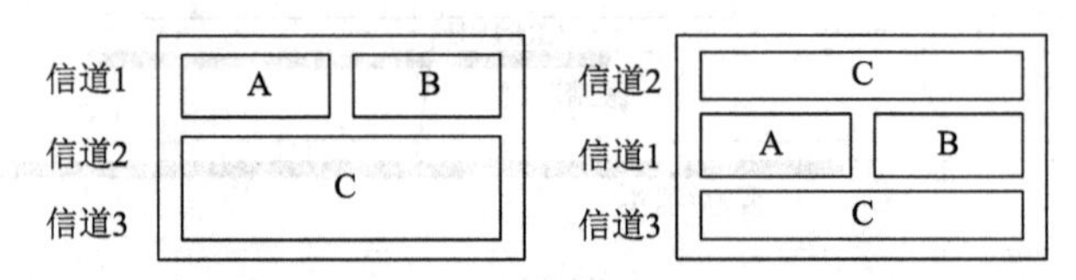

图 7.10　3D 树转换为括弧结构

由于单个节点可能是非连续的，因此语言学上表征节点的输出信道的一部分可能会不合理地被分配给子节点，可能会得到如图 7.11 的异常结构图，这些奇形怪状的节点可能会难以编码，图 7.9 中的括弧结构未指明手语输出的某些部分，没有为某些信道的某些部分分配节点，如 JOHN 节点下面的空间。为了编码手语输出未指明或未分配的某些部分，我们需要使用特殊的空节点（Ø）来表征该部分。这样当父节点分支到子节点时，子节点将完全覆盖父节点的范围，我们必须插入一些空节点才能完成此操作，所以这种 3D 树方法不太适合用于手语句法分析。

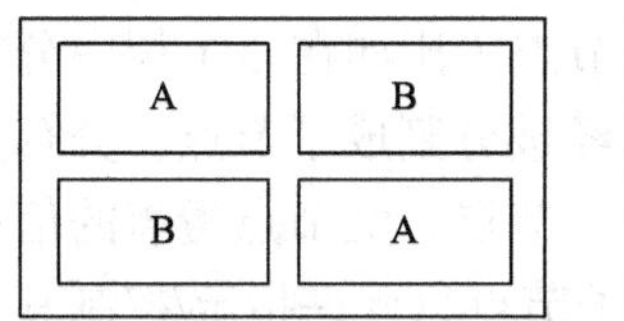

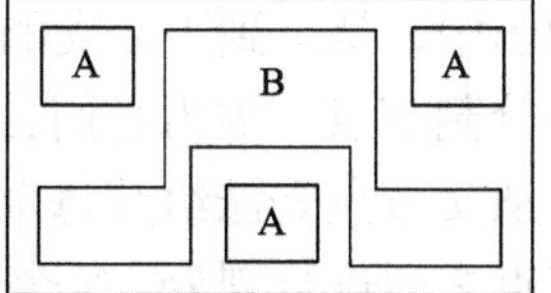

图 7.11 异常结构示例图

7.3.5 分割/构成算法

为了解决手语多信道协同的问题，Huenerfauth（2006b）提出了分割/构成算法，用于解决括弧结构图里信道任意排列的问题，允许我们有选择地指定不同信道上的事件之间的协同关系，这种算法可以只指定我们关心的时间关系，同时可避免过度指定跨信道的协同关系，因为如果需要指定实际并不需要的时间关系，可能会生成一个机器翻译系统或者手语动画生成系统的虚拟人难以执行的规范，那么虚拟人的行为输出会被提出更多的人为要求，这种过度的规范反而降低了系统最终的图形动画输出模块的灵活性。

括弧结构图一般只用来表示语言现象的线性顺序及其嵌套结构，并不包含精确的计时信息。例如，在某事件右侧 3 毫米处绘制矩形并不意味着一个事件在该事件之后 3 秒发生，因此当括弧结构图中的矩形同时在从左到右和从上到下两个方向上分割成子图时，可能存在未指定的跨信道时间关系（图 7.12）。

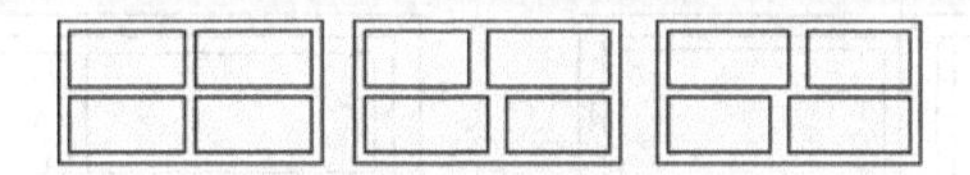

图 7.12 分割/构成算法的括弧结构图

在这种情况下，父节点有四个子节点：一个信道上有两个子节点，另一个信道上也有两个子节点。应在顶部信道上向左、向右或垂直方向上设置断点，与底部信道上的断点对齐。Huenerfauth 建议不要用矩形的精确位置来表示信道的时间关系，因此将这些中断点从左到右的位置解释为有意义的时间关系不可行。

对此，分割/构成算法增加了很多限制，规定每个矩形一次只能在一个方向上进行分割，此外矩形的子图只能以非重叠的方式“覆盖”其父图的所有时间（从左到右维度）和所有信道（从上到下维度）。由于括弧结构图中的矩形类似于 3D 树结构中的节点，因此分割/构成算法将术语“矩形”替换为术语“节点”。当一个节点从左向右分支时，分割/构成算法称为构成节点，并解释为它已经分解成了几个成分。成分从左到右的顺序应该被解释成为构成其父节点的子节点指定一个时间序列。子节点以不重叠的方式覆盖其父节点的整个时间范围。构成节点就像传统句法树中的节点一样（如图 7.6），其中父节点分解为连续的子节点。

在括弧结构图中，从上到下分支的节点（比如在 3D 树中分支到页面和页面外的节点）称为分割节点，因为它们已经被分割成了节点。分解为子节点的分割节点表示将任务从父节点委派给其每个子节点。父节点覆盖的信道集以不重叠的方式在所有子节点之间进行划分。每个子节点只允许指定/控制其父节点分配给它的那些信道。

由于图 7.12 中信道的顺序是任意的（它们的顺序是为了优化可读性），因此在语法规则中分割节点的子节点的顺序不应该被解释为有意义的。此外，如果子节点跨越多个信道，而这些信道在绘制图表时不相邻，则可能不会显示为单个相邻矩形。Huenerfauth 表示已设法在图表中对信道进行排序，以避免出现此类节点。

为了确认何时分割和何时构成，分割/构成算法给出了以下三个准则。

准则一：为了将一个手语现象分解成时间序列中出现的子现象，我们使用一个构成节点。就像传统句法树中的节点将短语分解为子短语一样，构成节点也被分解为时间顺序的子节点，这些子节点生成它们的父节点。

准则二：如果关于两个不同信道的信息显示了停止/启动/中间计时的协同性，那么我们应该先构成后分割，以产生如图 7.13（a）所示的结构。这会在图中水平相邻矩形（称为协同中断）之间产生间隙，这些矩形充当表征中的跨信道同步点。例如，图 7.13（a）表示双信道手语，每个信道上同时开始、改变和结束。我们使用一个协同中断来捕捉这两种信道变化之间的同时性。

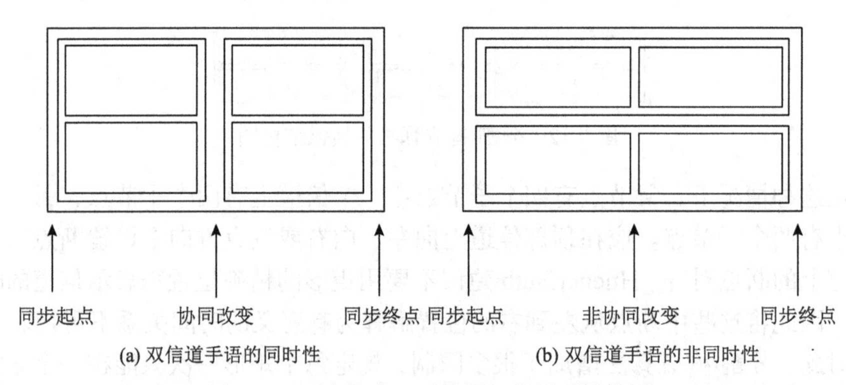

图 7.13 “先构成，后分割”的括弧结构图

图 7.13（b）表示具有开始、改变和结束现象的双信道手语，然而，这里的改变不一定是同时的（开始和结束仍然是协同的）。当括弧结构图绘制“非协同改变”时，使它们水平对齐，则可以等效地绘制图表，使边框不对齐。由于两个信道之间没有协同中断，因此在手语输出期间，改变可能暂时对齐，也可能暂时不对齐。由于未指定时间关系，因此该图会对手语动画输出进行编码，使输出的手语动画具有不同的可能性。

准则三：当手语的两个信道之间的计时没有经过协同或者是任意的、未指定时，应将它们分配给分割节点的不同子节点。分割在一个手势的两个信道之间建立了协同独立性。两个信道分割后，无法保证它们之间的边界会对齐。在生成过程中，如果两个信道中的一部分被分配给不同的分区，那么树结构中较低的节点不需要从不同分区的节点上获得信息（尤其是计时信息）来进行生成选择或生成输出。在进一步分解两个信道之前通过对其进行分割，我们可以对输出的这两个信道之间的不协同信息进行编码。因此，用于书写字符串的句法树只是分割/构成算法的一种特殊情况，它从不将手势划分为多个分区。

分割/构成算法是一种针对手语多信道的编码方案，它允许语言学输出被表示为多个层次结构信息的并行流。它使用二维语法（一个维度表示时间，另一个维度表示输出的信道），并且它能够记录跨信道的语言学输出部分之间的时间协同关系和非协同关系。这些性质赋予分割/构成算法比字符串式的复杂语言信号编码更大的表达能力，后者倾向于在信号中引入无关的时间协同关系。

分割/构成算法表达能力的一个限制是节点可以在分割/构成树结构中进行分割或构成（但不能同时构成）。此外，假设分区节点的子节点之间没有时间协同关系，分割/构成算法的这些特性将简化任何动画模块的设计，即必须处理分割/构成算法里句法树结构并生成手势者动画。输出模块不需要在手势的不同信道上同步动画事件，这些事件被放置在树的不同分区中。

对于计算机图形学动画研究人员来说，允许对内部子事件不在时间上协同的并行事件进行编码的动画表征是一种常见的设计方法；对于多信道语言学输出来说，协同与非协同的分割/构成算法显式表征是一种新颖的方法。

从信息无障碍的观点来看，分割/构成算法的意义在于它有助于将有声语言的自然语言处理技术与手语联系起来，以便能够为听障用户构建新的语言学工具。具体地说，对于不能用基于单信道字符串的方法来正确表示的那些语言，分割/构成算法提供了一种编码语言的思路。它使用自然语言处理常见的树状数据结构来解释多信道手势。分割/构成算法比以往的自然语言处理算法能更好地编码语言学输出中的时间关系。

7.3.6 协同韵律模型

很多关于多模式行为合成的研究都是将语音作为控制信号去驱动其他行为模式，如唇动和手势。其主要依赖心理学家在观察人们行为中的规律，认为人的某些动作是随语音而动的。中国科学院陈益强等（2006）认为语音是人与人之间交流的主要通道，因此人们只是通过对手势的理解来更进一步地理解语音的内容，其中语音的作用是主要的。他们还指出，通过对聋人之间手语交流过程的观察发现，聋人的手语与唇动的配合是非常吻合的。我们可以这样认为：是手语控制了其他行为的运动。这一点与语音控制行为并不矛盾，反而验证了原来的论断，因为在聋人的交流中，手语是他们的主要通道，其他行为模式都只是辅助手语理解，就像其他模式辅助语音理解一样。因此他们提出的系统与其他系统的最大不同在于采用了手语控制策略。要实现这种手语控制的关键是韵律参数的提取，为此他们提出一个视觉韵律模型（Visual Prosody Model），用于对整个多模式行为的韵律控制，该模型综合手语时长与语音韵律的信息，生成多模式行为的韵律模型。该模型将整个过程分为以下两个部分。

（1）协同韵律模型参数生成过程。其主要完成由文本等相关信号到协同韵律模型控制参数的生成，利用这个过程我们可以得到用于控制多模式行为协同的韵律参数（主要为时间信息）。

（2）行为韵律模型参数生成过程。其主要是将这种全局的协同韵律参数作用到单一行为的序列生成控制参数上，从而使序列生成后就已蕴含了协同信息，使得以后的动画驱动的实现较为简单。

研究者认为多信道输出必须协调一致来表达，并认为依靠规则无法实现从文本自动生成动画虚拟人行为，因为人的各种行为动作复杂多变，同时人们对协同控制机制的研究还不多，通过心理学家利用经验定义的规则难以满足实现动画虚拟人复杂行为的需要，因此他们认为需要基于数据挖掘建立行为韵律模型，首先使用运动跟踪的方法，佩戴数据手套和跟踪器，记录每个手语词的真实人体运动数据，建立一个初始的手语词库；然后针对运动跟踪方法记录的运动数据难以修改的问题，采用一种基于控制点的手语运动编辑方法，对那些不准确的手语运动进行编辑修改；在此基础上利用神经网络和决策树完成了多模式行为的协同韵律学习，这样就可以挖掘出文本到语音韵律参数的关系，同时获取文本到手语韵律参数的映射关系。当输入文本时，通过挖掘出来的模型可预测语音韵律和手语韵律，这两者构成了多模式行为协调控制的协同韵律模型，可用于动画虚拟人多模式行为的协同控制。

应该说这种协同韵律模型很巧妙地避开了自然语言处理的语义理解分析，直接从可穿戴设备数据里获取手语韵律信息，但这种手语韵律信息直接参照一个汉语音节对应一个手语词根（原文用的术语是“词根”，我们理解应该是指手语里的基本单元手势）的方式来获取，然后跟汉语语音韵律信息综合得到协同韵律控制参数。这个思路的前提是手势者在打出手势时会说话或者动唇，是否适用于大多数聋人还有待商榷。

此外，从语言学的角度来讲，手语的韵律不等于有声语言的韵律，手语本身有完整独立的音系学理论，从音系学层次上讲，散文的手势音韵形式并没有特殊之处，但诗歌的手势在表现押韵、节奏、格律（meter）等方面有特殊的音韵形式

（邱云峰等，2018）。在音韵参数的变化上，诗歌手势显得更加灵活。手语诗歌存在着很多种不同韵律，比如有一种韵律形式是要通过开放手形（数字5手形或数字4手形）向合拢手形（平坦的O手形）过渡，在每行都进行重复，这就称为手形韵律；还可能存在尾韵，原因是每行诗歌的结尾都是一个合拢手形。

另一种韵律形式是“运动路径韵律”（movement path rhyme），通过每行诗歌中交替变化的圆圈和圆弧来呈现，手形、手部位置和非手动标志也要重复，这就可以产生位置韵律和非手动韵律。不管是左利手还是右利手，每行诗歌中都是以双手开始，以单手结束，这就是偏手韵律（handedness rhyme）。

手语韵律的节奏通过多种形式来表达，如运动路径、同化、手势变化、手势选择、偏手性、运动变化、运动持续时间，以及运动幅度的大小。因此，从手语语言学的韵律理论出发，实现韵律协同不太具有普遍性，但是作为在句法多信道理论上的尝试，陈益强等（2006）提出的基于手语时长与语音韵律特征融合的协同韵律模型在当时却是一个进步。

7.4 小　　结

从以上可以看到，由于多信道转换的复杂性，手语的句法分析难点主要在于面部表情等非手动特征信道，而且它还受限于句子和其他物理空间限制的词法和语法选择，这种非手动特征决策更为复杂。本章介绍了注释图、装饰字符串、特征传播算法、3D树、分割/构成算法、协同韵律模型等算法，本质上这些均属于语法驱动的分析方法，要实现这些方法，只有手工编写规则和从训练数据中推导规则这两个途径，这些均需要大量的人力或标注语料（树库）的支持。遗憾的是至今没有适用于手语的树库和数据驱动的句法分析方法。

本章从三个方向梳理和介绍了该领域的前沿进展。首先，手语句法分析完全不同于有声语言，虽然手语句子主要在主题化方面不同于有声语言，从而手部信道可以借用有声语言句法分析模型，但其空间特性对手语句法分析有很大影响，在其理论和解决方案上必然与有声语言有很大差异。

其次，本章分析了已有的手语句法分析模型，指出这些均属于语法驱动的分析方法，与有声语言的数据驱动方法相差甚远，从而导致统计模型和深度学习并未应用在手语领域，因此未来该方向仍有较大探索空间。

最后，本章从计算语言学和信息论的角度，点评了手语句法分析的方向，即发展多信道信息编码理论，以及探讨分类词谓语的针对性，该方向具有很大的实用意义。至于为什么只有空间动词与手语句法分析相关，而不是简单动词和呼应动词，这个问题的答案就在于只有空间动词使用地形空间来构成语法关系。主体代形词和背景代形词的使用允许手势者给出关于动词所描述的动作路径的信息，在同一时间内显示运动对象（主体）和参照物对象（背景）的关系。

整体而言，手语句法分析才刚刚开始，它是自然语言处理领域的新一分支。它作为自然语言多模态处理的切入口，具有加速推进自然语言处理和人工智能向前发展的潜力。我们需要在手语句法分析的理论、技术和工程方面，解决瓶颈问题，尽快将机器学习和深度学习引入手语句法分析，以期使手语句法分析理论模型得到长足的发展并逐渐成熟，方能带动整个自然语言处理体系的发展。

展望未来，本章认为，手语句法分析依然有着不应忽视的积极意义。从学术角度出发，手语也是人类语言之一，结构被认为是人类语言固有的特性，因此为手语语言结构建模对于自然语言处理而言理应是有益的；从实用角度出发，手语句法分析的进展有助于推动语言的多模态处理，提升多模态语义分析的效果。

虽然 3D 树、分割/构成算法、协同韵律模型等算法探讨了如何建立手语的多信道表征，但没有解释如何确定信道集来作为最佳表征，因此手语句法分析已超越了有声语言里单一信道句子结构的识别分析层次，提升到了多信道句子识别分析，以及建构保证多信道传输高效率的目标层次。因此，求出多个信道的信息容量之和的最优解，在一个多模态语言（包括有声语言和手语）的生成系统的初始设计中是很关键的问题。在一种复杂的语言中，比如中国手语，身体的某些部分可以用来传递多种不同的信息。为手语选择最佳的信道分解，不是简单地将每个身体部位表达的语言信息规范地分配给不同信道。本章的算法介绍是关于如何以多信道方式表示手语，这是一个很好的起点。这些手语句法分析的多信道编码仍存在着很多不足，还需要更细粒度的信道分解。总之，手语的句法分析问题亟待解决，以促进多信道编码理论的发展。

第8章　手语语料库

语言的数据称为语料，它是我们从事语言计算的基础。语料库就是集中贮存语言数据的地方，所存放的都是在语言的实际使用中真实出现过的语言材料，是以电子计算机为载体承载语言知识的基础资源。手语语料库顾名思义当然是贮存手语语言数据的地方。

近年来，我国相继建成汉语、维吾尔语、藏语、蒙语等语料库，为促进中文信息发展做出了贡献。中国手语语料库建设，相对于各民族有声语言语料库和欧美国家手语语料库的建设较为滞后。因此，设计和开发中国手语语料库，促进聋人信息无障碍技术研究，是一项非常迫切的工作。

手语语料库建设是手语计算不可缺少的组成部分，可以作为重要的语言知识资源，为手语计算提供知识支持。以往手语语料库建设大多侧重于语言学研究，随着信息科学的发展，尤其是无障碍技术的要求，手语语料库还要用于机器翻译、信息处理等方面，因此，它又面临着与其他有声语言不同的新挑战。

本章旨在分析和探讨目前在手语语料库各级加工中存在的问题，并针对其中的转写、标注、切分等问题进行探讨和分析。

8.1　国内外研究现状

手语语料库在语言教学、语言研究、多语通信、信息服务、手语识别、手语合成、濒危语言及口传文化的保存和开发等领域，有着广泛的应用。因此，国际学界十分重视手语语料库的建设与研发。与目前我国手语语料库建设刚刚起步相比，很多国家或地区的手语语料库建设和研究已逐步走向成熟和深入。例如，美国加劳德特大学语言学系于2000年开始，历时7年主持建成了美国手语大型视频语料库（Lucas & Bayley，2005），收录了美国7个城市的美国手语，共有207名聋人参与。它成为研究美国手语社会语言学变体的很好材料。

欧盟ECHO（European Cultural Heritage Online）项目也于2007年资助建设了瑞典、英国、荷兰三个国家的手语语料库，每国手语收录了500多个句子（Crasborn et al.，2007）。2006年建成的希腊手语语料库收录了体现语法的约束手语和自发性占主导的自由手语（Efthimiou & Fotinea，2007）。此外德国、沙特阿拉伯、瑞典等国家也先后建成了手语语料库（Bungeroth et al.，2006；Elhadj et al.，2013；

Mesch & Wallin，2015）。这些语料库收录的内容集中在词汇、词组、句子三个层次，标注内容有词边界、手语句子边界、主导和非主导手势、眼神、头和身体运动、面部表情、语法信息等。它们均以视频表示形式为主。

相对于国外手语语料库的研究，我国的研究成果较少且单一，一般集中在专用手语语料库的研究方面，多用来支持对手语的一般性词法、句法、语义现象的描写、解释，以及特定领域下针对特定目的手语的研究。这些语料库一般是个人在搜集和整理资料的基础上形成的小规模语料库，如衣玉敏（2008）以上海聋人的自然手语为研究对象，通过调查形成了4784个词的手语视频短片以及数小时的手语录像，从中选取了时长为75分钟的手语录像为研究样本，建立了为自己研究所使用的语料库；中科院计算所、北京联合大学与微软亚洲研究院合作的基于Kinect设备的手语识别和翻译系统项目中涉及226句常用语及2400个有关不同场所、场合的常用语。从已知的科研立项信息来看，这种以项目研究的形式进行的手语语料库建设仅处于起步阶段。

由复旦大学承担的2012年国家社会科学基金重大项目“基于汉语和部分少数民族语言的手语语料库建设研究”、由南京特殊教育师范学院承担的2012年度国家语言文字工作委员会重大科研项目“国家手语词汇语料库建设”均已完成了项目建设，顺利结项。其中南京特殊教育师范学院的国家手语词汇语料库是中国第一个手语词汇语料库，采集了9个地区共6万多个手语词视频，语料具有较强的代表性。

值得注意的是，我国港澳台地区的高校和科研机构也已相继建成了手语语料库，比如台湾中正大学语言学研究所自2001年开展台湾手语研究以来，已建成了“台湾手语在线辞典”“台湾手语地名电子数据库”等语料库（蔡素娟等，2009）；香港中文大学语言学系于2005年建成了“亚洲手语语料库”（Sze et al.，2012），以收录东南亚手语为主。这些中国的手语语料库建设，对于手语教学与研究、手语资源的数字化和手语信息服务、手语语言工程、语言学科的创新、语言文化资源的保护和利用，发挥了重要作用。

造成中国手语语料库建设严重滞后的局面，有其客观的原因，即手语语料库建设无论是语料的采集还是语料的处理和标注，其难度都远远超过语音和文本语料库，存在着手语语料采集难、加工技术高、建设周期漫长等实际困难。

目前，在手语研究领域，基于语料库的统计方法成为主流。从以上可看到，尽管手语没有书写系统，但这并不妨碍各国开展本国手语语料库的建设工作，国外普遍将手语视频作为手语语料来进行处理，再用本国语言对手语进行转写，如德国手语语料库用德语转写，美国手语语料库用英语转写等。虽然这些国家的本国语言不是手语的专门书写系统，可能会遗漏很多语言学细节，但聊胜于无，这些语料库从零开始，为手语研究创造了条件。

从各国目前建设的语料库用途来看，它们主要用于语言学研究，比如研究手势变异、语义、形态、音韵、语法等，同时也可将语料库用于手语词典、手语教学、手语翻译以及特定领域手语应用等方面，具体详见表 8.1。

表 8.1　各国手语语料库汇总

标注类别	标注信息	语料库情况
手动	开始时间、结束时间、单手、双手、主手、副手（分别标注）、手形、手掌方向、运动方向、位置	1. 法国奥赛 LIMSI-CNRS 手语语料库（Sallandre & Braffort，2010） 2. 澳大利亚悉尼麦格理大学手语语料库（Johnston，2010） 3. 德国手语语料库[①] 4. 德国天气预报手语语料库（Forster et.al.，2012） 5. 荷兰手语语料库（Crasborn & Zwitserlood，2008） 6. 欧洲文化遗产在线手语语料库（Crasborn et.al.，2007） 7. 法国 COLIN 项目（Braffort et.al.，2004） 8. 法国 CREAGEST 项目（Balvet et.al.，2010） 9. 爱尔兰手语语料库（Leeson，2006） 10. 美国手语语言研究项目语料库（Neidle et al.，2022） 11. 澳大利亚手语语料库（Green et al.，2011） 12. 德国手语术语词典（Hanke，2002） 13. 复旦大学基于汉语和部分少数民族语言的手语语料库[②]
非手动	身体：头部动作、身体动作、肩、手臂 面部：眉毛、眼睛、脸颊、嘴型（情绪）、发音情况	1. 马格德堡应用技术大学施滕达尔项目（Hansen& Heßmann，2013） 2. 瑞典手语语料库（Wallin et al.，2010） 3. 加劳德特大学手语语料库（Fanghella et al.，2012） 4. 美国手语语言研究项目语料库（Neidle et al.，2022） 5. 爱尔兰手语语料库（Leeson，2006） 6. 澳大利亚手语语料库（Green et al.，2011） 7. 复旦大学基于汉语和部分少数民族语言的手语语料库
词汇	正字法、体、同义词、多义词、注释、变体、手的个数、数字、否定成分、词义、外来词	1. 斯德哥尔摩大学手语视频语料库（Östling, et al.，2017） 2. 澳大利亚悉尼麦格理大学手语语料库（Johnston，2010） 3. 爱尔兰手语语料库（Leeson，2006） 4. 英国伦敦大学英语手语语料库[③] 5. 韩国手语呼应动词语料库（Hong，2006） 6. 阿拉伯手语语料库（Almohimeed et al.，2010） 7. 美国手语视频语料库(Athitsos et al.，2008） 8. 亚太地区手语语料库（Sze et al.，2012） 9. 南京特殊教育师范学院国家手语词汇语料库（赵晓驰等，2017）

① 参见 https://www.sign-lang.uni-hamburg.de/dgs-korpus/。

② 参见 http://www.nopss.gov.cn/GB/352519/355466/。

③ 参见 http://www.bslcorpusproject.org/。

续表

标注类别	标注信息	语料库情况
专有名词	专业术语（心理学、土木工程、经济学、社会工作、社会学、计算机技术）、词汇组合顺序	1. 德国天气预报手语语料库（Forster et al.，2012） 2. 德国手语术语词典（König et al.，2008）
句子层	句子边界、句子复合、角色转换、人称代词的语音转变、不完整的句子、用括号引起的中断、错误的开始、语法	1. 马格德堡应用技术大学施滕达尔项目（Hansen & Heßmann，2013） 2. 澳大利亚手语语料库（Green et al.，2011） 3. 澳大利亚手语社会语言学语料库（Schembri & Trevor，2004）
采集者信息	性别、地域、年龄、信仰、工作、耳聋年龄、人口统计信息	1. 爱尔兰手语语料库（Leeson，2006） 2. 新西兰手语社会语言学演化语料库（McKee & Kennedy，2006） 3. 美国手语社会语言学语料库（Lucas et al.，2001） 4. 澳大利亚手语社会语言学语料库（Schembri & Trevor，2004）

就国际手语的建设趋势而言，手语语料库建设正朝着精细化、开放化、信息化等方向发展，具体表现在学者可根据研究需要，制定详细的标注系统，使手语语料的标注内容日趋完善；同时逐步向社会开放，如荷兰等国家的当地手语语料库已上线，为促进手语语言学研究提供了有利条件。手语语料库建设的目的已从单纯的语言学研究转向多用途研究发展。美国多所大学的在建项目就尝试用于手语机器翻译、手语信息处理等。其构建的语料库涵盖了手语句子每个手势在任一时刻的方位、方向、手形等信息，为手语计算研究创造了条件。

8.2 手语语料库与有声语言语料库的区别

从语料库语言学角度看，手语语料库同样具有有声语言语料库的三个特征：①收入语料库的语言材料应当取自实际使用的真实文本（对于手语语料库来说，手语材料来自真实视频文件），对于其应用目标而言，所收录的语言材料应该具有代表性；②语料库应是机器可读的，是运用计算机技术获取、编码、存储和组织的，并支持基于计算机技术的分析和处理；③收入语料库的语言材料应经过适当的标注和加工处理，如经过词语切分或者词类标注处理。

手语语料库与有声语言语料库的最大的区别在于语言材料的收集和使用途径上。语料库收集语料的方法主要有三种，即内省法（introspection approach）、诱导法（elicitation approach）和基于语料库的方法（corpus-based approach）。

内省法以语言学家本人为语料提供者，以语言学家自己的语感作为判断歧义、正误、可接受性等的依据。由于大部分手语语言学学者均为健全人，聋人出身的语言学家并不多，因此内省法并不常见。

诱导法是目前收集手语语料的主流方法，它是通过实地调查或问卷调查来收集人们对实际使用的语言材料的看法和对语言材料的心理反应，通常采取控制的方法诱导出受试者对句子或句子中某个成分的判断、句子的可理解程度，以及提供其他类似的数据和信息，主要有会话完成任务（discourse completion task）、角色扮演（role play）和真实话语观察（authentic speech observation）等不同的方式。其中，诱导法使用的语言材料称为诱导材料。采用诱导法可以使结论带有某种程度的客观性和可靠性，从而获得对某个语言事实可接受程度的判断。

基于语料库的方法则是在随机采样的基础上，收集具有代表性的真实语言材料，主要依靠计算机操作存储系统和相关软件，收录不受外界影响的真实语言材料，基本手段是概率统计。该方法在广泛收集语料的基础上进行统计分析，得出语言运用的概率信息，之后以概率信息为指导，分析真实的语言材料。这种方法应用的前提是存在大规模的成熟手语语料库可用于研究，显然这种语料库目前很难构建，因此基于语料库的方法很少见。

因为构建语料库的第一要求是保证所取得的语料都是聋人生活中真实使用的材料，而中国聋人的第一语言是中国手语，并不是汉语，如果使用汉语来编写诱导材料或者诱导者使用汉语口语来采访，那么聋人受到第二语言汉语的诱导，可能会不自觉地打出汉语手势（符合汉语语法和语序的手势序列），因为在手语采集过程中，手势者适应谈话者的语言是很自然的事情。这样通过诱导得到的语料只是聋人特意说的第二语言汉语材料，并不能反映聋人平时生活中的真实自然语言。

此外，手语采集环境对手语语料也有很大的影响，比如如何设置摄像机以及在哪里摆设摄像机也是很重要的因素。在调查面部表情的语法功能时，很重要的一点就是必须看到手势者的脸。这就要求必须使用两台摄像机，一台展示手势者的面部特写镜头，另外一台则进行对话的全景展示。

两台摄像机可能要求特效设备把两张图片同时展现在一帧画面上，也可以采用独立照相机和摄像机。记录面部表情可能需要特写镜头，而记录一群人则需要采用广角镜头。由于各种原因，手势者可能不希望摄像机对其进行垂直摄影，因此，手势者的身体不影响其手势就显得非常重要了。

对于一个习惯使用右手的手势者来说，这意味着我们要像图 8.1 所示那样来摆设录影设备。图 8.1 中，研究人员作为诱导者来采访手势者，为了更清楚地采集到手势者的视频，采集人员要稍微靠前一点，以保证采集到的手语动作更加清晰可见。同时手势者只需关注诱导者，不需要转到采集人员一边，这样采集到的手语更加自然。对于习惯左手的手势者来说，只需将图 8.1 的环境布置进行镜像转换即可。

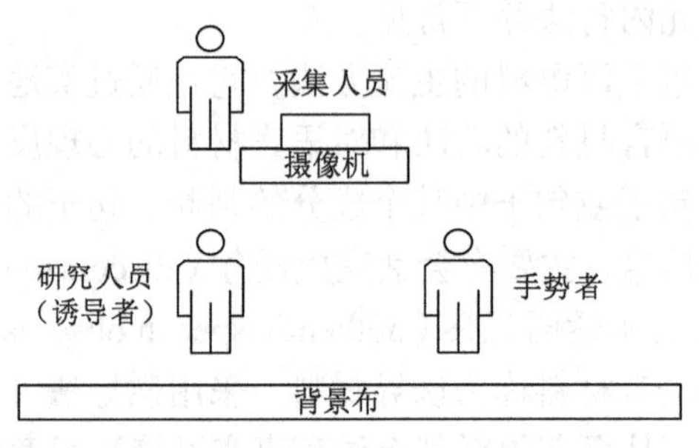

图 8.1　手语采集环境布置

光线是另外一个重要因素。荧光灯的灯光会让录像产生闪烁现象，但是与过去相比这已经不是什么大问题了。在人工照明条件和自然光照条件中我们总能找到一种折中的办法。不过，受访者必须尽可能地保持舒适，不应有受惊吓或受到录像设备炙烤的感觉，这非常重要。同时，一定量的阴影可以提供必要的分辨率，可以让二维图片变得更加清晰。

在开始采集数据之前，研究人员应该仔细考虑要采集什么样的数据。针对不同的目的，手语语料库的采集内容不尽相同，但被采集者说出预设内容的方法大致相同。每一个项目的诱导法并不单一，根据采集内容、采集人群的不同，可使用不同的诱导法、诱导材料。在国外的手语语料采集中，为了避免有声语言的诱导，诱导聋人思维的材料一般不用文本类材料，以图片、动画或者视频片段等材料为主。诱导材料的使用相对成熟，可跨语言使用，而且像分类词和空间使用等方面的诱导材料已经比较规范。

诱导法根据采集语料的特定性使用的诱导材料各不相同，大致可分为图片、视频、语言输入、其他材料，以及混合材料。其中，图片包括可用于描述单独物体的独立图片（如人、物、动作等）、描述一组事物的独立图片（如一组厨房用具等）、相关联的一系列图片（如找出两张图片的不同）、图片故事（如连环画）；视频包括动画、手语录像、真实电影等；语言输入包括现场手语（手语交流、手语访谈模式）、手语视频（指现场输入时将有关问题或指示全都事先拍摄成视频）、书面材料（一般指一段文字或一篇文章）、单个字词（指只用一个字或一个词来提问或指示）等；其他材料包括给定题目的论述和解释以及树表；混合材料是指混合使用两种以上前面提到的材料。

表 8.2 为各个诱导材料在各个项目中的使用情况。从表 8.2 可以看出，使用图片和视频为诱导材料的语料采集较多，使用语言输入和其他材料的相对较少。

表 8.2 各类诱导材料在项目中的使用

项目		DIANOEMA:德国手语建模（Fotinea et al.，2009）	青春期第一语言习得研究（Ferjan et al.，2016）	荷兰手语分类词手形（Zwitserlood，2003）	俄罗斯手语分类词谓语（Kimmelman et al.，2020）	英国手语的占有模式（Fenlon & Cormier，2009）	韩国手语的呼应动词（Hong，2006）	德国家政类术语手语（Nishio et al.，2010）	香港手语聋儿语言习得（Tang et al.，2007）	荷兰手语语料库（Crasbom & Zwitserlood，2008）	实体分类器（Cormier et al.，2015）	青蛙故事（Wilkinson，2006）	科林手语（Cuxac & Sallandre，2007）	梨子的故事讲述①	手语第一人称复数代词（Cormier，2008）	手势叙事的角色转变（Barber et al.，2018）
图片	描述单独物体的独立图片	√	√	√	√	√	√									
	描述一组事物的独立图片	√						√								
	相关联的一系列图片	√	√	√	√		√		√	√						
	图片故事									√	√	√	√			
视频	动画	√		√	√						√					
	手语录像						√				√				√	
	真实电影													√		
语言输入	现场手语	√			√											
	手语视频										√					√
	书面材料															√
	单个字词						√	√								

① 参见https://www.researchgate.net/profile/Jesse-Stewart-4/publication/274373657_Pear_ Story_Narratives_in_American_Sign_Language_A_Distributional_Analysis_of_Disfluency_Types/links/551c402d0cf2909047bbf548/Pear-Story-Narratives-in-American-Sign-Language-A-Distributional-Analysis-of-Disfluency-Types.pdf。

续表

项目		DIANOEMA：德国手语建模（Fotinea et al.，2009）	青春期第一语言习得研究（Ferjan et al.，2016）	荷兰手语分类词手形（Zwitserlood，2003）	俄罗斯手语分类词谓语（Kimmelman et al.，2020）	英国手语的占有模式（Fenlon & Cormier，2009）	韩国手语的呼应动词（Hong，2006）	德国家政类术语手语（Nishio et al.，2010）	香港手语聋儿语言习得（Tang et al.，2007）	荷兰手语语料库（Crasborn & Zwitserlood，2008）	实体分类器（Cormier et al.，2015）	青蛙故事（Wilkinson，2006）	科林手语（Cuxac& Sallandre，2007）	梨子的故事讲述	手语第一人称复数代词（Cormier，2008）	手势叙事的角色转变（Barber et al.，2018）
其他材料	给定题目的论述和解释												√			
	树表					√										
混合材料	两种以上材料的混合使用														√	

图片的优点是图片可以观看，容易制作，抽象和具体的程度可以选择，以及可以展示想象的事物；缺点是抑制了被采集者的创造性。视频的优点是图片可以观看，对被采集者更具吸引力；缺点为需要使用额外的设备。语言输入的优点是题目可以精确地描述清楚，缺点是被采集者必须精通口语和书面语，以及受口语程度的影响较为严重。其他材料的优点为容易准备，缺点为不可观看。此外现场手语交流还有一种方式为现场游戏，其优点是可以诱导被采集者，需要被采集者进行交流，缺点为被采集者容易走出拍摄范围，因此必须严格限制被采集者的行动范围。混合材料的优点是被采集者被严格限制在图片和文字规定的题目内，缺点是不能确定哪部分诱导了被采集者。

每一种材料都有各自的优缺点，研究者可根据研究内容灵活选择诱导聋人思维的材料。对应以上材料，手语语料采集时具体的诱导法有：自我介绍、回答调查问题、观察他人行为然后叙述、观看并讲述图画书故事、观看并复述手语内容、观看并描述玩具的细节和人的活动、查看并描述图片内容、游戏模式（找出两张图片的不同）、给定话题让两人对话或讨论、自由讨论、引导手语者说出关键概念、复述电影、复述故事内容、指定内容翻译、复述消息、观看动画等。

实验者根据自己的研究目的、研究人群选择适合的方式来诱导聋人思维，如 Matt 实验室采取以上方式来研究手语的空间特性和代词指代（Lu & Huenerfauth, 2011）；黄晓晓（2012）则在特定的场景下采集聋人的日常对话；德国汉堡大学的 Schulmeister（1989）的手语专业术语研究则采用的是给定题目论述和解释的方式。

8.3　手语语料的转写

手语作为一种视觉语言，只能通过视频的形式记录下来。手语视频按照科学的组织方式进行存储，可用于构建手语语料库。语料库是一种语言研究方式，手语语料库可用来更好地研究手语。但是，怎样利用计算机技术研究手语语料库呢？现有的计算机技术虽然可以对视频中的部分信息进行提取分析，但全部信息的提取暂时不能实现，因此转写手语视频就成为提取手语视频中手语信息的重要手段。转写是根据音频和视频录入文字或其他符号的操作。

手语转写软件有 ELAN、iLEX、SignStream、Anvil、Transana、Praat、XML-Format、MS Excel、FileMaker 等，其中 ELAN、iLEX、SignStream 是使用最多的三个软件。使用 ELAN 可以为视频、音频添加无限层的标注，标注内容可以是手语句子、汉语单词、汉语翻译或者是对视频细节的描述等等。iLex 是德国汉堡大学的 Thomas Hanke 结合手语词典编纂和手语话语转录等功能发明的视频处理工具（Hanke，2002）。在语料转录过程中，iLex 支持用户建设词库。SignStream 是由美国的 Carol Neidle 等人受达特茅斯学院、波士顿大学、罗格斯新泽西州立大学的委托开发的多媒体数据库工具（Neidle，2001），旨在促进手语和手势的研究。SignStream 数据库为手语对话的数据集，其中每一个对话都可实现一个或多个媒体同步剪辑，形成详细的、细粒的、多层次的视频转录。SignStream 为转录和分析对话提供了一个单一的计算环境来操作媒体文件，它允许同时访问的数字视频和音频文件以及语言学上有用的数据格式。

对中国手语进行转写时，借用汉字和其他字符按照手语顺序记录手语表达的内容和方式，没有翻译加工，记录的是手语表达的信息，并非翻译的汉语句子。这种转写可以与濒危少数民族语言的录音转写做个对比，最简单的转写做法一般是采用 IPA 方案来进行转写，力求实际发音标音，这就需要把语言的最小音系单位——音素找出来，用严式音标标出语句的实际发音，体现语流音变情况（包括音位变体、送气与否、清化、鼻化等现象），不需要语义的说明。

因为口语的实际发音中存在大量语流音变现象，如按口语实际发音转写，结果必然是语句中词、语位的界限模糊，给切分语素造成困难，或者即使硬性切分出来，也会产生理解困难。这样一来，还需要再转写一层，即音位书面规范标音，用宽式音标标出语句，分写独立的词，有书面语的语言体现正字法规则（如哈萨克语中规定圆唇元音在书面语中只出现在第一音节）和已在书面语中体现出的被固定下来的语流音变。

对手语进行转写时，也应该用手语的音标系统——HamNoSys 系统来使用，但因为该系统未被引入我国、学习门槛高以及环境因素等方面的原因，推广 HamNoSys 系统的难度太大。基于大多数聋人都接受了九年义务教育，或多或少地学过汉语，并且他们之中有很多人都有使用汉字的体验，目前手语转写充分利用他们现有的认知基础和想记录手语的动机，还是用汉语来对手语进行转写，而且几乎就是汉语直译。即使这样，直译过程中还是存在很多问题，因为手语的最小语义单位“手势”跟汉语的最小语义单位“词”并不存在一一对应的关系。理想情况下，手势是高度约定俗成的，在汉语里能找到相应词汇来做手势的释义，这样是可以直译的，但在手语的实际语料里，这样的情况很少。这里我们可以将手势划分为以下三类。

（1）全词手势（fully-lexical signs），指高度约定俗成的手势，在语篇中的形式和意义这两个方面都相对稳定或一致，很适宜列入词典，包括一些变体、数字及其组合、否定合成、名字手语、英语手语和外语借用等。

（2）部分词手势（partly-lexical signs），指几乎没有约定俗成或特定的语言意义，需要依靠上下文才能确定其释义，大部分描述性（也称为分类词或多语素）手势和指示（或指向）手势都属于部分词手势，它们不能直接被列入词典，也不容易分配一个识别释义。

（3）非词汇手势（non-lexical signs），指没有约定俗成或特定的语言意义，包括类型手势、非手动元素、手指拼写等一些手势。例如，澳大利亚手语里表示数字“5”的手势如果两只手掌同时向上，在不同的情境下可能意为“哦、不知道、吃惊的”，这个手势就不属于澳大利亚手语的手势。

以上可以看出，即便手势者熟悉汉语，用汉语来直译手语释义也不是简单的事情。当然，国外学者总结了一些经验，值得我们学习。建设语料库前，我们应先根据手语词法和词汇学列一个手势词表或手势词典。如果转写人员遇到两个手势的固定组合，无法从其中一个手势元素中预测到整个手语词的完整意义，而且不可能在两个手势元素之间再插入其他手势或者插入其他手势后不改变其意义，这种情况下只需创建一个释义单位，将该手势标注为（多词）词条。如果一个手势组合暂时无法定性，则应各自标注并在评论层说明它可能是一个潜在的复合手势，待日后确认它确实是复合手势时再分配一个唯一的识别释义。

因此我们转写手语语料时，应吸取西方手语语言学理论和手语语料库建设的有益经验，重视手语语料库的转写基本标注并力求规范化；应当认识到手势与汉语词并不能做到一一对应，需要在已有的汉语书面语意译的基础上根据手语语言学的相关理论进一步细化到释义层的转写。

8.4　手语语料的标注

标注（annotation）是针对音频或视频内容的文字、注释、翻译、IPA 等的转写。在 ELAN 之类的转写标注软件中，标注也指时间段上的时间线，时间段内可以没有转写任何内容。标注是可机读手语语料库的重要组成部分，它不同于以往手语研究者的转写。事实上，大部分现代手语语料库的重要特点就是标注而不是转写，标注可将手语视频转为可机读的文本，手语语料库的建立应视标注工作优先于转写工作。

澳大利亚学者 Johnston 和 Crasborn（2006）指出，使用 ELAN 软件可对手语视频进行精确的标注，它可以创建、编辑、可视化和搜索不同类型的视频数据标注，可将标注导出为文本，还可根据需要导入标注和受控词表。英国学者 Fenlon 等（2013）为了研究英国手语“1”的手形和方向的变化，使用 ELAN 软件对 2084 个视频样本进行了数据分析。

目前大部分手语语料库用于语言学分析，很少用于机器学习。建立一个能用于机器学习的手语语料库，与建立有声语言语料库一样，需要大规模的视频语料自动标注技术。但手语语料库与有声语言语料库的不同之处还在于前者需要一个更可靠和便捷的方法为手语语料库建立一个手势者的 3D 模型。

目前各国的手语语料库主要使用本国有声语言的书写系统来转写手语，显然在此基础上是无法实现手语的空间计算的，必须有一整套模型来记录手势的所有空间信息。以中国手语为例，使用中国手语视频或动画形式将信息呈现给听障人群阅读，相比汉语文本，更能达到信息无障碍传达的目的，毕竟中国手语才是听障者的母语，而汉语只是第二语言。

在手语生成系统或者翻译系统生成手语句子时，目前的技术还不便于使用手语视频，虽然手语视频里手势之间的平滑过渡可以通过合成得到——这也是手语识别和对话系统未来的研究课题——但是要与面部表情等非手动特征方便地组合在一起，以及便捷地编辑或修改视频，目前只有动画或动画脚本可以做到，这就有必要为手语语料库建立手势者的 3D 模型。只有建立了手势者的 3D 模型，语料库才有可能存储手部的空间运动等手动特征和面部表情等非手动特征，甚至是手势者的手势速度等手语空间信息。

2002 年 Cox 等使用动作捕捉技术建立了手势动画的词条库，但他们的工作只是为每个手势记录单一引用形式，并没有为整个句子或话语建立标注语料库（Cox et al.，2002）。2004 年 Loeding 等使用计算机视觉技术来识别手语信息为手势运动建模，但受限于识别精度，这样的语料库 3D 模型并不可靠（Loeding et al.，2004）。2009 年 Segouat 和 Braffort 使用转描机技术（一种用来逐帧追踪真实运动的动画技术）成功建立了法国手语语料库的 3D 模型，可以半自动地记录手势视频里的手部位置（Segouat & Braffort，2009）。

2010 年 Lu 和 Huenerfauth 使用动作捕捉技术将手部、躯体、头部、眼睛的组合进行追踪，并由此创建了已标注的美国手语语料库，但这些需要手势者佩戴数据手套、可穿戴躯体传感器，并配合眼动仪进行数据收集，过程十分烦琐（Lu & Huenerfauth，2010）。

从目前来看，手语语料库还没有根据手语特点建立相应的成熟手势者的 3D 模型，有一些语言学家做了一个关于手势的多种打法动作捕捉的数据语料库，他们记录了手势输出的手形、手的位置、方向、运动和非手动元素的时移参数，但这些模型并没有说明许多手语语言学现象如何表示。因此，为手语语料库建立一个可靠便捷的手势者的 3D 模型将是目前的重要任务之一。

有了手势者的 3D 模型还不够，还需标注必要的信息以便机器学习系统进行训练，因此需要大规模手语视频语料自动标注技术的实现和配合。如某手势者在谈论一位叫“小明”的同学，当第一次提及小明时，该手势者会指向空间中的某个位置，这样的空间参照物表示小明，随后再次提及小明时，手势者只需简单地指向该位置即可。有时，一个手语句子并没有提到主语和宾语，而是靠手势者的眼睛凝视或者头部倾斜指向某位置，手势者通过这种方式传达了主语或宾语的身份信息。这些词法和语法信息就是必要的标注信息，这些信息为计算机处理手语空间信息提供了方便。由于缺乏相应的手语语料自动标注技术，加上视频语料采集较为烦琐，因此用于手语信息处理的手语语料库普遍未达到一定的规模。

与口语语料、文本语料相比，手语视频语料标注所花费的人力成本相当高，而且手语标注对标注人员的素质要求也很高，除了必须是精通手语的语言学专家之外，还需要一定的耐心和恒心。图 8.2 显示了各国手语语料库的规模对比，由此可以看出，大部分语料库的规模都在 50 小时左右，而流畅手语是每秒 2—3 个手势，因此生语料[①]库的规模大概在 36—54 万个手势。此外，时间上的成本也不容忽视。

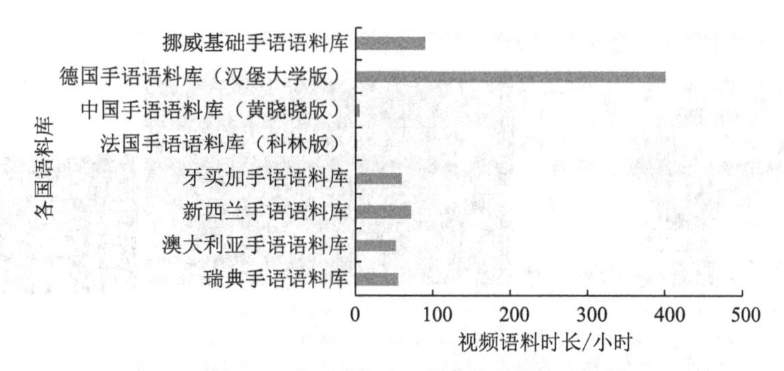

图 8.2　各国手语语料库的规模对比

Dreuw 和 Ney（2008）定义了名为 RTF 的因子，假设某语料的 RTF 因子为 30，则表明一个小时的语料至少需要 30 个小时做标注。通常手语视频语料的 RTF 因子至少为 100，也就是 1 个小时的语料至少需要 100 个小时做标注。照此推算，按一天标注 8 小时算，50 小时左右的视频语料需要 21 个月左右才能完成标注，如此庞大的标注工作量使得手语熟语料的获取十分困难，所以我们见到的手语语料库容量都不大，比如德国亚琛工业大学波士顿数据库中包含美国手语，只有 201 句英文句子做了标注（Dreuw & Ney，2008）。

应当指出，这还不包括检查和测试标注是否一致的时间。这一方面说明手语语料库建设的艰巨性，另一方面也表明中国手语语料库建设单枪匹马，力难胜任，引进自动标注技术势在必行，必须依赖强有力的团队力量，才能完成艰巨的标注工作。

有声语言能够成功使用统计模型，是因为网络时代信息的数字化和网络化为统计模型带来了取之不尽、用之不竭的数据资源。手语语料因为视频采集烦琐和

① 这是根据语料加工程度来划分的，生语料指直接收集而未经加工形成的语言资源集，如常见的微博语料、新闻语料等；与之相反的是熟语料，指在自然语言单位上添加人工的标签标注，如经过分词、词性标注、命名实体识别、依存句法标注等形成的语料。

标注困难，缺乏相应的应用规范和模型，使得手语的生语料和熟语料数据依然匮乏，手语应用统计模型仍然面临着严重的数据稀疏问题，此外单纯的概率模型也不能全部解决手语语言处理的自动化问题。

因此目前力图用传统的统计模型和机器学习方法来研究手语机器翻译还很困难，至少在没有可靠的方法来为语料库建立一个手势者的 3D 模型或大规模视频语料自动标注技术尚未出现之前是不切实际的。目前国外已开展了手语视频自动标注工具的研究和开发，并取得了一定的进展。我们探讨了如何使用目前最新的体感设备 Leap Motion 来进行手语识别和自动标注，也取得了良好的效果，其界面如图 8.3 所示。

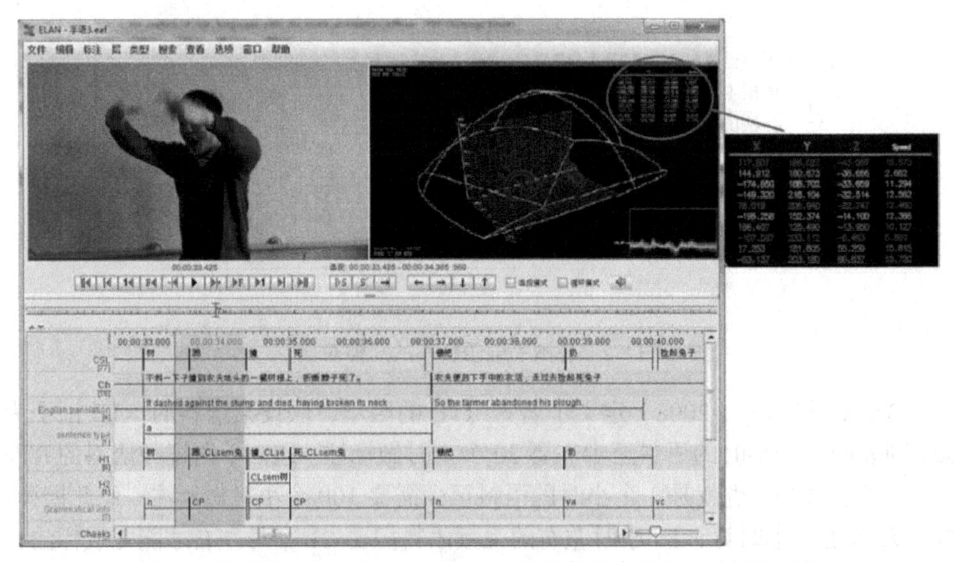

图 8.3　体感设备 Leap Motion 与 ELAN 软件结合进行自动标注示例

但总的来讲，目前体感识别技术才刚起步，在未来相当一段时间内，手语视频语料标注还将以手工标注为主。

8.5　手语语料标注规范

一个好的语料库，就必须有好的标注规范和标注工具。手语毕竟不同于汉语，有其自身的特殊性。一个好的标注规范，既要适应语言信息处理与语料库语言学研究的需要，又要能为传统的语言研究提供充足的素材；既要适合计算机自动处理，又要便于人工校对。从使用者的角度来讲，语料库的标注当然是越详细越好；但作为语料库开发者来说，如果标注信息过于繁杂，则不利于标注者实际操作。

因此标注规范也应在标注系统的详略度和标注方案的可行性之间找到平衡点。

如果不考虑人力标注工作量，从理论上讲，标注规范应涵盖所有的空间信息和语言学信息，具体包括音系学、形态学、句法学等信息，这样语料库才能发挥出最大的价值。这里我们简单介绍一下手语语料标注规范的基础。

第一，在音系学层次上，现成的语料库大多沿用了美国手语语料库、亚洲手语语料库使用的标注系统基础——Brentari（2011）发展的韵律模型。依照此韵律模型，根据手语的“发音器官”划分，手语包含了手动成分和非手动成分两种成分。手动成分是指从肩部到指尖的身体部分，包括位置、手形、手掌朝向、移动方式；非手动成分是指不包括手和手臂的其他所有特征，包括脸、躯干等。

在实际标注过程中，研究者可以根据自身的研究需要增加标注内容，对语料的某项信息进行专门的详细标注。例如，衣玉敏（2008）通过对上海手语的语音调查，统计出上海手语有 69 个手形、110 种运动方式、28 种位置和 8 种手的朝向；施婉萍（2001）对香港手语的非手动特征进行标注后发现，“扬起眉毛”和“特定的头部面向/倾侧位置”是香港手语“场景布置”的话题标志，不过这些非手动特征并不是强制性的。清华大学中文系也根据此理论制定了手语语料库加工规范，这里只介绍面部动作部分标注规范，见表 8.3。

表 8.3　面部动作标注规范（仅列出一部分）

示例图	序号	英文版本	中文版本	手语词性标注
	1	The eyebrows are raised	提眉/挑眉/扬眉	ebr（eb 代表眉毛）
	2	The eyebrows are furrowed	皱眉	ebf
	3	The eyes are opened wide	眼睁大/撑大双眼/睁大双眼	eow（e 代表眼睛）
	4	The eyes are narrowed	眯眼	en
	5	The cheeks are puffed out	鼓起双颊	cp（c 代表双颊）
	6	The nose is wrinkled	皱鼻	nw（n 代表鼻子）

第二，在形态学层次上，研究人员需要研究手语的最小语义单位以及这些语义单位是如何构成新单词或新手势的，因此研究人员需要确定比手势低一级的单位——词素（morpheme），很多手势可以进一步分析成若干个最小的音义统一体，即词素，而有些词素本身可以作为独立单元出现，我们称之为自由词素，比如汉字“猫”和“坐”就是自由词素。在中国手语中，手势“猫”和“坐”也是自由词素。

有些词素不能作为自由词素单独出现，而必须与其他词素一起才能出现，我们称之为黏着词素。汉语中的“历、语、视”就是黏着词素的例子，它们只能作为构词成分与其他语素组合成词。同样在中国手语中，手势“三月”中的“月”和“三套”中的“套”也是黏着词素的例子。

在词素和词性上，手语跟有声语言的差异比较大，比如北京大学计算语言学研究所的俞士汶（1998）提出的现代汉语语法信息词典的分类体系，对动词的划分只有动词 v、副动词 vd、名动词 vn，而我们则根据手语的特点，另行规定了手语动词有四种：动宾一体 vo、简单动词 vp、呼应动词 va、空间动词 vs。刘润楠（2012）则通过转写北京手语的 653 个手势，共提取出手势内部语素 33 个，包括手形语素 13 个、位置语素 13 个、运动方式语素 6 个、手掌朝向语素 1 个。

在词典编制上，澳大利亚国家手语语料库目前已完全实现视频和文本的同步关联（Johnston，2009）。截至 2001 年，研究小组利用 ELAN 软件对 1100 个手语视频进行了不同程度的转写，共得到 6600 个词语。该库甚至成为澳大利亚国家语料库的有机组成部分，实现了有声语言和手语的良好对接。

第三，在句法学层次上，了解中国手语的句子结构之前需要了解句子中特殊手势的功能。也就是说，这些手势是名词、动词、形容词还是副词，以及它们所属的词汇学范畴。还有一种次要词汇类别，在这一类别中，手势是受到语言中固有元素数量限制的，包括限定词、助动词、介词、连词和代词。每个词汇类型都有一套独一无二的形态学结构（与黏着词素有关的手势位置，黏着词素可以用手势进行添加）和句法学结构（手势发生的位置，与同一个短语中的其他类手势有关）。任何一个给定手势的两种结构都可以限定该手势的词汇学类型。图 8.4 显示了香港中文大学亚洲语料库常见的句子标注方式。

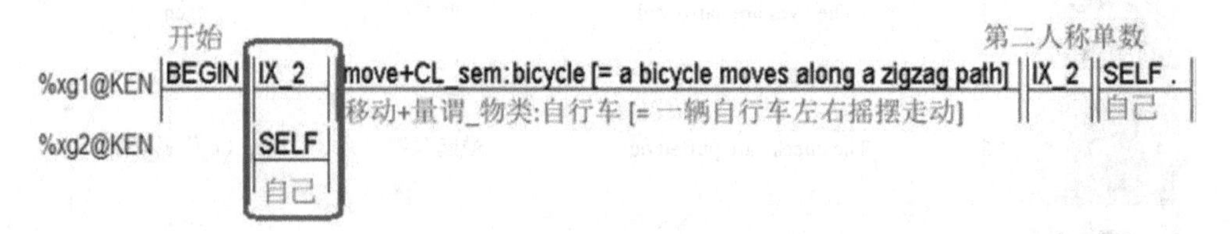

图 8.4　香港中文大学亚洲语料库常见的句子标注方式

如前指出，用与中国手语的手势含义最相近的汉语词汇来注释，这种注释等同于直译，但不是真正的转写。因此在制定标注规范时，需要明确一个原则，那就是转写和标注可能是不完整的，有可能转写或标注的是局部细节。在不得不判断哪些细节需要转写或标注时，我们会受到诸如我们的所学知识、可用于转写的工具、我们的语言学关注点等条件的限制，因此不可避免地做出选择。标注方案要给出明确的选择方案，以及背后的选择理由。

比如中国手语可能有两个意思相近的手势变体，这两个手势都能用相同的汉语词语来大致翻译，这两个手势仅仅是手形不同，这可以在注释开头的括号中标注其手形来区分手势变体。有些汉语注释可能是存在歧义的，在这种情况下，区分不同意思的方式是给它们添加编号，如“注释（1）”和“注释（2）”。比如有的手势在一些语境里的含义为“查找”，而在其他语境里则为“找到”，这样就需要以统一的标注方式来注释。

此外，手势强度、周期性摇头等很多细节也代表语言学含义，如何标注这些细节也是一个难题。例如，表述手势的强度时，最简单的做法是使用“+”和“–”符号来标示手势的剧烈程度，并加上关于手势强度的一些信息。然而手势者在主观上无法做到可精确描述有关强度的逐渐变化，因此描述不同的强度还是非常困难的。类似的还有周期性摇头，这种周期性的运动的确切终点也是难以精确确定的，因为这些点头和甩头动作的强度和幅度通常在降低，直到它们消失。

8.6　语言计算在手语语料加工中的应用

由于转写后的手语语料直接采用汉字编码，这样就面临着与汉语同样的问题，即词与词之间不留空隙。在手语中最小的语义单位是手势（sign），无法再进行分割。同其他语言一样，手语表达概念（思维单位）的单位也是多层次的，包括单纯词、合成词、短语。对此 Yao 等（2017）应用目前最流行的条件随机场[①]开发了手势切分系统，假设待切分的手语文本为一组长度为 n 的观察序列 $X = x_1, x_2, \cdots, x_n$，切分后的手语文本为输出状态序列 $Y = y_1, y_2, \cdots, y_n$。对于 X 来说，我们要做的就是搜索概率最大的 Y^*，使得 $Y^* = \arg\max P(y \mid x, \lambda)$。使用这种方法

① 条件随机场（conditional random field，CRF）由 Lafferty 等于 2001 年提出，结合了最大熵模型和 HMM 的特点，是一种无向图模型，近年来在分词、词性标注和命名实体识别等序列标注任务中取得了很好的效果。条件随机场是条件概率分布模型 $P(Y|X)$，表示的是给定一组输入随机变量 X 的条件下另一组输出随机变量 Y 的马尔可夫随机场，也就是说 CRF 的特点是假设输出随机变量构成马尔可夫随机场。条件随机场可被看作最大熵马尔可夫模型在标注问题上的推广。

很重要的一个问题就是特征选择，我们使用了中心词本身、中心词的前两个词和中心词的后两个词，以及它们之间的结构特征。经封闭测试可达到 F 值为 77.4%的识别效果。切分成功后，修改后的切分手势将自动显示在标注表格中（图 8.5），利用词典功能便可实现词表的自动替换，将错误的切分全部自动替换成正确的切分。

音频识别器 | 视频识别器 | 元数据 | 音量速度控制

标注表格 | 标注文本 | 字幕 | 词典

CSL

序号	标注	开始时间	结束时间	时长
66	每天	00:01:41.575	00:01:43.605	00:00:02.030
67	每天	00:01:43.605	00:01:44.725	00:00:01.120
68	每天	00:01:44.740	00:01:45.550	00:00:00.810
69	结果	00:01:45.560	00:01:47.190	00:00:01.630
70	草	00:01:47.190	00:01:47.500	00:00:00.310
71	长	00:01:47.500	00:01:48.430	00:00:00.930
72	出来	00:01:48.440	00:01:49.260	00:00:00.820
73	枯萎	00:01:49.260	00:01:50.440	00:00:01.180
74	枯萎	00:01:50.440	00:01:51.520	00:00:01.080
75	等	00:01:51.525	00:01:53.540	00:00:02.015
76	瘦了	00:01:53.540	00:01:57.920	00:00:04.380

图 8.5　切分后的手势标注

手语文本还存在大量的同义词和兼类词。对于同义词，由于不同的转写人员对同一个手语视频进行转写得出的句子不一样，因此需要转写时及时发现，及时整理成词典。对于兼类词，需要提前对转写人员进行培训，引导其正确地进行词性标注，又必须往语料库中添加这些兼类词的语言学知识。比如“打篮球”既可以做动词，也可以做名词，这个也需要手语语言学家的配合。我们在借鉴北京大学版规范的基础上，针对手语的特点，新设了书空、手指语、外来手势等新的名词类别，给分类词谓语新设了物类、形状、操作、身体等 4 个分类词。

词汇经过手势切分、语义标记之后，才有可能建立起符合手语语言学和计算语言学结构的知识架构体系，进而达到构建手语语料库的目标——对手语语料所包含的语言学信息进行分析与研究。以此标准建立的语料库，包括音系、词汇、句法、语篇等各种层次的手语研究，尤其对词典编纂有积极的促进作用。

在以上工具的有效支持下，我们进行了小规模的中国手语语料库的标注工作。其工作流程及结果示例如下。

（1）生语料（根据某手语视频转写后的原文）如下。

守树等兔

以前宋国有一农民，锄田种干活。有一天，农干活地，他兔跑，见人惊。跑跑跑，撞树，死。锄扔，走捡兔，好运气。回家，兔给妻子。

妻子炒切肉，说笑吃肉好。太阳，到锄地种，想锄扔。树等看兔来兔来等失望。太阳兔没来摇。晚回家觉想。早，锄扔，树等。太阳，最后它草长枯萎，等等心失望。

（2）经过手势切分后的语料如下。

守/树/等/兔

以前/以前/宋/国/有/一/农民/，锄/田/种/干/活。有/一/天/，农/干活/地/，他/兔/跑/，见/人/惊。跑/跑/跑，撞/树/，死/。锄/扔，走/捡/兔，好/运/气。回/家，兔/给/妻子。妻子/炒/切/肉/，说/笑/吃/肉/好。太阳/，到/锄/地/种，想/锄/扔。树/等/看/兔/来/兔/来/等/失望/。太阳/兔/没/来/摇/。晚/回/家/觉/想。早/，锄/扔，树/等。太阳/，最后/它/草/长/枯萎/，等/等/心/失望/。

（3）经过人工标注，即再次加工后的语料（仅列出两个手势“树跑_CLsem”[①]的加工部分，可以看到，这两个手势被标注为名词 n 和分类词谓语 cp）。

```
<ANNOTATION>
    <ALIGNABLE_ANNOTATION
        ANNOTATION_ID="a114"
        TIME_SLOT_REF1="ts58"
        TIME_SLOT_REF2="ts66">
        <ANNOTATION_VALUE>n</ANNOTATION_VALUE>
    </ALIGNABLE_ANNOTATION>
</ANNOTATION>

<ANNOTATION>
    <ALIGNABLE_ANNOTATION
        ANNOTATION_ID="a115"
        TIME_SLOT_REF1="ts68"
        TIME_SLOT_REF2="ts74">
        <ANNOTATION_VALUE>CP</ANNOTATION_VALUE>
     </ALIGNABLE_ANNOTATION>
</ANNOTATION>
```

① 这里 CLsem 为 classifier predicates（分类词谓语）与 semantic classifier handshapes（语义类分类词手形）的缩写，意指整体手形代表整个对象、一种物体类别。

8.7 小　结

中国手语语料库是对手语进行自然语言处理重要的、不可或缺的基础，是对手语语言学进行深层把握的必由之路。我们通过对研究背景的分析，深入探讨了手语语料库构建过程中所遇到的问题，同时对语料库的转写和标注信息做了简单的介绍，为手语语料库建设提供了理论指导和技术支撑。

我们还应该认识到手语语料库建设的长期性、复杂性和艰巨性，尤其是大型语料库的建设需要耗费大量的人力、物力以及财力。要想达到手语计算的目标，中国手语语料库不仅仅需要计算语言学学者和理论语言学学者的配合，还需要图形学、软件理论等知识。规范的手语语料库应详细记录手语的方位、速度、方向等信息，以便能够将手语合成输出，从而为信息处理、机器翻译、手语动画生成等打下基础。

在建设过程中需要关注国内外最新科学研究动态，借鉴最先进的科技成果，还需要有关学科的通力合作，从而推进中国手语语料库的研究和建设向纵深发展，促进中国手语计算研究成果的不断涌现和手语语料库资源的真正共享。

第 9 章　手语机器翻译

机器翻译（machine translation）是自然语言处理中的一个最早的研究分支，它是利用计算机把一种自然语言转变成另一种自然语言的过程。用以完成这一过程的软件叫作机器翻译系统。自然语言处理的研究，最初就是从机器翻译开始的。

语言的出现是为了人类之间的通信。随着信息时代的到来，“手语机器翻译”成为自然语言处理领域的热点话题。生活在同一片蓝天下的健听人和聋人需要彼此融合，需要互相了解，因此有声语言和手语之间需要大量的信息交流，它们之间的翻译工作越来越重要，并且工作量也越来越大。如何利用计算机高效率的信息处理能力突破手语机器翻译的障碍，成为全世界面临的共同问题。因此，科学工作者急需攻克手语机器翻译中的一些技术难题。

手语机器翻译是一个崭新的、具有发展前途的研究领域，具有重大的现实意义和理论研究价值，同时也是一个极具挑战性的课题。手语机器翻译研究涉及的领域非常广泛，包括机器人学、生物机械学、心理学、生理学、图形学以及计算语言学等多种学科，手语机器翻译的研究与实践必将推动相关学科的研究与发展步伐。

9.1　机器翻译概述

1949 年美国科学家 Warren Weaver 正式提出了机器翻译这一概念。5 年后美国乔治敦大学与 IBM 公司合作首次试验了有声语言的机器翻译（江铭虎，2006）。1998 年，美国的 Veale 等设计了 Zardoz 系统，这是一种从英语到美国手语的机器翻译系统（Veale et al.，1998）。此后手语机器翻译不断借鉴有声语言的研究成果，其语言加工层次持续加深，经过 20 多年的发展，已实现了句法层次的转换，但本质上还没有重大突破。虽然有声语言的机器翻译实现了商品化，谷歌翻译、百度翻译等商用机器翻译得到了广泛应用，还出现了翻译质量自动评估方法 BLEU（Bilingual Evaluation Understudy）等机器翻译评测标准，但手语机器翻译还停留在实验室样品展示阶段。

9.1.1　机器翻译方法

在机器翻译研究的初期，人们一般采用直接翻译的方法，从源语言句子的表层出发，将单词或者词组、短语甚至句子直接置换成目标语言译文，有时进行一些简单的词序调整。在这种翻译方法中，对源文句子的分析仅仅满足于特定译文生成的需要。这类翻译系统一般针对某一个特定的语言句对，将句子分析与生成、语言数据、文法和规则与程序等都融合在一起。

其代表系统是英国东安格利亚大学团队开发的 Tessa 系统和 Simon-the-Signer 系统（Bangham et al.，2000）。由于这些系统没法将英语翻译成自然手语，仅仅是视觉化的英文字符串，因此这类翻译属于直译，在词级层面进行分析和转换，并未针对手语的语法特点进行分析和改进，因此受到众多语言学家的批评，如美国学者 Huenerfauth（2003）指出有些机器翻译是把英语翻译成为手势英语而不是自然手语，忽视了英语和美国自然手语之间的语言差别，声称实现了手语机器翻译是不严谨的。

2003 年美国学者 V. H. Yingve 在《句法翻译框架》（“Framework for Syntactic Translation”）一文中提出了对源语言和目标语言都进行适当描述、把翻译机制与语法分开、用规则描述语法的实现思想，这就是基于规则的转换翻译方法。其翻译过程分成三个阶段：

（1）对输入文本进行分析，形成源语言抽象的内部表达；

（2）将源语言的内部表达转换成目标语言抽象的内部表达；

（3）根据目标语言的内部表达生成目标语言文本。

这种翻译方法的主要环节可以归纳为“独立分析—独立生成—相关转换”。其代表系统是中科院计算所开发的中国手语翻译系统（Ma et al.，2000），以及国外的 TEAM 系统（Zhao et al.，2000）、ASL Workbench（Speers，2001）、ViSiCAST 系统（Marshall & Sáfár，2001）等，其中美国语言学博士 D. Speers 提出并实现的 ASL Workbench 机器翻译系统充分利用了美国手语语言学的特点。他的方法是使用词汇功能语法（lexical-functional grammar，LFG）来将英文文本分析成一个功能结构，手工完成的转移规则将英语的 F 结构转换成美国手语的 F 结构，再利用 LFG 生成美国手语输出。该系统采用了基于特定转移架构的词典，来将英文单词/词组映射到近似的美国手语手势/短语中。当系统在词汇选择或其他翻译任务上遇到困难时，它会要求系统用户提供建议。该系统还在英语输入里产生了一个非常简单的对话模式（包括对话元素和它们的空间位置的水平列表，如果它们的空间位置已经指定的话），但所有参考引用必须由操作人员手动执行。系统所使用的复杂韵律模型具有良好的鲁棒性，它是基于美国手语韵律学里手的现代动作模型（Liddell & Johnson，1989）。

基于规则的转换翻译方法的优点在于，可以较好地保持源文结构，产生的译文结构与源文结构关系密切，尤其对于已知语言现象或句法结构规范的源语言句子具有较强的处理能力和较好的翻译效果；主要不足是分析规则由人工编写，工作量大，规则的主观性强，规则的一致性难以保障，不利于系统扩充，尤其对非规范的语言现象缺乏相应的处理能力。比如欧盟的 ViSiCAST 项目是使用卡耐基梅隆大学研发的基于链接文法的英语句子分析器分析输入的英文文本，然后使用 Prolog 陈述句语法规则，来将链接转换成话语表征结构（Discourse Representation Structure，DRS），将这种话语表征结构联动输出。在翻译过程中最后的输出部分，头驱动短语结构规则被用来产生最后手语输出的动画脚本。这个脚本基于该系统专有的手势标记语言，用于需要执行一个自然手语的运动（Kennaway，2001）。

另外一种翻译方法是基于中间语言（interlingua-based）的翻译方法，该方法首先将源语言句子分析成一种与具体语种无关的通用语言（universal language）或中间语言，然后根据中间语言生成相应的目标语言。整个翻译过程包括两个独立的阶段：从源语言到中间语言的转换阶段，以及从中间语言到目标语言的生成阶段。从理论上讲，中间语言是逻辑化和形式化的语义表达语言，中间语言的设计可以不考虑具体的翻译语言对，因此该方法尤其适用于多语言之间的互译。假设要实现 n（$n \geqslant 2$）种语言之间的互译，如果采用其他方法分别实现不同语言对之间的翻译，就需要 $n \times (n-1)$ 个翻译器，但是如果采用中间语言的翻译方法，对于每一种语言来说，则只需要考虑该语言本身的解析和生成两个方面，大大地减少了系统实现的工作量。

但是定义和设计中间语言的表达方式并不是一件容易的事情。中间语言在语义表达的准确性、完整性、鲁棒性和领域可移植性等诸多方面都面临很多困难，因此，基于中间语言的翻译方法在具体实现时受到了很大限制。其代表系统是爱尔兰都柏林城市大学开发的 ZARDOZ 系统（Veale et al.，1998）。这种系统中存在着英语和美国手语共同的表征结构，而且这些模式一般是与语言无关的，它们可以被认为是一种中间语言。

自 20 世纪 80 年代末期以来，语料库技术和统计机器学习方法在机器翻译研究中的广泛应用打破了长期以来分析方法一统天下的僵局，机器翻译研究进入了一个新纪元，一批基于语料库的机器翻译（corpus-based machine translation）方法相继问世，并得到快速发展，比如以下几种。

（1）基于记忆的机器翻译（memory-based machine translation）方法：这种方法假设人类进行翻译时是根据以往的翻译经验进行的，不需要对句子进行语言学上的深层分析，翻译时只需要将句子拆分成适当的片段，然后将每一个片段与已知的例子进行类比，找到最相似的句子或片段所对应的目标语言句子或片段作为翻译结果，最后将这些目标语言片段组合成一个完整的句子（Sato & Nagao，1990）。典型的系统有中国台湾手语（Taiwan sign language，TSL）机器翻译系统（Su & Wu，2009），采用同步上下文无关语法（Synchronous Context Free Grammar，

SCFG）将汉语结构转换为相应的中国台湾手语结构，提取包含两种结构语法规则之间主位关系的翻译记忆。在结构翻译中，采用统计机器翻译（statistical machine translation，SMT）的方法来对齐语法规则中的主位角色，翻译记忆为中国台湾手语结构翻译提供了参考模板。

（2）基于实例的机器翻译（example-based machine translation，EBMT）方法：这种方法由日本著名学者 Makoto Nagao 于 20 世纪 80 年代初期提出（Nagao，1984），但真正实现是在 80 年代末期。该方法需要对已知语料进行词法、句法甚至语义等分析，建立实例库用以存放翻译实例。系统在执行翻译的过程中，首先对翻译句子进行适当的预处理，然后将其与实例库中的翻译实例进行相似性分析，最后根据找到的相似实例的译文得到翻译句子的译文。例如，德国亚琛工业大学团队将有声语言里基于短语和基于分层短语的解码器的两个模型应用于手语机器翻译，结论是手语注释和口语翻译之间没有简单的一对一关系（Stein et al.，2012）。

（3）统计机器翻译方法：最初的统计翻译方法是基于噪声信道模型建立起来的，该方法认为一种语言的句子 T（信道意义上的输入）由于经过一个噪声信道而发生变形，从而在信道的另一端呈现为另一种语言的句子 S（信道意义上的输出）。翻译问题实际上就是如何根据观察到的句子 S 恢复最有可能的输入句子 T。这种观点认为，任何一种语言的任何一个句子都有可能是另外一种语言的某个句子的译文，只是可能性的大小不同而已（Brown et al.，1990，1993）。由于这种方法需要语料库的支持，因此目前的研究集中在针对手语稀缺资源量身定制的优化分析上，如比例因子优化、对齐优化和系统组合。

（4）神经网络机器翻译（neural network machine translation，NNMT）方法：与基于记忆的机器翻译方法类似，用人工神经网络的方法也可以实现从源语言句子到目标语言句子的映射，其网络模型可以经语料库训练得到（Scheler，1994）。在这方面研究成熟的系统并不多，更多只是对神经网络翻译的有限尝试。例如，英国萨里大学团队使用编码-解码（encoder-decoder）模型（一种应用于 Seq2Seq 问题的模型）将口语句子翻译成手语注释序列（Stoll et al.，2018），接着在手语注释和骨骼序列之间找到一个数据驱动的映射，以此生成手语视频。

德国亚琛工业大学团队把手语翻译问题形式化为神经机器翻译（neural machine translation，NMT）的端到端和预训练设置（使用专家知识）（Camgoz et al.，2018），希望能够共同学习空间表征、底层语言模型以及手语和口语之间的映射，从而考虑到与口语不同的手语潜在的丰富语法和语言结构。这些尝试没有提供更多的实验结果，我们无法判断这是否归功于质量较高的数据或更优秀的机器翻译算法。

9.1.2　手语机器翻译体系结构

机器翻译系统的架构设计可分为三种：直译、转换或中间语言，如图 9.1。

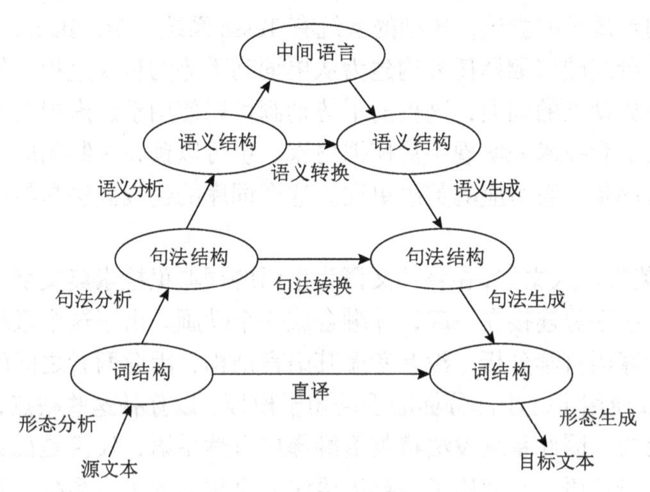

图 9.1　机器翻译系统架构

（1）直译系统是指基于源语言字符串个别字的处理，在原始输入文本上不进行任何形式的句法分析，逐字一对一地完成翻译。

（2）转换系统需要在句法或语义级别上分析输入文本，然后使用一组特殊的“转换”规则，读取源语言结构的信息，并产生目标语言相应的句法或语义结构；之后，使用生成组件将这种语言结构转换成目标语言的表面形式。

（3）中间语言系统将分析输入文本的第一步做了扩展：对源语言进行了分析和语义处理，以产生一个典型的独立于语言的语义表达结构，称为中间语言，然后生成组件从这个出发点生成目标语言的表面形式。

一般来讲，在缺乏统计或基于实例信息的情况下，沿着金字塔越往上，源文本的分析就越复杂，该系统可以处理的分歧就越敏感。尤其是到达中间语言级别时，它强调对源语言进行更为彻底的分析和理解，不仅需要进行深层语言学分析，还需要进行世界知识的显式处理，建立有助于语言理解的本体知识库（ontology）。基础知识库是用来补充源文本未涵盖的背后语言信息的，这样翻译就可以使用有关知识，并且可以传达比源文本更多的信息（在没有背景的情况下）。沿机器翻译金字塔上升的趋势使特定领域的开发工作量急剧增加。针对翻译中所有可能出现的情况构建中间语言表征和基础知识库是艰巨的。

为了解决建设知识库的困难，也为了避免对源语言进行深层语言分析，近年来出现了基于语料库的机器翻译技术。对于以上提到的每个架构——直译、转换、中间语言，机器翻译所需要的经验性信息可以从语料库中获取，并传达给机器翻译系统的决策过程。这类信息包括语料库的词汇、结构、语义和一般知识信息，并通过统计方法来获取，因此当此信息被应用到直接或转换架构中时，系统需要从所有级别的分析、理解和生成中获取信息。

直译架构是最早的尝试，典型的系统有 Tessa 系统（Bangham et al.，2000），该系统的建构者试图将翻译任务构建为从单词到手势的替换过程。他们首先创建了美国手语手势动画的词典，这里的手势动画可以使用动画虚拟人来完成，可以使用运动捕获手套技术来实现手势模拟仿真，也可以预先录制相应的视频。此外词典每个条目都是一组对应的英语单词。这个词库的建设做法是与手语翻译系统一起构建。

Tessa 以英文输入文本，在将英文译为手语的词典里检索英文字符串中的每个单词，再将这些手势连接在一起，并融合成一个动画。由于这个系统并没有对美国手语进行计算语言学分析，没有考虑其语言结构，因此两者之间的翻译分歧很难处理。Tessa 使用了一小部分标准手语句子模板，以弥补这些缺点，但使用的模板是不可扩展的，因此系统没法将英语翻译成自然手语，仅仅是视觉化了的英文字符串——手势英语，它使用了与英语语法完全相同的手语系统，并增加了手部动作作为实词的补充。

基于词典的翻译架构是 TEAM 系统（Zhao et al.，2000）。该项目使用同步词汇化的 TAG（Tree-Adjoining Grammars）语法，与一般词典存储一系列单语词条不同，该语法里双语词典中存储的词条是一对英文单词和美国手语手势，每一对英文单词和美国手语手势都存储了能表示该词条的句法环境的 TAG 架构。当使用 TAG 解析器分析英文输入文本时，需要检索英语词典条目，找到对应的美国手语里的手势。与 TAG 分析同时发生的有 TAG 生成器负责将美国手语的 TAG 树组装成完整的句子。由于增加了语言信息，这种架构可以处理英语和美国手语之间的很多句法分歧。这种 TEAM 系统可能听起来像直译系统，因为看起来是单词到手势的映射，但实际上是句法转移方法。在翻译过程中，用英文输入字符串，然后由 TAG 解析器分析，显示的句法信息有助于引导双语词典查找过程。系统的“转移规则”就是双语词典的每一对条目，通过识别和应用这一匹配过程，把英文句子语法分析转换成美国手语语法结构。

另一个使用“转移”系统架构的代表性机器翻译系统是 ASL Workbench 系统（Speers，2001），可实现将英语翻译成美国手语。此系统比 TEAM 系统进行了更深层次的语言分析，而不是停留在一个基本的句法成分结构分析层次上，该系统将输入的英文文本分析成 LFG 型的 F 结构。这样抽出了输入文字的一些语法细节，并将它们与文本语言特征互换，如被动语态或成分的角色标签，如“主语”或“直接对象”。这个系统包括一套书写规则，用于将英语的 F 结构翻译成美国手语的 F 结构。该系统更深层次的分析有助于处理一些更微妙的分歧，比起更浅层的英文源文本分析来说，F 结构分析的最大优势是它简化了书写转移规则。为了替代句法树组成结构的条件，系统使用英语 F 结构的抽象特征或功能角色标签来进行规则推理。更深层次转移的另一个优点是美国手语生成可以从更抽象的输出开始。

虽然这听起来更多像是美国手语生成器的工作，但它实际上赋予了系统架构以更大的灵活性。ASL Workbench 最低限度只处理非手动特征，但 F 结构可以更容易地选择 if、where 和 how 等词语在句子级别上表达非手动特征，从而通过创建输出更深层次的转移交叉，解决美国手语的非手动特征的输出问题。

类似的基于转移架构的系统还有 ViSiCAST 系统，该系统可以在表征的语义级别上，完成从英语到美国手语的交叉分析，该系统的英文部分将文本转换成话语表示结构的一组变量和语义断言，完成转换后得到层次化语义格式，然后 HPSG 生成系统开始美国手语生成过程。这样一个系统远比 TEAM 或 ASL Workbench 等系统能够处理更为复杂的句子，使用语义断言有助于分离英语源文本意义的各个元素，并有助于避免英语句法对生成美国手语的影响，不过输出表示的附加级别和句法语义联系将明显增加系统的开发成本。

使用中间语言表示的美国手语翻译系统目前只有 ZARDOZ 系统。该系统确定了许多类型的语义分歧，能够采用某种形式的空间或常识推理。系统输入英文文本进行语法和语义分析，这些信息被用来选择特定事件模式。这些模式记录所有类型的事件和行为，因此开发这种模式所需要的时间决定了这个系统只能集中在某一小领域。如果一个模式中充斥着英文字串信息和世界知识，然后生成组件，那么就可以用美国手语动画输出来表示模式中存储的信息。

9.2　分类词谓语的翻译

ZARDOZ 是唯一有报道称初步解决了分类词谓语机器翻译问题的系统。这种中间语言架构已涉及语义层次的机器翻译，而且开发这个系统的工作量巨大，其实该系统并未真正完成。

分类词谓语具有复杂性和多变性。ZARDOZ 系统的研发者 Tony Veale 等（1998）认为分类词谓语是一个复杂的手语现象，通常与空间语义有关，它与名词短语共同产生美国手语话语。分类词谓语突破了语言表达的传统定义，常常包含空间隐喻和场景可视化。在一定程度上，分类词谓语接近于手形或 3D 建模。如果需要创建分类词谓语，首先要选择一个手形的闭集，该手形基于名词短语中的实体的特点，可以是车辆、直立的动画人物、蹲着的四条腿动物等。手势者希望讨论的实体方面包括其表面、大小、位置、运动等。然后，手势者针对需要表达的轮廓、手势者周围空间的位置、3D 空间的运动、物理/抽象的维度或某些其他需要被传递的对象属性，发明了立体运动，因此分类词谓语涵盖了场景、发音工具、动作、大小和其他视觉/空间或现场/过程等复杂的属性信息。

ZARDOZ 系统选择将分类词词根表示成高度未指定的词条，词条完成什么样的手势动作将取决于生成语法，因此系统可以像对待任何其他词条一样对待分类词词根。系统设计者还对常见的分类词谓语的手形和运动类型进行了分类，因此他研发的 ZARDOZ 系统初步解决了分类词谓语的问题。在该系统里，分类词谓语表达的特定主题可以由独特的中间语言框架来表示，该中间语言框架由翻译体系结构的分析/理解部件进行选择和填充。

它使用一组手工编码架构作为一种中间语言翻译组件。该系统的研究重点是使用人工智能知识表示、隐喻性推理、黑板系统架构，这是因为分类词谓语计算主要涉及空间部署和隐喻推理，因此 ZARDOZ 系统的设计主要用到了知识和推理。在分析阶段，英文文本在句法分析之前进行了复杂的符合语言习惯的概念分解，以填补特定的概念/事件/情况架构空白。系统还自定义了逻辑命题和标记插槽的图式结构，其优点是系统中常识和推理组件可以很容易地操作语义信息。

由于手工编码需要产生新的图式，因此该系统只在有限领域是可行的。为了弥补这些限制，如果图式不存在特定的输入文字，系统将改为执行手势到单词的翻译。该系统还讨论了空间和常识推理方法如何用来填充生成流畅的分类词谓语手形和运动所需要的动画的具体细节。

对于 ZARDOZ 来说，为每个新领域开发中间语言图式是最大的开发瓶颈，因此该系统开发了一种叫“回退”的技术，它可以稍微降低领域专指性，但是这里的回退技术与传统的机器翻译或统计意义不同。当 ZARDOZ 的中间语言源不包括输入英文文本的某特定单词时，系统不会尝试不同形式的翻译，相反它只会尝试单词到手势的映射——手势英语。这一转换是一个非常简单的规则支配过程。系统提出将美国手语和手势英语混合在同一个从句或句子中，可能聋人可以理解这种混合输出的动画虚拟人手势，但不会很流畅。当然，自 ZARDOZ 系统实现原型以来，设计者提出的这种回退的很多细节至今还没有得到开发和完善，这种研究项目已不再继续了。事实上手语生成方法的实用性或程度不是系统设计者要关心的问题，ZARDOZ 系统设计者主要感兴趣的是开发隐喻推理、知识表示、黑板架构等人工智能研究工作。

为了实现非手动特征输出，系统在实现层面的输出流中插入了象征符号，表示不同的原子非手动特征，比如眉毛向下或上扬等，稍后在被称为“恢复人脸”的数据流中插入相应符号，即可识别所有类型的非手动特征表示的原子操作，但这种插入符号的方法不足以表示重叠的、同时的、交互性的非手动特征表达式。

随着时间的推移，非手动特征的强度变化可能表达不出来，尤其是不同头部动作的输出，因此这种方法无法正确地表示非手动特征的表达式，而且在输出过程中，其他语言学现象如何影响了非手动特征的表达，这点没有反映出来。这种插入符号的方法有点类似于 TEAM 系统所采用的非手动特征表达方法，但功能稍弱。对于每个非手动特征类型来说，使用“恢复”符号和其相反的“结束”符号，意味着 ZARDOZ 系统假定所有非手动特征的开始和完成将有一个嵌套的括号结构。

这种假定对于一般的手语现象够用，但对于复杂的手语现象就会明显力不从心，因为手势者在考虑是否使用非手动特征、用什么程度的句子来表达它、表达到什么程度等问题上，要受到很多因素的限制，比如造句要用到哪些词语、哪些句法，以及表达非手动特征的其他生理限制等。这样的非手动特征决策的复杂性在很多手语机器翻译系统中被忽略了，但非手动特征（特别是摇头、睁眼等动作）是手语里呼应动词最重要的特征，是不可忽略的。

这种呼应动词的呼应机制也是造成非手动特征规划复杂性的原因。即使系统开发加强生成语法，使之包含更多的非手动特征决策能力，给非手动特征输出信道提供丰富的音韵规范也是个问题。虽然对于手势运动细节来讲，语音规范可以制定得非常详细和精确，但这种方法不可能提供非手动特征的同时性或者程度的信息。

对于如何记录分类词谓语词条的运动和动画细节，ZARDOZ 系统使用 Doll 控制语言编写的代码段定义了一个手语词典，还使用了动画虚拟人运动编码系统来作为手势词条的动画细节的基础。ZARDOZ 系统的音韵运动规范被存储在分层词典中，该词典对具有相关动画特征的手势进行了分类，因此特定手势的全动画脚本是基于层次结构的运动规范。

在 ZARDOZ 的生成过程中，中间语言图式转换为美国手语动画输出，但生成过程中间并没有用到传统句法树，相反，系统使用了被称为“空间依存图”（spatial dependency graph）的偏序图结构，来渐进地构建句法/语义格本体指示的格类型之间的偏序和同时性关系，指示哪些元素可以从中间语言结构中选择出来（Veale et al., 1998）。

最终这个偏序信息可用于使美国手语线性化成输出流。运动、重新偏序、重建等现象可以通过运行源语言输入的特殊“样式功能”检测例程来触发，当特定非手动特征需要表达时，系统将在图结构上执行控制操作。例如，在输入的英文文本上运行“样式”检测时，它会确定句子对象就是目前的话语主题，接着引发“主题功能”检测。这可能会触发正在构建的美国手语图，以重新部署手语元素，以便句子对象被移动到前面，并与主题化的非手动特征一起被表达出来。

这种基于空间偏序图的方法可以克服一些手语机器翻译系统短语结构规则的缺陷。这种偏序图方法的强制偏序限制是局部的和灵活的，所以最后生成的手势顺序也比较灵活。

ZARDOZ 系统架构的优势在于生成分类词谓语时，对空间推理有较高的理解能力。ZARDOZ 系统设计者认为，成功的分类词谓语机器翻译最终需要复杂的空间常识推理，目的是理解英语输入，并通过空间隐喻和美国手语分类词谓语的表达式表达出来。他们还认为传统的机器翻译翻译方法跳过了语义理解，也只能在一定程度上生成美国手语结构。

为了正确使用分类词谓语和某些方位动词，翻译系统最终需要在视觉场景里管理和排序元素。对于如此复杂的人工智能推理系统，ZARDOZ 填图式架构可用于生成视觉/空间结构。显然，这种方法仍然相当费时费力，只适用于单一领域的情况。考虑到目前人工智能推理的发展水平和空间表示技术，开发这样的系统是一项需要相关领域知识且十分耗时的任务。虽然 ZARDOZ 的方法没有实用化，但其他系统都参考了这些方法。

ZARDOZ 系统的研发者认为，未来的美国手语生成系统可以使用隐喻推理或手势/世界本体，以便在输出手语的过程中，如果没有合适的相应手势，可以创造性地发明新的手势。例如，研发者讨论了手势语 A 如何结合手势“医药”来生成手势“阿司匹林”。在这种情况下，本体可以告诉系统，“医药”是“阿司匹林”的父类型，它可以使用字母初始化算法来创建手语。关于空间属性的隐喻推理，比如向上代表好、向下代表坏，也可以用来创建新的手语，例如，手语运动向下的手势“金钱”可以用来生成新手势“不景气”。显然，这样的推理是复杂的，而且涉及对英语词汇语义的深刻理解。目前这些空间隐喻的推理技术尚未实现，但它们代表了生成手语的一个有趣的未来发展方向。

9.3 手 语 生 成

与其他传统机器翻译系统不同，手语机器翻译还需要一个手语生成系统，以负责生成手语动画。目前手语动画生成技术才开始出现在适用于听障用户的软件和网站上。计算机视觉领域对动画虚拟人模型的研究已很充分，我们关注手语计算领域的手语生成器，即给定一个有声语言文本或抽象的语义输入，计算语言学部件需要告诉动画虚拟人该怎么做，前提当然是语言学和动画组件之间的接口已设定了正确的指令集。

目前手语生成软件分为两种：脚本软件和生成软件。从目前来看，手语机器翻译系统使用脚本软件的居多，如前面介绍的 TEAM 系统和 ZARDOZ 系统，也有其他系统采用了生成系统，如 ViSiCAST 系统。当然由于多信道转换的复杂性，相关研究者在这方面还有很多工作要做。

9.4 小　　结

以上研究表明，很多学者对从有声语言到手语的机器翻译做了很多研究，开发了新的手语表示模型，比如 TEAM 使用了扩展的手语注释文法；ViSiCAST 采用了与编译类似的文法，以生成 HamNoSys-style 输出；ASL Workbench 使用了运动-保持语音模型。特别是像 ViSiCAST 和 ASL Workbench 的系统已经探索了话语表示如何管理美国手语对话空间定位的实体。只有 ZARDOZ 系统已经开始解决美国手语分类词谓语的空间复杂性和 3D 表示问题。最近几年已开始出现用语料库研究手语机器翻译的研究，但总的来说，仍处于起步阶段。

手语机器翻译是语言计算领域内全新的发展方向，目前很多语言计算研究人员仍在继续努力发展手语机器翻译技术。手语计算需要大力发展以下领域，这些是手语翻译的先备技术和条件，对开发手语翻译系统会有很大的帮助和促进。

（1）生成手语词典；

（2）通过运动捕捉技术收集手语信息；

（3）开发动画虚拟人手语运动更复杂的模型；

（4）建设已标注的手语语料库。

由此可见，手语机器翻译系统未普及的原因在于手语计算的滞后，如有些机器翻译涉及依存树到串的翻译模型，以便使用一定的规则，但手语计算如何使用依存树还是个新课题。手语机器翻译的句法层级的分析还停留在初级阶段，仍需要借用有声语言的句级机器翻译模型，对于如何处理调序、时态、语态等方面的问题还未深入研究。有声语言的统计机器翻译已成为主流，而由于受限于手语语料库的规模，手语机器翻译系统的开发重点基本集中在基于规则的方法或基于规则和统计混合的专用领域方法上。

笔者认为，对于手语机器翻译的研究，无论是创建针对手语特点的翻译模型，还是更加有效地利用现有的模型，手语机器翻译都可以补充和完善目前的机器翻译理论，如手势的内部信息比有声语言要更丰富，借助于手语的相似性特点，不需要考虑外部语境，听障者往往就能猜出其含义，使用短语规则应能更好地获取局部句法知识。

此外，听障手势者平时使用的手语句子通常比较短，长难句不多，应用的句法知识应比有声语言更容易、更方便。手语机器翻译和有声语言机器翻译都需要进化到语义层次，建立真正意义上的语义翻译模型，这样才有可能从根本上解决手语机器翻译的问题。

第 10 章　手语与大脑

目前语言计算技术得以广泛应用，主要依赖于深度学习和大数据，应将这些人工智能的成功经验与认知神经科学的研究思路结合起来。目前语言计算仅仅关注于用计算机处理文本，对背后的语言心理过程关注不够，如果能够搞清楚人脑在概念组织、意义推理等能力上的内在认知机制，并在语言计算时相结合，则会对语言计算有更大的帮助。

Krahmer（2010）从心理学的角度对语言特征及其说话者做了分析，可以在面向应用的计算模型中发挥积极作用。认知神经科学的研究有助于在人工神经网络技术中设计实现新的学习机理与拓扑结构，将强有力地推动语言计算的进展。例如，LSTM-RNN 已经成为当前语言计算的标准配置。

最近几年随着 fMRI、ERP 等无创伤脑功能成像技术和脑电技术的相继出现，我们可以近距离观察人类大脑内部的加工过程，从而探索其语言的神经运作机制。这些认知神经科学的手段为手语大脑加工的研究提供了许多科学的证据。

例如，Neville 等（1998）比较了母语为英语的健听人、母语为手语的听障者、母语为手语的健听人这三类受试者在看到英语句子时的大脑反应，结果发现听障者与健听人一样都激活了经典语言区域——左脑外侧裂周区（Perisylvian），但不同的是听障者大脑还激活了右脑区域，研究者分析这可能与手语空间加工因素相关。

研究者对分类词谓语的认知研究还发现，除了与空间关系相关的场景加工，分类词谓语还涉及复杂的空间隐喻加工，从而为分类词谓语的计算指出了研究方向。因此为了实现认知神经科学与人工智能的有效结合，必须深入了解大脑的信息处理机制，用计算机人工智能模拟人脑信息处理的方法，为手语计算提供一定的理论支持。

但手语计算毕竟是认知科学、语言学和计算机科学等多学科交叉的复杂领域，我们需要从外层（或表层）研究手语理解的理论方法和数学模型，也需要从内层解释人脑理解手语机制的秘密，从人类认知机理和智能的本质上为手语计算寻求依据。认知神经科学为人工智能的发展提供了一条可能的途径，将认知神经科学的相关知识应用于手语计算将会是未来一段时间内非常值得关注的研究方向。

脑损伤和神经影像学的研究给我们提供了一套行之有效的方法，用于推测大脑结构和功能的关系。本章简单介绍手语和大脑的关系，有助于理解大脑是如何加工手语语言的，从而了解大脑的工作结构——一般架构和不同区域的潜在功能。

10.1　为什么要研究手语认知?

研究者最早发现语言和大脑的关系是在 19 世纪中期，开始只发现了布罗卡（Broca）区，后来又发现韦尼克（Wernicke）区也有此功能，但主要是感知语音。颞叶上外侧部（韦尼克区）和额叶下侧部（布罗卡区）位于外侧裂周区，见图 10.1。侧视图显示了四个不同的脑叶和一些用于语言加工的皮层，还显示了布罗卡区（标有“B”）和韦尼克区（标有“W”）的大致位置。底视图显示了主要视觉皮层（白色椭圆形）和第二视觉皮层（黑色虚线椭圆形）位于大脑后面，深藏于枕叶的回间沟里面。通过长期的探索研究，研究者到 20 世纪中叶发现大脑左边的外侧裂周区为重要的语言加工区域。这里有个问题：聋人也会使用这个大脑区域来理解和生成语言吗?

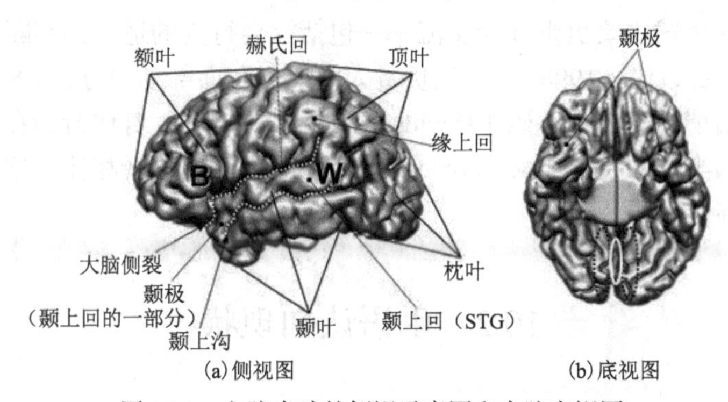

图 10.1　左脑半球的侧视示意图和大脑底视图

此外 Beeman 和 Chiarello（1998）指出，有声语言的研究表明右脑半球具有很多专门加工语言的重要功能，比如表达语句的语气和语调等。那么手语跟右脑半球也应该有紧密的联系，因为手语也需要描述从句子到句子的事件和一个短语或一系列短语的韵律，而且使用非手动特征等语气表达更为频繁。总之，一些研究人员怀疑手语比有声语言会更多地使用右脑半球。他们列举出了以下理由。

（1）右脑半球在视觉空间加工上占优势（Hellige，2001）。Witelson（1987）曾提出左脑半球专门负责顺序串行处理，而右脑半球负责并行处理。由此推断，语音不使用空间作为语言学特征，而是使用随时间变化的信号来编码语言，因此语音使用左脑半球来处理。手语是使用空间来编码语言，可能更多由右脑半球处理。但 Liddell 和 Johnson（1989）以及 Sandler（2006）提出异议，他们认为手语不一定在语言结构上具有专门空间化和非连续的特点。此外早期学者还把左右脑的差异概念化为“左脑负责连续，右脑负责空间”。例如，右脑半球处理视觉运动（基于时间的连续技能）可能较差，但在检测和解释视觉运动时比左脑半球更为熟练（Grossman et al.，2000）。右脑半球的相对强度可能是更为合适的概念，即识别视觉对象的形状、尺寸、结构的特化程度，也可以是识别其空间的位置、运动的状态。这种概念相对于有声语言来说，更有助于手语的语言分析。

（2）与相对强度相关的还有左右脑半球处理单元的粒度。左脑半球往往更擅长细粒度输入的知觉加工，可以更好地响应高空间频率的视觉显示、精确的视觉细节，而不是听觉或触觉输入的缓慢变化刺激。输出也遵从同样的原则。左脑半球主要负责语音或手语中组织输出连贯的行为加工，而不是打手语时对手的位置进行定位（Goldenberg & Strauss，2002）。与此相反，右脑半球是专门负责刺激材料的“粗粒度的”全局方面的加工，像感知高对比度图案或者由小图组成的大图形状。手语跟有声语言相比，使用了相对较多的“整体”行为来表示语言实体。

（3）右脑半球主要负责社会交流——包括社会行为的适当性判断、交流的语用判断（Winner et al.，1998）。它还负责人脸加工和面部动作分析（Sergent et al.，1992），包括情感表达的解码（Davidson et al.，2004）。身体行为和位置的感知也显示了右脑半球的特化（Meador et al.，2000）[①]。与语音相比，这些不同的特化可能更多涉及手语。

10.2 手语认知现状

10.2.1 脑损伤研究

Poizner 等（1987）做了一系列开创性的案例研究，针对以上问题给出了明确的答案。研究人员报告了 6 例单侧中风的聋人病例，他们的第一语言均为美国手语。他们的左脑半球受损，其手语表达也有问题。研究人员发现左额叶区受损会导致患者生成美国手语变得困难（类似于布罗卡失语症），而左颞叶受损容易造成患者理解美国手语变得困难（类似于韦尼克失语症）。布罗卡失语症患者通常可以通过手势清楚地表达他们的意图和理解，他们可能会点头或者摇头以回答问题，有时可以用自己的左手来做出合适的手势或者写一两句话，而右手的控制力受左脑半球额叶区域的损伤所影响。

① 脑功能特化指人的大脑两半球各有各的功能分工或专门职责，其基本点是左脑具有言语的优势功能，右脑具有非言语的优势功能。

这种情况表明，虽然左脑半球的额叶前下部对输出有声语言非常重要，特别是构建句子，但该区域的损伤不会导致个人交流能力的丧失。右脑半球受损并没有引起感知或生成手语的问题。到目前为止，论文共报告了 30 例大脑受损的患者（母语均为美国手语）病例。患者左脑半球的损伤会影响手语的表达，这一点已被证实，并受到一些国外手语证据的支持，如英国手语。

不管是研究手语还是英语，大脑损坏的不同位置看起来具有惊人相似的影响。左脑半球的外侧区域对语言功能非常重要。虽然它与听觉处理区域挨得非常近，但语言加工不是由听觉输入模式决定的。这些开创性发现有助于证明手语是一门真正的语言，与有声语言一样都是人类的自然语言。理由之一就是有声语言和手语看起来依赖相同的脑皮质基底，根据它们的认知和语言学基础，它们可被看作功能等效。虽然这不是严密的推论，但可作为很好的启发来促使研究者探索手语的脑皮质基础。

脑损伤研究表明大脑区域对执行一个特定任务很重要，但不能表明所有区域都会实际参与这个任务。失语症患者的大脑在执行任务时可能能够正常运行，但其运行的结果没法显示出来，因为它将运行结果发送到了一个关键的病变部位导致无法输出。此外某些大脑区域的活动可能会妨碍其他区域的活动，脑损伤可导致正常发生的过程被掩盖，甚至释放一些平时被抑制的功能。

所幸的是随着 ERP 和 fMRI 技术的出现，我们可以使用神经影像学方法看到大脑工作的具体细节。

10.2.2　ERP

人类使用 ERP 技术已有 30 多年的历史，但迄今应用于手语语言理解的研究为数甚少，最先使用的是 Neville 等（1992，1997）。Neville 等研究了聋人手势者的美国手语句子加工，并与他们早期对英语有声语言者阅读英语的研究结果进行了比较。在反映语义处理的 N400 效应上，聋人手势者的手语加工和健听人非手势者的英语加工出现了类似的时间进程和分布。然而，聋人对功能性手势（封闭类手势）则更多地使用了双侧脑半球，而非单一左侧脑半球。

封闭类手势与句法加工相关联，这表明美国手语里句法元素加工可能同时涉及右脑半球和左脑半球，这有别于健听人阅读英语时引起的左侧化激活。Neville 猜测也许美国手语句法加工不完全跟英语一样左侧化，其 ERP 研究支持了这一结论。

当手语动词行为的方向是朝着指示物时，手语里被称为呼应动词的一类动词显示了句法上的呼应（Padden，1988；Liddell，2000）。Capek 等（2001）表示在聋人手势者的美国手语句子里，当其动词是反向的（即语法错误）时候，则研究者可以发现其左脑半球里的较大的早前负波（如一个 LAN①）与早前健听人在阅读或听到英语句子的异常时的现象类似。

然而，动词被指向到新的位置，而不是指向到先前定义的指示物，这样的主谓不一致引起了双侧前负波。如此看来，大脑加工的句法元素类型（包括手势方向和运动）可能会影响电生理学跟踪。在某些句法异常的条件下，手语加工中可以观察到一个 LAN，再用同样的方式，也能在语音加工中观察到。在涉及右脑半球的条件下，这些条件可能反映了空间句法加工的需求，即它们只与手语特定相关。目前还不确定在语音加工中是否有类似这种类型的双侧早前负波。

就目前的发现而言，因为类似的左脑半球区域至少负责一些手语或者英语感知的句法违反，所以可以明确手语和英语都利用了左脑外侧裂周区以进行句法加工。此外 Neville 和其同事们从一些研究中得出的主要结论是，手语句法加工也可能涉及右脑半球，因此手语可能反映了双侧特化，比语音更明显。

10.2.3 fMRI

fMRI 方法不仅可以获得大脑活动的图像，而且还可以测得大脑（结构）灰质和白质的大小和形状。我们的问题是：聋人和健听人的大脑构造有什么区别?

到目前为止，笔者只查到有两项研究探讨了这个问题，分别是 Emmorey 等（2003）和 Penhune 等（2003），他们的这两项研究认为聋人和健听人的大脑构造没有区别，没有任何迹象表明聋人大脑听觉加工区域的体积比健听人的要小，如图 10.2 所示。

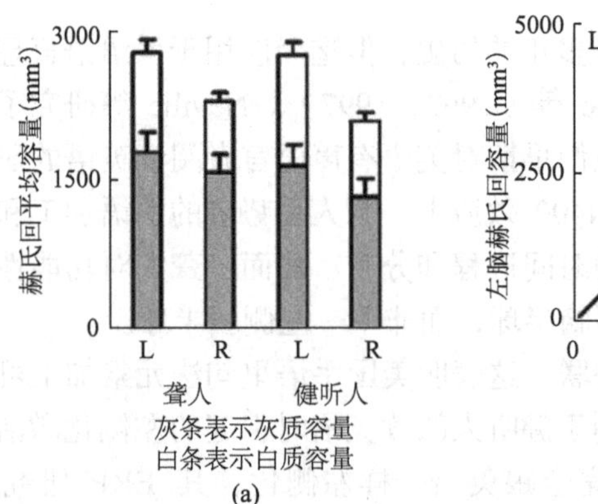

(a)

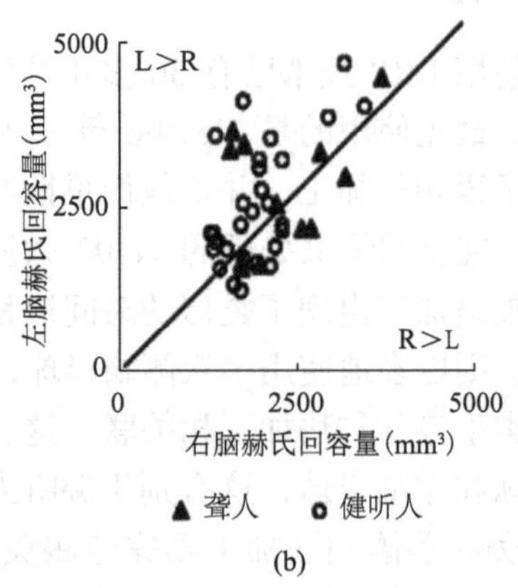

(b)

① 有很多 ERPs 研究通过词类违反考察句法加工的机制，发现词类句法违反产生潜伏期为 300—500 ms 的左前负波（Left Anterior Negativity，LAN），也有研究发现 LAN 的潜伏期为 100—300 ms。Friederici 等（1996）认为，出现在 100—300 ms 的早期左前负波（Early Left Anterior Negativity，ELAN）是词类违反导致的，而出现在 300—500 ms 的 LAN 是形态句法加工导致的。

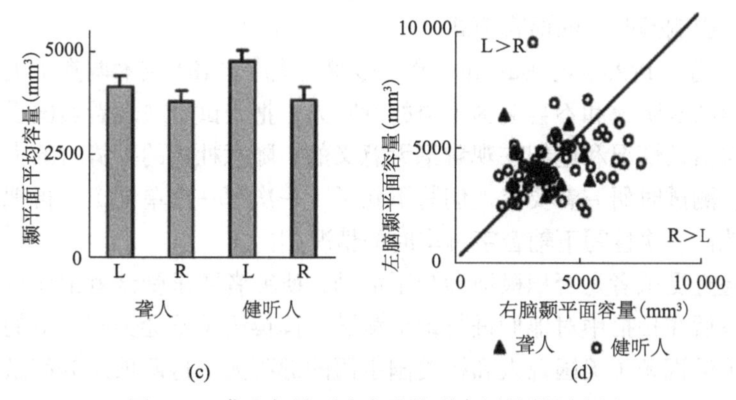

图 10.2 聋人与健听人大脑的形态测量学测定图

聋人和健听人的大脑几乎没有差异，但细微差别还是存在的。Emmorey 等学者就指出，聋人和健听人的脑区之间的白质连接是不同的，健听人的听觉部分和外侧裂周区相连接的部分相对来说较厚。

有很多方法可以查明手语加工是否用到了与有声语言加工类似的皮层区域。比如对那些使用手语和有声语言的人进行调查，可以直接比较这些双语使用者使用手语和有声语言的情况。通过使用正电子发射断层显像技术（positron emission tomography，PET），Söderfeldt 等（1997）比较了操瑞典手语和操瑞典语的受试者。第一项研究发现，这两者的语言输入没有明显的差别，而第二项研究通过使用更复杂的设计和更敏感的图像分析，发现不同的语言模式在功能上存在差异，但是这些都不在大脑外侧裂语言区域中，在该区域有不同的输入方式。有声语言加工时颞叶的听觉皮层激活得多一点，但是手语加工时部分视觉皮层（后颞下和枕部区域）激活得更多。整体上认为聋人加工手语语言的大脑功能定位模式与健听人加工有声语言的模式类似。

通过对比父母都是聋人的健听儿童和聋儿的大脑激活情况（MacSweeney et al.，2002a，2002b，2004，2006，2008；Neville et al.，1997），研究者发现了这些对照组的差异。特别是健听儿童打手语时，其颞叶的听觉加工区域激活得比聋儿打手语时更少，很可能因为听觉加工往往会在这些皮层区域中占主导地位，甚至在最早学习一种视觉语言时也一样。聋人没法接受听觉输入，因此这些区域会被用来处理其他形式的输入（Campbell & MacSweeney，2004；Bavelier & Neville，2002）。但是会瑞典手语和瑞典语的健听人很少见，是不是有一种可能就是这些使用双语的参与者的手语和有声语言驱动了观察模式？是否这些研究结果只适用于有听觉的人，而聋人使用手语和健听人使用有声语言显示出不同的语言模式？健听人能够接触不同类型的语言并能掌握手语以外的其中一种或几种语言，这将会影响健听人的语言模式。

Neville 等（1998）与 Bavelier 等（1998）使用 fMRI 技术调查了美国聋人、操美国手语的健听人和不会美国手语的健听人，把受试者在观看美国手语视频时的大脑皮层活动情况和他们在观看毫无意义的、随意杜撰的手势时的大脑活动情况相比较。测试时研究者要求他们写下句子（一次写一个单词），再把他们这时的表现与他们一次性写下辅音字母串时的情况相比。

为了检查受试者是否积极地参与了活动，研究者要求受试者记住自己所看到的内容，最后在扫描中对他们进行记忆测试。读英语（不会美国手语的健听人）和看美国手语视频（美国聋人和操美国手语的健听人）这两项任务都激活了受试者左脑半球的经典语言区域。

这些发现支持了脑损伤者的实验数据：左脑外侧裂周区对于语言加工至关重要。研究者还发现聋人和会手语的健听人的大脑也都激活了右脑半球区域，包括右脑外侧裂周区。基于他们以前的 ERP 研究，Neville 团队认为右脑的激活很可能是因为美国手语语法中增加了空间处理需求。Bavelier 团队把这种差异总结为“左不变性，右变性”（left invariance，right variability）。

这句话适用于使用典型左侧化语言区域的发现，美国聋人进行手语加工时比不会手语的健听人进行书面语加工时更多用到右脑半球。但很多学者不认同这个结论，主要是因为这个结论不适用于失语症研究，因为手语加工涉及右脑半球，那么脑右侧或双侧病变的患者可能会在学习手语时比较困难，而左脑半球损伤的患者应该不会出现如此严重的手语加工困难问题(Corina et al., 1998; Hickok et al., 1998）。

受试者写英语句子时一次写一个单词，缺乏语调和重读，而面对面沟通才有其典型的韵律特征。相比之下，因为手语本身就是用于自然环境交流，所以自然就有面对面沟通的韵律特征。在有声语言的神经成像学研究里，用来表达话语含义的韵律特征激活了大脑右侧化区域（Friederici，2004），右脑半球损伤的患者却很难掌握手语或有声语言的韵律特征。

另外，手势者首先使用母语来表达他们自己想要表达的意思（Hickok et al., 1999）。相比之下，对于健听人来说，他们是将书面英语作为第二语言来学习的，他们的第一语言是英语口语，这是建立在个人的口语知识之上的，因此可得出以下结论：手语可能比阅读英语更多地激活右脑半球。

手语神经成像的成果已经很丰硕，但一些研究结果还是令人困惑，比如前面提到人脑布罗卡区受损不影响手语表达，但手语加工也需要用到布罗卡区，这需要进一步的研究。

10.3　工 作 记 忆

自德国心理学家赫尔曼·艾宾浩斯（Hermann Ebbinghaus）开创了人类记忆实验研究以来的 100 多年历程中，记忆始终是科学心理学研究高级心理活动的重要领域，特别是 20 世纪 50 年代随着认知心理学的兴起，记忆研究已成为该学科最富有成果、最具代表性的内容。人们普遍的看法是，不再把记忆看成一个独立的信息贮存系统，而强调记忆在人的信息加工全过程中的主动性和创造性。

对工作记忆的研究正是在这个时候应运而生的。具体来讲就是在进行学习、记忆、思维及问题解决等高级认知活动时，人们需要一个暂时的信息加工与存储机制，它能够保存被激活的信息表征，以备进一步加工之用。Baddeley 和 Hitch（1974）称这种机制为工作记忆（working memory），指一种对信息进行暂时性加工和存储的能量有限的记忆系统。《心理学大词典》对工作记忆进行过如下解释：

> 人作为一种信息加工系统，把接受到的外界信息经过模式识别加工处理而放入长时记忆。以后，人在进行认知活动时，由于需要，长时记忆中的某些信息被调遣出来，这些信息便处于活动的状态。它们只是暂时得到使用，用过后再返回长时记忆中。信息处于这种活动的状态，就叫工作记忆……这种记忆易被抹去，并随时更换。（朱智贤，1989：232）

然而，目前人们普遍认为，工作记忆是一种对信息进行暂时性加工储存的系统。它与短时记忆是有区别的，短时记忆只是对信息进行短暂的储存，而工作记忆对信息不但要进行短时储存，还要进行暂时性加工。后来 Baddeley 对工作记忆概念进行了补充（Baddeley，2000，2003）：从理论上来说，工作记忆是一个对信息进行暂时性加工储存的能量有限的系统，这个系统为知觉、长时记忆及其活动之间提供了一个分界点，从而支持了人类的思维活动过程。但工作记忆的许多问题尚未弄清楚且有许多争论存在，在实验手段和实验方法上也还存在许多缺陷。未来的研究应该将认知心理学的研究和神经心理方面的研究结合起来，可能会得到更有意义的结果。

过去已有大量研究调查了聋人是如何记忆言语材料的（Conrad，1970；Furth，1966；O'Connor & Hermelin，1973；Marschark，1993），然而这些研究的重点在于对英语口语和书面英语的记忆，很少考虑到聋人能否利用手势表征来编码信息。这里我们探讨基于手势记忆的可能性以及它能否告诉我们关于人类记忆系统的结构和性质。具体来说，我们研究的是工作记忆——信息加工、临时存储涉及的短期记忆系统。

10.3.1　工作记忆模型与语音回路

工作记忆模型通常包含两个主要组成部分：一个用于言语材料，另一个用于视觉空间材料。图 10.3 提供了 Baddeley 和 Hiteh（1974）开发的工作记忆模型简化版本。Baddeley 提出工作记忆的三成分模型后，许多研究者在对它进行验证的基础上也指出了该模型存在的不足之处，Baddeley 本人也承认这一事实，于是对其进行了修改和补充，提出了工作记忆模型的第四个成分——情景缓冲器（episodic buffer）。但是 Baddeley 的模型的基本结构仍然是最基础的结构，它为调查手语的工作记忆提供了一个有用的框架。

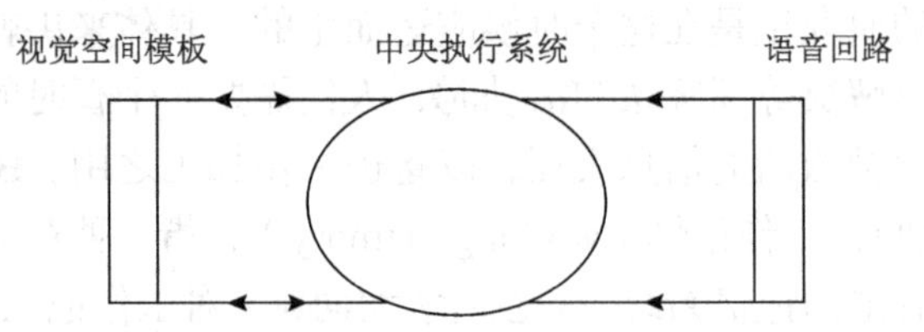

图 10.3　Baddeley 和 Hiteh（1974）提出的工作记忆模型简化版本

从图 10.3 中我们可以看到，工作记忆包括中央执行系统、视觉空间模板和语音回路三部分。中央执行系统负责工作记忆中的注意控制，其功能类似于一个能量有限的注意系统，该系统负责指挥各种次级系统的活动；视觉空间模板对视觉图像信息进行操作；语音回路贮存与复述言语信息，在获得语言词汇中起到重要作用。

视觉空间模板与语音回路是两个平行的子系统，也许中央执行系统还可以分离出其他的附属系统，但是目前我们所了解到的只有语音回路和视觉空间模板两个子系统。工作记忆的三个组成部分共同决定了工作记忆中信息的编码、表征、存储形式、提取以及容量等。工作记忆是一个位于知觉、记忆与计划交界面上的重要系统，它与短时记忆的区别在于，工作记忆包括心理计算和对计算结果进行贮存，而短时记忆则强调对最近信息的贮存能力。

中央执行系统成分在工作记忆里调节信息流量，并辅以两个子组件，其中 Gathercole 和 Baddeley（1993）描述其特点如下：语音回路[①]保持言语编码信息，而视觉空间模板参与短期加工和材料维护（maintenance of material），具有很强的视觉或空间组成部分。手语是视觉空间化的特殊语言，也是特殊的语言模态之

① Baddeley 的理论模型中有关次级记忆的研究最先进行理论化的就是语音回路这一概念。人们假定在这个次级记忆系统中包含着两个相关因素，即对语音信息进行接收、保存的语音存储系统，以及对语音存储系统中所保持的语音信息进行加工、保持的发音控制过程。这种说法被 Smith 和 Jonides 于 1999 年进行的有关脑成像机制的研究所证实。

一，由此，我们探讨了工作记忆如何表征手语的问题。在一系列研究中，Wilson 和 Emmorey（1997a，1997b，1998，2000，2001）通过考察语言模态如何塑造工作记忆的结构来了解这个问题，以及工作记忆里维持的表征性质。

已有学者意识到有声语言和视觉空间编码之间的不一致，这反映了人类认知的基本差异。一方面，表征记忆的言语域的一个方法与语言相关，因此虽然是视觉观察，但书面或唇读的刺激材料主要落在言语工作记忆域内；另一方面，言语域可以通过其听觉基础和有声语言声带发音属性来表征，因此言语和视觉空间工作记忆已被归因于听觉和视觉之间的差异。例如，视觉空间模板很容易保持视觉显示里的空间信息，而语音回路则容易保持声音时间信息。因为这个二重性，非听觉和非发声的语言即手语为研究塑造工作记忆结构的因素提供了一个独特的窗口。

语音回路[1]是工作记忆的三大成分之一，主要负责语音的存储与加工。它由两个次级组成部分构成，分别为语音存储装置和发音复述装置。语音存储装置保持以语音或言语为基础的材料痕迹，但保持时间十分短暂，这些记忆痕迹在大约两秒之内就会衰退，要使它们保持下来就必须通过发音复述装置进行复述。

听觉形式的语音信息可以直接进入语音存储装置，而视觉形式的语音信息必须先转化为听觉形式的语音信息才能进入该装置，完成这一转化也是通过发音复述装置实现的。可见，发音复述装置有两个功能：一是通过默声复述刷新语音存

---

① Baddeley 和 Hitch（1974）研究工作记忆模型时发现，当同时进行的记忆负荷（concurrent memory load）达到六个项目时将影响受试者的推理、理解和回忆能力；刺激项目的语音相似性会影响受试者的推理、理解能力；发音抑制则会影响其回忆、推理能力。这些发现表明工作记忆作为短期存贮机制能直接进入语音编码系统。此外，Baddeley 和 Hitch 却意外发现同时进行的记忆负荷任务为三个项目时，对受试者的推理、理解及回忆能力没有影响或影响极小。所以，他们认为同时进行的序列回忆任务中的项目存储于一个独立的子系统中，从而释放出中央系统，使其致力于运行主要任务。只有同时进行的记忆负荷超出子系统的容量而需要占用部分中央系统时，才出现这种影响。Baddeley 和 Hitch（1974）将这一子系统表述为“能以适当的序列顺序存贮一定量的言语原材料的音位反应缓冲器（phonemic response buffer）”。换句话说，该系统以语音编码形式运行，负责临时的序列性加工，其作用是作为口头言语被说出前的临时存贮的缓冲器。

随后，由于刺激项目可以循环并保存于记忆中，Baddeley 和 Hitch 又称之为音位复述缓冲器（phonemic rehearsal buffer）和音位环（phonemic loop）。Baddeley 等（1975b）称之为发音复述回路（articulatory rehearsal loop）或发音回路系统（articulatory loop system），以显示其与言语产生机制的联系。Bishop 和 Robson（1989）发现，与有正常言语能力的脑瘫儿童相比，由脑瘫引起的先天性构音障碍的儿童表现出正常的记忆广度、词长效应和语音相似效应。因而，Baddeley（1998）指出，内在言语的发展和发生作用似乎并不依赖于外在言语，所以语音回路（phonological loop）也许比发音回路（articulatory loop）更合适，因为显然后者有直接涉及口头发音的含义。

储装置中的记忆痕迹，不断加强将要消退的记忆痕迹，使之保持下来；二是通过默读命名记录视觉方式呈现的材料，将视觉形式的语音信息转化为听觉形式的语音信息，从而使其进入语音存储装置。

有不少实验表明，人们复述非词的能力影响着其对母语或英语（作为外语）词汇的学习。换句话说，语音回路使人们学会了阅读，能学习词语，从而使语言学习成为可能。对认知障碍受试者的实验研究发现，语音回路对语言理解有显著作用（Baddeley，1998）。另外，最近一次研究发现，语音回路对行为控制也起着相当重要的作用。例如，一辆汽车阴天时行驶在一条陌生的道路上，驾驶员心里默念着下一个转弯的序号和方向,这就是一种虽简单却相当有效的“记忆保持”。

正像 Miyake 和 Shah（1999）指出的，语音回路似乎不仅仅是一个应用于语言习得的子系统（Baddeley，2003），对于本身既是一门语言又代表了行为控制的手语来说，语音回路对手语理解起到了相当重要的作用。

10.3.2 是否存在基于手势的工作记忆？

是否有证据支持聋人手势者以基于手势的形式来记住信息呢？Bellugi 等（1975）通过研究当聋人需要记住美国手语手势列表时所犯的错误类型，第一次发现了基于手势工作记忆的证据。他们发现在系列回忆任务里手势者所犯的错误主要是要记住的手势的语音属性，而不是语义属性。例如，受试者误将美国手语手势“马”记成了“叔叔”，这两个是音韵类似的手势，它们共享相同的发音部位、方向和手部配置。

在基于美国手语手势的英语翻译任务中，手势者没有犯侵入错误[①]，甚至当他们被要求使用书面英语（用美国手语手势注释）来响应时也如此。此外跟音韵不相关手势列表相比，手势者对音韵相关手势列表的回忆表现较差。这一结果与针对说话者发现的结果类似，也就是说，手势音韵类似的单词（如 mad、man、cat、cad）与手势音韵不类似的单词（如 pit、cow、day、bar）相比，其记忆表现较差。

这种记忆表现模式被称为语音相似效应[②]，这被认为是在工作记忆中以一些类型的音韵代码进行信息编码，而不是以语义代码进行信息编码。在形成上，类似的有声语言里的词汇或手语里的手势在记忆里容易混淆，影响了回忆效果。存储

---

① 系列回忆任务有四种错误类型，即遗漏错误（omission errors）、侵入错误（intrusion errors）、移动错误（movement errors）和重复错误（repetition errors）。

② 与读音有差异的字母和单词相比，人们更难准确记住读音相似的字母和单词。例如，系列字母 g、c、b、t、v、p 比字母 f、w、k、s、y、q 更难记住，因为前面的字母中都含有同一个读音/i:/，而后面的字母中没有相似或相同的读音。视觉或语义相似的字母或单词则不存在这种现象，这说明语音回路中存在语音相似效应。

在工作记忆中的项目之间的语义相似性似乎对英语单词或美国手语手势记忆表现的影响不大。此外 Poizner 等（1981）表明手势的象似性也对回忆表现的影响较小。

这些研究结果表明手势的工作记忆涉及基于手势的视觉-手势属性的音韵编码，而不是语义编码，它们是基于英语的手势翻译或是基于手势象形属性的编码。

10.3.3　视觉空间的语音回路

目前有声语言口语和书面语的研究表明，语言的工作记忆已被认为是一个存储缓冲区，以音韵形式表征信息，并随时间而衰减。发音复述装置过程被用于更新存储的信息，并将项目保存在记忆中（Baddeley，1986）。复述过程也被用于将书写文字或图片之类的非语音输入重新编码成音韵形式，使它们能够在语音存储装置里保存。Baddeley（1986）提出语音应直接通达语音存储装置，这样可以绕开发音重新编码。该体系结构如图 10.4 所示。

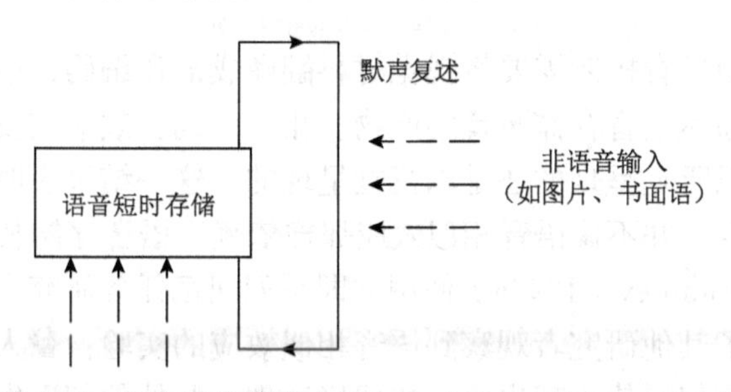

图 10.4　语音回路模型（Gathercole & Baddeley，1993）

这种体系结构是以听觉系统的固有特性和与语音相关的声带发音机制为基础的。提出这种架构是由于人类进化历史上语言模态的关系，或者因为听觉加工可能有助于信息维护，而视觉加工做不到这一点。不管是哪个原因，语音回路和视觉空间模板的分离已内置在系统里（图 10.3）。另一种可能性是语音回路将其结构（至少是部分结构）归功于有声语言对个体发展的影响。基于这个考虑，语音回路是通过专门技能的特殊形式来塑造的。

为了解决这个问题，Wilson 和 Emmorey（1997a）探讨了工作记忆的视觉空间域能否支持类似于语音回路的复述回路，那就是，美国手语手势者是否具有视觉空间复述回路，以表现出一些或所有基于语音的语音回路的结构特性？研究这个问题可以让我们了解工作记忆子系统的哪些属性依赖于子系统与语言的关系，以及哪个是感觉运动模态的根本属性。

如图 10.4 所示，语音回路模型结构的证据来自实验的各种效应和它们之间的相互作用，如前面提到的语音相似效应，还有词长效应和发音抑制效应。词长效应是指短词列表（比如 sum、wit、hate）比长词列表（比如 opportunity、university、 aluminum）更易获得更好的记忆效果[①]。这个效果似乎与单词的持续时间（即每个单词所需要的发音时间）有关，而不是音节、音素或词素的数量（Baddeley，1986）。发音抑制效应[②]是指在演示需要记住的单词列表期间，当受试者必须执行无关嘴部的动作（比如重复“ta，ta，ta”）时，记忆广度[③]降低（Murray，1968）。这种效应看起来与一般的分心或注意力负载的影响无关，而与言语域干扰的一种特殊形式有关。记忆广度的缩减被发现与发音抑制有关，这表明某些类型的发音复述参与了语音工作记忆。语音相似效应和词长效应表明了语言的表面形式，其语音和发音的性质对工作记忆的言语成分很重要。

然而正是这些不同效应的相互作用揭示了基于语音工作记忆的结构。例如，发音抑制效应和语音相似效应根据刺激材料的呈现方式交互作用。当英语单词通过听觉播放时，语音相似效应就不会受到发音抑制效应的影响；然而当刺激材料通过打印或图片形式进行视觉呈现时，语音相似效应在发音抑制效应的影响下便消失了。

这种模式表明发音机制需要将视觉材料翻译成语音编码，语音相似效应是有声语言材料直接通达语音存储装置的产物。相反，词长效应在发音抑制效应下消失，无论单词是以听觉呈现的还是以视觉呈现的。这一结果表明词长效应来源于发音复述过程本身，并不像语音相似效应那样依赖于语音存储装置。

Wilson 与 Emmorey（1997a）使用立即系列回忆任务研究了美国手语的这些效应。他们复制了其他研究者观察到语音相似效应的实验：聋人手势者对音韵相似手势比音韵不相似手势表现出较差的回忆表现。此外他们还发现在演示过程中产生的无意义的手部动作导致了受试者差劲的记忆表现。这些结果证明了人工模拟的发音抑制效应，他们由此提出了手势的发音复述机制。最重要的是手部动作

---

① 有人发现受试者更容易记住短序列的词，即音节少的单词，而难记住长序列的单词，即多音节的单词。要回忆并读出多音节的词要花更长的时间，这就需要花更多的时间来防止多音节词在记忆中退化。词长效应之所以存在，是因为复述较长的词要花更多的时间。

② 当要求受试者在进行阅读时同时做抑制发音任务，就会发现受试者的阅读成绩呈下降的趋势。这说明抑制发音影响了受试者对材料的理解。当材料以视觉方式呈现时，抑制发音还消除了语音相似效应。

③ 工作记忆广度直接影响着人类完成高级认知活动的效率，因此工作记忆广度在记忆心理学界一直备受关注。G. A. Miller（1956）提出了神奇的数字 7，认为人类的短时记忆的平均广度为 7 ± 2 个独立的信息组块或信息单元。Cowan（2001）在总结了自己和他人的研究的基础上发表了论文《短时记忆中神奇的数字 4：心理存储能力的再认识》（“The Magical Number 4 in Short-term Memory: A Reconsideration of Mental Storage Capacity”），重新考察了短时记忆的存储容量，形成了一个关于工作记忆容量的框架。其核心概念就是，在一般成年人中，工作记忆的广度可达 3—5 个独立的信息组块或信息单元，并且指出这种特殊形式的存储限制可能就是注意焦点容量，即注意焦点是一个大约 4 个要素的有限容量。

抑制效应不与语音相似效应相互作用，这两种效应是独立的，是从工作记忆不同成分中产生的。

为了研究这些效应，刺激必须重新编码以被存储为基于手势的形式。聋人手势者在回忆观看到的可命名的图片时，被要求为每个图片打出相应的美国手语手势。结果与说话者一样，当编码过程中没有手部运动（即没有抑制）时，聋人手势者就出现了手语语音相似效应，因此发音过程需要把材料翻译为工作记忆的美国手语代码。当通过竞争手部动作去除这个过程时，基于手势的记忆证据则消失了。这种模式的结果支持了手语的工作记忆系统，包括语音缓冲区和发音复述回路。

这种结构的进一步证据来自手势长度效应的发现，与词长效应相似（Wilson & Emmorey，1998）。研究人员发现，聋人手势者对长手势列表（比如 piano、bicycle、cross、language）比短手势列表（比如 typewriter、milk、church、license）表现出更差的记忆。长手势包含圆形或路径运动，而短手势仅涉及短暂的重复动作。与美国手语语音相似效应不同，手势长度效应在发音抑制的影响下消失了，这表明长度效应是发音复述过程的直接后果，不可用在抑制条件下。存在视觉语言的语音回路这一事实表明工作记忆的结构不是固定不变的，而是处于发展过程中，应该对视觉或听觉语言信息的体验做出灵活反应。

Wilson 和 Emmorey（1997b）认为语音回路应该被看作一个配置机制，对适当的语言输入做出反应，不管输入的是何种语言模态。迄今为止的数据表明，对于有声语言和手语来说，工作记忆的结构属性是相同的，并且不受有声语言和手语之间的许多运动和知觉差异的影响。此外，相关数据表明，语言工作记忆是由存储抽象原则和复述所组织的，复述不与某一特定模态绑定，或者不由某一特定模态控制。

10.3.4　手语和有声语言的记忆广度比较

基于语音材料的立即系列回忆容量受到发音回路的持续时间的限制，这个时间估计是两秒钟，而且似乎是一个普遍的常数。此外由于基于语音的工作记忆似乎涉及某种默声复述，因此人们发音的速度可以影响他们复述的速度，甚至影响他们的记忆表现，也就是说更快的发音可以有更好的记忆表现（Baddeley，1986）。工作记忆复述容量的限制是真正通用的吗？或者是否基于语音的属性？

如果手势发音回路具有与语音相同的限制，则发音速率和正确回忆项目的数量之间应该存在相关性。此外如果立即系列回忆容量是一个普遍常量，则适用于手语和有声语言，回忆手势的数量应与能在两秒内打完的手势数量相关联。

事实上 Marschark（1993）发现手势发音速度和记忆表现之间存在关系，在美国手语数字系列回忆任务中，速度快的手势者表现出更好的记忆力。此外 Marschark（1993）基于手势复述和基于语音复述比较了聋人手势者和健听者在系列回忆任务中的表现，任务分别采用美国手语和英语有声语言，发音回路大约为两秒钟时间，因此发音回路的有限容量与具体的有声语言发音限制或者语音的声学特性毫无关联。

然而有限容量导致了手势和语音的记忆广度差异。许多研究发现，与健听受试者针对单词表现出的工作记忆广度相比，聋人手势者针对手势表现出了更小的工作记忆广度。由于手势比单词需要更长的发音时间，因此可能会存在记忆广度的差异。

一些研究人员发现不同语言的说话者的数字记忆广度受到他们自己语言中数字单词的发音时间的影响。也就是说其语言里的数字单词较长的说话者（如威尔士人），比起其语言里的数字单词较短的说话者（如中国人），其数字记忆广度更小。因此打手语时，其本身的肌肉运动严重影响了其工作记忆容量，从而导致了更小的记忆广度。这些事实也部分解释了手语的线性前缀和后缀的稀有性，以及儿童难以习得手势英语的原因。手势英语和线性词缀可能通过创建需要长时间发音的手势形式来耗尽工作记忆容量。

10.3.5 视觉空间模态对基于手势的工作记忆的影响

虽然手语和有声语言的工作记忆架构一般是相似的，但根据其模态不同的加工约束和视觉听觉能力，工作记忆会存在一些重要的差异。具体地说，时空编码是一个域，域中听觉和视觉不同，听觉显示了时间编码的相对优势，视觉显示了空间编码的相对优势（Kubovy，1988）。Wilson 等（2001）的实验表明美国手语工作记忆可能涉及一种空间编码，无法适用于有声语言。

我们注意到在系列回忆任务中，一些聋人手势者自发地通过生成一个单独空间位置手势来做出反应，这样就可以证明以上假说。这种类型的反应不仅仅是人为自然反应（artifact）或风格偏好，而是起到了替代功能角色，如聋人手势者将回到初始位置以便对手势做出修正。这种反应模式表明将空间成分引入记忆表征可能有助于改善表现，已有人在这种方式里发现了这样的编码策略。虽然在空间里定位项目的记忆项目策略已有相当一段时间了（Yates，1966），但空间编码似乎不可用于基于语音的工作记忆。当被要求立即回忆单词时，英语说话者没有受益于单词和空间位置的任意关联性（Li & Lewandowsky，1995）。

为了验证这一假说，即基于手势的工作记忆可以采用手势空间作为编码序列的额外资源，Wilson 等（2001）给聋人手势者布置了系列回忆任务，用于比较发音部位可变的手势记忆，即中性空间手势，比如 milk、library、bathroom、one-dollar，以及肢体上发音部位固定的手势，即体锚手势，比如 bar、lemon、twins、candy。此外他们还研究了比起屏幕中央演示的手势，在屏幕上不同位置演示的手势是否更有助于记忆这一问题。

研究人员认为聋人手势者对于发音部位可变的手势能够只使用空间编码，因为只有这些手势才可能在不同的空间位置上进行心理“复述”，而且屏幕上不同位置呈现的刺激可能提示他们使用空间编码策略。实验结果发现，中性空间手势比体锚手势更易于准确记忆。

此外一些手势者被观察到，在对应屏幕位置的不同空间位置序列上，如左上、左下、右上、右下等空间象限，也打出了中性空间手势。这些结果表明，空间编码可以用来作为记忆手势简单重复之上的记忆装置。然而与在屏幕中央的显示相比，当手势在屏幕上不同位置呈现时，系列回忆没有得到改善。这一发现表明刺激材料里的空间信息为非语言时，即屏幕位置不是手语的音韵部分时，手势者没有把空间信息纳入他们的复述。

然而另一个可能的解释是手势者自发地参与空间复述策略，不管手势结构何时允许，因此屏幕提供“建议”的空间策略并不能使手势者广泛使用这种策略。在任一情况下，体锚手势和中性空间手势之间的差异似乎表明当空间复述策略可用时，手势者的实验表现会有所改善。由于手势者使用的空间编码不可用于语音工作记忆，因此这些研究结果表明语言模态可以改变工作记忆里保存的表征性质。

Wilson 和 Emmorey（1997b）进一步支持了这一假说，美国手语工作记忆涉及系列顺序的一些类型空间编码。他们研究了聋儿与健听儿童向前或向后回忆数字列表的能力（手语或有声语言）。研究表明逆向回忆一系列听觉词汇比正向回忆要更加困难，研究者提出了编码单向形式，就像时间是单向的。然而空间编码并不需要一个必需的方向性，因此如果基于手势的工作记忆可以捕获空间形式的系列顺序，而不是时间形式的系列顺序，则向后和向前回忆可能只有很小的差异。

这正是由 Wilson 和 Emmorey（1997a）在儿童身上，以及 Mayberry 和 Waters（1991）在成年人身上观察到的结果。母语为美国手语的聋儿手势者在向前和向后回忆手势数字时的表现都很好，表现出刺激输入逆序需求基本上没有成本。相反健听儿童大体上向后回忆的表现差于向前回忆，这是在有声语言材料中的发现。此外 Mayberry 和 Waters（1991）发现成年人中母语为手语的、早期学习手语的和晚期学习手语的受试者在向前和向后回忆手势数字广度上的表现也不一样。

这些数据表明基于手语的复述机制并不完全与工作记忆中基于语音的机制相似。语音回路似乎就是专门在给定顺序上精确重复一系列项目，可能与听觉时间处理能力有关；手势回路在顺序上精确保存似乎不太熟练但更灵活，可能与视觉空间处理能力有关。

手势回路里的表征形式使其不需要作为字面意义视觉意象成为可能，它只需要作为至少保留一些视觉系统信息属性的表征形式。这些研究结果指向一个域（domain），即系列顺序编码，域中特定感官模态的加工需求给模态里语言工作记忆的结构施加了限制条件（Hanson，1982）。

到目前为止，我们一直主要关注美国手语工作记忆的“复述”方面——基于发音过程的效应。然而在这一点上，很少有关于语音存储装置性质的证据，特别是是否包含视觉编码，而不是抽象音韵编码，这些还不清楚。例如，听觉和视觉之间存在加工差异，听觉感官存储比视觉的持续时间更长，在基于时间的编码上，听觉具有明显的优势——这些都表明手势工作记忆可能不使用任何基于感知的表征。

Wilson 和 Emmorey（2000）研究了寻找一个与无关语音效应类似的无关手势效应的可能性。这种效应是指当受试者观察无意义的语音或其他与记忆任务无关的有组织的听觉输入时，记忆表现会变差，但是手势记忆是否会被无意义手势形式或其他有组织的视觉输入呈现所打乱，即对于工作记忆而言，是否有一个单一非模态输入存储，或者输入存储是否就是模态特异性，只对相关模态里的中断敏感。

为了探讨这一问题，研究人员给聋人手势者和健听非手势者布置了立即系列回忆任务。聋人手势者观察录像带中的美国手语手势，健听非手势者也通过录像带观看书面英语，即美国手语手势注释。研究者针对这两组受试者测试了两种类型的无关视觉材料。第一种是伪手势，这种手势没有违反语音上的常识，但在美国手语手势里不会发生；第二种是移动的、不能命名的锯齿形状，即 Atteneave 图形（Atteneave，1957），如图 10.5 所示。无关视觉材料在延时间隔期间呈现在受试者看到要记住的单词或手势列表之后，至他们做出反应之前的中间时段。

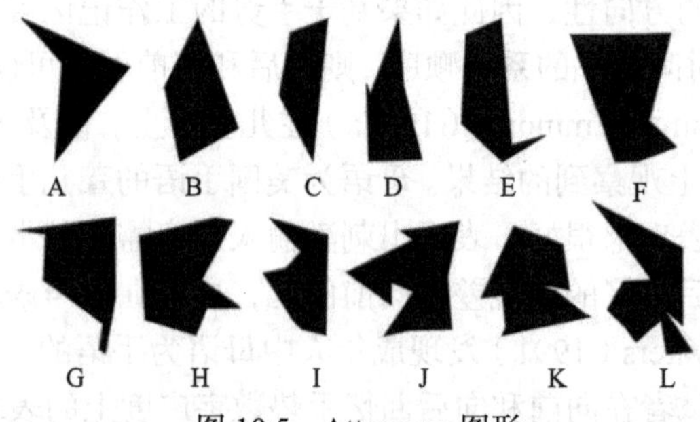

图 10.5　Atteneave 图形

在基准条件下，延时间隔期间每一组受试者观看统一的灰色与深灰色交替的屏幕。结果表明，无关视觉材料破坏了阅读美国手语手势的聋人手势者的记忆，但没破坏阅读英语单词的健听非手势者的记忆。以基于语音工作记忆的证据为基础，健听人几乎必定将书面文字翻译成语音或准听觉形式，以达到复述的目的。

一旦使用这个改写形式，健听非手势者就不容易受到来自视觉材料的干扰。相反，当聋人手势者被要求观看伪手势或 Atteneave 图形，并努力记忆美国手语手势列表时，相对于基线灰色区域条件，他们的表现则相当糟糕。这一发现解释了工作记忆里美国手语手势的某些类型视觉编码。

一般来讲，以上研究讨论了工作记忆里模态的具体表征（specific representations of modality），因为视觉输入和听觉输入都有选择性地破坏了基于相关模态的语言效应。然而我们还需要明确特定模态的意义，因为无关视觉输入产生显著的破坏，这种现象只对维持美国手语手势有效，而对书面文字无效。Wilson 和 Emmorey（2000）因此认为对记忆的破坏只针对特定语言的主要表现形式模态有效，而对刺激本身的模态无效，该特定语言的语音编码将用于记忆维持。

10.3.6　手语的模态效应

模态效应是指健听人几乎总是记住有声语言单词列表上的最后一个单词，也就是人们常说的近因效应（Recency Effect），但对于视觉呈现的单词列表，这种效应则弱得多（Conrad & Hull，1968）。Crowder（1967）解释了系列回忆的模态效应，即这是听觉输入缓冲区（也叫范畴前听觉存储，precategorical acoustic store，PAS）的反应。普遍看法是，人一旦听到列表上的某一个单词，则这个单词就进入听觉存储，并“改写”存储里任何现有的声迹。

听觉近因被解释为听觉存储剩余项目的回忆优势。听觉输入缓冲区也被用来解释词尾效应：如果将要记住的列表后面紧接着加一个单词，该单词被指示说明可以忽略，则近因效应会消除或者大大降低（Crowder，1967）。例如，单词 end 出现在每个列表的末尾，但受试者被指示不用记住这个词。因为听觉输入缓冲区通达被认为是强制性的，所以词尾单词会自动覆盖列表最后一个项目的痕迹，而这个最后项目通常会产生近因效应。如果这些效应的产生只是因为听觉输入缓冲区，那么使用手语应该不会产生近因效应。

然而 Shand（1980）观察到在美国手语手势顺序回忆里，聋人手势者也存在近因优势，但书面英语单词则未发现近因优势。也就是说尽管这两个列表都是通过视觉呈现的，但手势者更容易回忆美国手语列表中的最后几个手势，而书面英语列表中的最后几个英语单词却没有表现出这种优势。此外当美国手语手势被添加到手势列表中，以及一个美国手语线条画（line drawing）被添加到手势线条画列表中时，Shand 和 Klima（1981）也发现了词尾效应。

Krakow 和 Hanson（1985）也观察到美国手语手势列表和手指拼写单词列表的强烈近因效应，而书面英语单词列表中未发现。这些研究结果反驳了近因效应和词尾效应的“模态”解释。也就是说，轻松回忆有声语言单词列表的最后一项和通过添加冗余单词到列表中消除这种优势是事实，这个事实不是对听觉输入缓冲器属性的最佳解释。相反，一些研究者把这些效应归因于受试者在记住静态信息时记忆状态变化（或动态）信息的优势。

这种假说可以解释 Campbell 和 Dodd（1980）的发现，即沉默唇读刺激（嘴读英语但不发声）产生了近因效应和词尾效应，虽然只能在视觉上观察到。然而这种状态变化的假说没有考虑到 Shand 和 Dodd 的发现，即美国手语手势线条画（静态图像）也能引起这些效应，因此 Shand 和 Dodd 提出，出现这些不同效应的原因在于主要语言和派生语言代码之间的区别。

在这个意义上，书面英语是“派生”来的，它不是自然习得的，它必须被传授和教导，并且文字与声音之间存在相对抽象的关系；相反，有声语言是一种主要的语言代码，理解语音直接受到发音姿势的视觉感知的影响，如 McGurk 效应[①]，这表明唇读是言语感知必不可少的（Massaro，1998）。像语音一样，手语也是主要的语言代码，手势静态图虽然不是自然语言输入，但可以清楚地表征实际手势——只是这种表征遗失了运动细节。这可能是以主要语言代码呈现的刺激，不论听觉或视觉，都可直接立即通达工作记忆的存储缓冲区[②]。

10.4　小　　结

通过对比脑神经完好无损的手势者和脑损伤的手势者的调查研究发现，左脑半球对手语和有声语言加工都至关重要。然而，来自手语的证据否定了关于这种特化性质的两个相互竞争的假说。

---

① McGurk 效应（McGurk Effect）是 1976 年 Harry McGurk 和 John MacDonald 在权威杂志《自然》上报道的一种发音口形与实际发音不匹配时感受者对声音的感知会产生错觉的效应。当口型与声音不一致时，受试者会将声音知觉为其他音节，这被称为“McGurk 效应”。例如，当受试者看到音位/ga/，再听到/ba/时，常把后者听成/da/。McGurk 效应说明人对语言信息的感知是大脑整合了一切可资利用的感觉通道的脑资源，特别是视觉通道和听觉通道的脑资源的结果。同时研究结果也证实触觉也可以“听”声音，如同视觉通道对声音感觉的干扰影响一样，触觉通道对声音的感觉也可造成干扰影响。McGurk 效应提出了视觉对听觉的干扰问题，视觉可以干扰大脑对听觉语言信息的判断、识别、认知；同样，听觉也可以干扰大脑对视觉信息的判断、识别、认知。McGurk 效应说明在视觉通道和听觉通道之间存在着交叉通道影响的问题，或者强化了在人的多感觉通道的感知模式中视觉通道起优势主导作用的观念。

② Krakow 和 Hanson（1985）反对这个主要语言假说，因为他们发现手指拼写单词相对于书面单词引起了更加强烈的近因效应。然而手指拼写可以被视为主要语言（美国手语）的一部分，因为美国手语词汇中就已经包含了手指拼写单词，能够不需要传授即可让早期儿童习得，虽然句子不是自然手指拼写的，但单词列表是自然手指拼写的。

首先，手语不依赖于快速声学转换的生成或感知，但左脑半球在处理手语方面占主导地位，其程度与有声语言相同。

其次，复杂的伴随手势可以从手语生成中分离出来，这一结果表明左脑半球语言的特化既不是复杂的运动要求，也不是手势功能的基础。事实上，没有一种非语言等价物能与有声语言或手势的高度运动复杂性相匹配。

此外，这些数据反驳了一些假说，即语言的共同进化和语言产生的神经解剖机制是导致左脑半球语言特化的原因。相反，可能是左脑半球的神经结构特别适合解释和表达语言系统，而不考虑语言生成和感知的生物基础。

当然，最关键的问题是，为什么这些神经结构非常适合语言加工？或者换一种说法，是什么语言系统导致了它们的偏侧化？这些问题仍然没有答案，但是它们为手语研究提供了一个工具，可以将语言系统的那些基本和固有的特征与人类的语言情感、生理等因素分开。

对于聋人手势者左脑半球的神经组织，我们已观察到了神经的可塑性和刚性。听觉相关皮层的神经可塑性是可观察到的，该皮层只接收到很少甚至没有接收到听觉输入，但仍然参与处理手语的视觉输入。更引人注目的是，相同的神经结构（如布罗卡区、韦尼克区）参与了手语和有声语言的生成和理解。这种跨语言模式的神经不变性表明生物学或发育上偏向于更抽象层次的中间语言，从负责感知和传达语言的感官和运动系统中被分离了出来。

目前学界关于右脑半球在手语处理中的作用存在一些争议。有一项功能性脑成像研究揭示了手语理解过程中存在大量右脑半球活动，这种激活程度是否与有声语言处理过程中观察到的相似，还有待持续跟踪观察。对于有声语言和手语理解而言，右脑半球似乎在语篇层面的功能（如衔接）、面部情感（尤其是在美国手语中的指称移位）甚至复杂句子的理解的某些方面发挥了作用。然而，对于手语来说，右脑半球在手语空间地形功能的生成和理解中发挥着独特的作用，尤其是在分类词结构中。

手语的工作记忆表明，语言的通用结构特性和感官模态的具体加工约束这两者相互作用，确定了工作记忆的结构。手势记忆的数据模式类似于有声语言的口语记忆，而不是书面语记忆，尽管手势和书面语共享一个模态，但手势和口语的共同特性决定了基于手势工作记忆的结构，这种共同特性才是至关重要的。

实验结果表明了工作记忆成分的基本结构，以及它们在工作记忆里是如何相互作用的，在这点上手语与有声语言是相同的，如图 10.6 所示。从图 10.6 中可以看出，基于手势的工作记忆机制和基于语音的工作记忆机制之间存在惊人的相似，反映了语言的基本性质，如接受形式和产出形式之间动态的、时间上结构化的、感官输入的密切关系，这些语言性质足以产生在工作记忆上的复述机制。

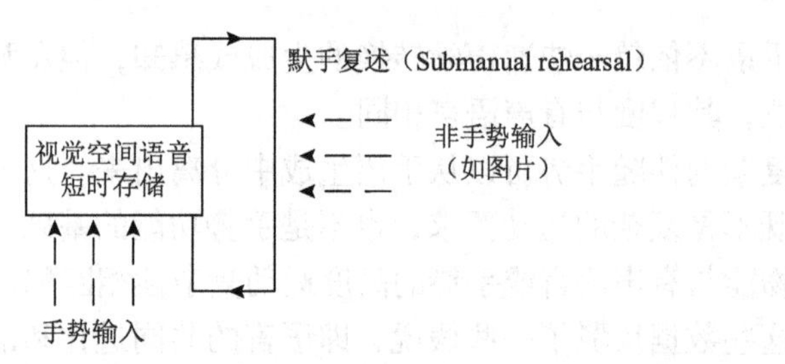

图 10.6　手势回路模型

以上结果也揭示了手语的视觉-手势化性质在工作记忆里手势材料的表征方面起着至关重要的作用。基于手势和基于语音的工作记忆都充分使用了各自感官模态的独特能力。听觉似乎特别适合用于维持信息的时移刺激序列，而视觉擅长处理因空间位置而突出的刺激序列。同样，基于语音的工作记忆似乎擅长使用时间来编码系列顺序，而基于手势的工作记忆则能够利用空间来编码系列顺序。此外，手势和语音的不同发音特性导致了记忆广度的差异，这显然是由于发音回路的普遍限制。

如图 10.6 所示的模型对我们理解“工作记忆如何形成”有很大的意义。语音回路结构似乎不是由语言与听觉/发音模态之间的演化关系所事先预定的，而是在长期的语言体验中开发出来的，与感官模态无关。

当然这些模型有些环节也是仅停留在假设上，对一些记忆现象还不能解释清楚，如在语音回路中现有的工作记忆模型无法解释系列回忆任务中顺序信息和项目信息的不同保存机制，其复述机制也尚不清楚。语音回路与手势理解的关系、语音回路与语言习得的关系等都是值得关注的焦点。这些都是需要我们进一步研究的领域。

综上所述，对聋人和健听手势者的研究有助于完善语言的神经生物学基础理论。通过对比形式和功能，我们可以归纳出决定语言神经组织的因素。此外，由于手势发音器官是完全可见的，因此我们可以很容易地研究复杂运动过程中所涉及的神经系统，并且可以详细地探索语言作为运动行为的本质，比如对阿尔茨海默病手势者的研究。手语研究为探索人类大脑的奥秘打开了一扇新的大门。

第 11 章　手语感知与认知

上一章从宏观的角度指出，认知神经科学认为手语和有声语言口语的感知与产出的体系不同，可能会导致束缚语言加工本质的差异。手语为我们提供了研究人类语言的难得机会，即探讨语言的不同模态如何对心理机制实施关键影响，以及语言的模态如何解码和产生语言信号。

本章主要从微观的角度研究手语加工和生成的工作机理，包括感知手语、理解手语、生成手语等过程，以便为计算机的具体实现算法提供参考，尤其是手语加工机制哪些方面受听觉与视觉特定特征的影响，或者受手势与发音器官的具体约束的影响，这对实现计算机的手语理解算法会有很大帮助。

我们将手语加工与有声语言的口语加工进行了比较，而没有跟阅读理解进行比较，因为书面文字不能被定性为“视觉语言”。虽然手语和书面文字都属于视觉模态，但手语包含了动态的、不断变化的形式，因此它跟书面文字不是一样的静态符号。此外对于感知者来说，手语和口语都不是预先分割成单词和句子。与书面语模态相反，口语和手语都是人类的自然语言系统，都是在婴幼儿阶段自然习得的，而不需要正式的教学习得。

11.1　手势感知和视觉处理

语音感知和手势感知之间的重要差异在于手势发音器官是完全可见的，而有声语言不是。对于手语来说，“你看到了什么”与“你生成了什么”是感知和生成之间的关系。相反语音感知的主要问题就是如何了解听者感知的声学信号与声带发音器官运动之间的关系，这是一个复杂的问题，因为同一个音节可以有不同的声学实现，取决于上下文环境、说话速度、个人发音特征等。大量的研究表明，不同发音的手势可以产生相同的声学感知，而要想找到声学特征和感知音素之间的简单不变映射是非常困难的（Stevens & Blumstein，1981）。

对于视觉信号，不变性问题表现为高级别视觉形式的问题：站在不同的角度和距离来看，或者在不同配置的情况下，研究对象（如手部）是如何被识别为“相同”的？事实证明这是一个不容易解决的问题。此外，视觉研究人员正在努力解决对象运动、对象形状、对象位置等信息是如何集成的这一问题。因此尽管感知视觉信号和手势音节心理表征之间的映射可能看似简单，但其实这样的感知映射是如何实现的还不是很清楚。

手语加工的早期感知阶段可能受视觉手势模态的影响最大。手势发音要比语音慢得多，而且运动线索在这两种模态中分词的作用也不一样。手部配置的视觉感知、发音部位和运动表现出语言相关的偏好模式，最近有一些证据表明手语存在着范畴感知。

11.1.1 分词

在自然口语里，分词重叠（segment overlap）和协同发音达到每秒 10—15 个分词的传输速率（Liberman，1996）。在一项非正式的研究中，研究人员发现美国手语的传输速率是每秒 7—11 个分词[①]。流畅口语里每秒的平均单词数是 4—5 个，而流畅手语是每秒 2—3 个手势（Bellugi & Fischer，1972）。手势传输速度慢，在很大程度上是因为相比于嘴唇和舌头，手和手臂的运动动作大，因此发音器官的运动速度较慢。尽管存在分词和词汇的传输速率差异，但手势和口语的主题传输率是相同的，即每 1—2 秒钟一个主题（Bellugi & Fischer，1972）。此外当手语和口语两者的信号被压缩，使播放速率达到正常速率的 2.5—3 倍时，手语和口语的可理解性就变差，由此表明不同模态在加快语言处理能力方面存在着上限（Fischer et al.，1999）。

相对于手势语言信号的分词，口语发音器官的实际运动似乎并没有表明相同类型的分词信息。在口语里，发音变换为语音处理提供了最显著的信息（Tallal et al.，1993）。口语的时移变化为识别元音和辅音音素提供了有力的线索。相反，手势语音结构不依赖大量的发音器官转换。手的方向、发音部位、手部配置都可以在手势视觉信号里同时观察到。

与口语相反，手语的发音运动转换却不能提供音韵特征的重要线索，如手部配置，因为视觉系统能够静态感知到这些特征而不需要参考手部运动。这就是为什么手势者可以很容易认出很多不包含任何运动信息的手势静态图的原因。

11.1.2 视觉识别

一些研究调查了手语视觉感知的主要音韵参数，如手部配置（Lane et al.，1976）、发音部位（Poizner & Lane，1978）、运动（Poizner，1981）。在 G. A. Miller 和 Nicely（1955）对英语辅音听觉感知的研究基础上，Lane 等（1976）对手部配置的视觉感知进行了建模。G. A. Miller 和 Nicely 进行有声语言口语实验时，要求

① 在该研究中，三位手势者被邀请参与录像，以正常速率和最快速率生成一小部分句子。Sandler（1989）的模型被用来计算位置和运动节段（movement segments）。至于正常速率，每秒节段的平均数为 7 个分词，最快速率每秒的平均数为 10.75 个分词。

受试者确定不同层次的白噪声掩蔽下的 CV 音节[①]（如/ba/、/da/、/ga/、/na/、/ma/）。他们发现，共享几个音韵特征的辅音往往比共享很少音韵特征的辅音更容易被混淆，例如/ba/与/va/更容易被混淆，但与/sa/就不容易被混淆，它们在发音、发音部位、辅音类型上有些差异。此外浊音（voicing）的一些音韵特征更为明显。

利用类似视觉噪声的技术，如电视机屏幕上的雪花，Lane 等（1976）发现“简洁”的手部配置（即那些没有扩展手指的手形）很容易产生混淆，而且所选择的扩展手指的数量和类型是特别明显的，很少混淆（例如 I 手形与 3 手形很少混淆）。Lane 的这种二元特征（binary feature）分析认为这种特征解释了音韵模式，即特征明显的不容易混淆。

因此这种内部语言学证据被证明对手语音韵特征开发更有用，聋人手势者（包括手语为其母语和非母语的）和健听非手势者在手形上都会出现同一类型的视觉混淆，这表明语言经验并不影响视觉特征的突出性，而这些视觉特征对手形识别和判别至关重要（Richards & Hanson，1985；Stungis，1981）。

Poizner 和 Lane（1978）使用相同的视觉噪声技术来探讨手势者和非手势者如何感知美国手语手势的发音部位[②]。在不同层次的视觉噪声下，三个不同的手形通过受试者的身体和脸上的 14 个不同位置进行的各种运动来呈现。聋人手势者被发现在感知位置时更精确，因为位置是美国手语中的常用部位，即下巴、非惯用手、掌心，而健听非手势者在感知不常用的位置时更精确，即颈部和手腕。这组差异不能说是反应偏差，而是说明语言知识能够影响受试者对位置的感知精度。

然而，只有语言相关的身体部位的感知才可能会受到影响，因为手势者和非手势者不会在一般的视觉位置感知上显示差异。此外，发音部位相似结构的缩放和聚类分析导致了本质上手势者和非手势者相同的结果。

Poizner 等（Poizner，1981，1983；Poizner et al.，1981；Poizner et al.，1989）调查了美国手语手势的语言学运动感知情况。为了将手和手臂的动作单独划分出来，他们在身体的一些关节部位上放了小的发光二极管（肩、肘、腕、指尖），因此在黑暗的房间里记录手势时，研究者只能看到光的移动点图案。Poizner 等（1981）发现手势者在这样的点光显示条件下能够识别手势（手部配置固定不变），还发现了关节位置，特别是指尖和偏离躯体更远的关节部位，这说明运动对手势识别更重要。

此外 Poizner（1983）还发现潜在词汇运动感知的尺寸不同于那些潜在屈折运

① C 是辅音，V 是元音，CV 就是辅音字母加元音字母构成的音节，也叫重读开音节。

② 人们对物体的观察及其形状的识别通常是在各种视觉噪声条件下，如物体的某些部分可能被草丛或大雾所掩盖。在这种情况下，视觉系统是通过抽取物体关键特征的方式来解决这类识别问题的。

动感知的尺寸。这个结果为分离词法指定运动和形态加工指定运动提供了感知证据。最后，不同于手部配置和发音部位的感知，运动的感知突出性是由语言经验所影响的，例如，手势者和非手势者为点光源运动显示提供了不同的相似性判断。

11.2 词汇通达和手势识别

虽然非手势者解读视觉手势信号仅仅是作为手部和手臂的快速动作的集合，但手势者可以快速从传入的视觉信号里提取复杂的意义。这个过程是利用感知和语境信息来识别独立手势。感知信息来源于手势输入的视觉处理，语境信息可能来自前面的语境，无论是句子还是手势或世界知识。

词汇通达和手势识别理论试图解释这两种信息如何被用来识别独立的或上下文中的手势。有声语言里的词汇通达一般模型同样适用于手势，但由于手语本身独有的特点，比如运动因素在手势识别里的作用、特殊的手语形态附加类型、手势歧义的稀有性等，将有声语言里的词汇通达模式和词汇组织应用于手语中会有一些有趣的变化。

11.2.1 早期手势识别过程：运动的独特作用

口语词汇识别的几种模型都假设声学-语音表征依次映射到词条，匹配这种初始表征的候选词汇被激活，如 Marslen-Wilson（1987）提出的队列模型（cohort model）或者 McClelland 和 Elman（1986）提出的追踪模型。随着受试者听到更多的词汇，与传入声波信号不匹配的词条的激活水平将会下降。顺序匹配过程一直持续到只有一个候选词语存在，这与感官输入一致。在这一点上，词汇识别可以实现。这个过程显然是条件性反射，是口语感知连续性特点所致，而手语很少依赖语言的连续性特点，视觉词汇通达和手势识别可能不同于口语。

Grosjean（1981）使用一项门控技术（gating technique）来全程跟踪词汇通达进程和手势识别过程。在这项任务中，单独手势被重复显示，每个手势显示的长度增加恒定量（如一个视频帧或 33 毫秒）。每个手势显示出来后，受试者报告他们所认为的手势代表的意义，以及多大程度上可以确认。门控技术研究发现，聋人手势者产生的初始反应共享了目标手势的发音部位、手部配置和方向，但该手势运动不在此列，相反，运动是在最后才确定，正好与词汇识别一致。

这种反应模式表明手势信号与语音信号类似，手势的视觉输入激活了一群共享初始词汇音韵特征的潜在候选词语。当更多的视觉信息显示出来时，这组候选词语变少，一直到只剩下一个候选词语。Clark 和 Grosjean（1982）进一步表明句子语境没有影响词汇识别的这一基本模式，虽然确定一个目标手势的时间减少了约 10%。

不同于口语词汇识别，手势识别似乎涉及两步过程：第一步根据一组音韵特征，即手部配置和发音部位，初步确定一个词语队列；第二步运动识别直接导致手势识别。这样的音韵元素识别和词汇识别之间的直接联系在英语里不会发生，甚至在其他任何口语里都可能不会发生，也就是说看起来似乎没有音韵特征或结构，但可以识别词汇。运动是手势最受时态影响的音韵属性，并且需要更多的时间来识别运动。几乎所有的口语语音成分中都有很强的时态成分，并且它们看起来不是为了识别一个词语而必须等待识别的一个单独元素。

11.2.2 词汇识别速度和时间进程

Grosjean（1981）及 Emmorey 和 Corina（1990）发现，手势识别速度之快令人惊讶。尽管手势的发育时间比口语单词要长，但只需大约 240 毫秒或者看到 35% 的手势时即可识别出该手势，这明显快于英文的词汇识别速度。Grosjean（1980）发现英语里的词汇识别大约需要 330 毫秒，或者识别词汇之前能猜出 83%。手势识别的时间比口语词汇的时间短，至少有以下两个原因。

第一，手势视觉信号的性质提供了更早的同时性的大量语音信息。Emmorey 和 Corina（1990）发现呈现手势视频大约 145 毫秒后，手势者即可识别发音部位和手部方向，大约 30 毫秒后即可识别手部配置。这个音韵信息的可用性显著地缩小了输入刺激引发的心理词典候选词汇队列。

第二，手语视觉语言的音位结构和语素结构可能不同于口语。在英语里，很多单词以相似序列开始。如果一个较短的单词被嵌入一个更长的单词的开始部分，那么听众可能会进入“花园路径”，比如 pantomime 里的 pan。这种现象在手语中并不常见。此外，手势初始队列似乎受到音位结构的更多限制。不像英语中许多初始字符串有很长的队列，如英语口语里有 30 个以上的单词共享[kan]、[mæn]和[skr]等音标，手语里很少有手势共享一个初始音韵参数，即相同的手部配置和目标位置。这个音位结构限制了手语初始队列的大小。音韵信息更多地受限于音位结构、早期同时可用性，这两者可能会共同促成手势的快速识别。

Emmorey 和 Corina（1990）还调查了某些音韵因素是否会影响手势识别的时间进程。例如，我们假设对于脸部附近的手势，手部配置的识别可能会比发音部位更早，因为从膝盖静止位置过渡到脸部时，手部配置的视觉线索是可用的。然而这个假设没有得到支持，这表明单独打出手势时，过渡信息（transitional information）很少。与此相反，手势者在实际看到发音变化时，能够预测手部配置的变化。例如，对于“昂贵”和“理解”之类的手势，手势者能预见手形从封闭到开放的变化。这些结果表明，手势者能够利用一些视觉线索来预测词法结构，但对于各种不同的词汇手势，词汇通达和手势识别的两阶段基本模式似乎是有效的。

11.2.3　手势频率和词法影响

词频效应是指在口语（Savin，1963）和书面语（Forster，1978）里，高频词汇比低频词汇的识别更快、更准确。为了确定词频，大多数研究利用书面文本或口语语料库进行词频统计。目前手语没有这样的资源，研究人员只能依靠手语为母语的手势者来估计手势频率。例如，研究者可以使用评定量表（如 1＝ 罕见，10＝ 非常普遍）来表明手势频率，其间信度约为 0.70。Emmorey（1991）发现美国手语里的高频手势的识别比低频手势快[①]。词汇识别的大多数模型提出，频率效应来源于阈值变化或者词汇表征的静止激活水平。高频词汇的手势或者有较低激活阈值，或者有较高的静止激活水平，从而减少用于识别的刺激信息，导致更快的识别时间（Luce et al.，1990）。

词汇识别通常利用词汇判断任务来测量，在该类任务中，受试者尽快地决定给定项目是不是一个真词。对于基于手势的词汇决策，假手势通过改变真手势的位置、运动或手部配置来创建，而且这种假手势并不存在。与假词类似，词汇决策任务中假手势的反应时间比真手势花的时间更长（Corina & Emmorey，1993；Emmorey，1991）。此外类似于现有手势的假手势需要更长的时间来拒绝（Emmorey，1995）。这些影响被称为词法影响，一般用假手势和假词没有词汇表征来解释。

因此，反应时间长表明了当前呈现的词汇被确认排除前，大脑花了相当多的时间来对词汇进行详尽搜索，或者当没有词汇表征能达到激活标准时，假手势就会被确认排除，类似于真手势的假手势需要更长的时间来确认排除是因为真手势的词汇表征已被部分激活。

11.3　词汇表征和组织

手势和词汇识别模型不仅需要解释手势和词汇信息是如何从记忆通达的，还需要解释手势和词汇信息是如何被表征和组织的。手势和词汇知识并不是随机建

---

① Emmorey（1991）的实验使用了词汇决策任务，刺激材料为填充手势（非启动手势）。对于低频手势（$N = 20$；Mean Rating = 2.9），聋人手势者的平均反应时间为 1003 毫秒，而对于高频手势（$N = 24$；Mean Rating = 7.3），聋人手势者的平均反应时间为 885 毫秒。这在反应时间上的差异有显著性[$t(42) = 3.49$，$p = 0.002$]。

构的，而且手势和词汇知识的表征被认为要比普通心理词典模型复杂得多。

11.3.1　语义结构和词汇歧义稀有性

词汇的一个结构原则是词与词之间的语义关联。Meyer 和 Schvaneveldt（1971）首次发现当词汇预先语义关联时，词汇识别速度更快。同样 Corina 和 Emmorey（1993）发现当 pencil（铅笔）的手势前面是 paper（纸张）这样的语义相关的词汇的手势时，词汇决策的时间、速度比 pencil 前面是语义不相关的词汇的手势如 mother（母亲）时更快。Bosworth 和 Emmorey（1999）重新验证了这个结果，表明手势象似性在语义启动效应中没有起到作用。语义启动的一个假设机制是"激活扩散"，即通过连接语义紧密关联的词汇，从而有利于相关词汇的识别（Collins & Loftus，1975）。这些研究表明手语和口语的词汇显示了有利于语言加工的语义结构。

但是当加工多义词时，大脑发生了什么？是所有意义都通达，还是只适合语境的意义通达？针对这些问题，许多心理语言学学者以英语为研究对象开展了实验，因为这个问题的答案与语言和模态问题都有直接关系（Fodor，1983）。例如，如果不管语境，歧义词的多个意义初始都通达，则表明词汇通达进程与高层次语义和认知过程无关。但如果语境对词汇通达有直接的和选择性的影响，就表明语言加工的更强交互模型（more interactive model）是正确的。

虽然这个问题还没有统一的答案，但美国手语手势的歧义稀有性（rarity of lexical ambiguity）为这个问题提供了新的答案①。当研究人员试图在母语为手语的手势者身上诱导多义手势时，他们发现手势者的面部表情（特别是嘴唇模式）往往会消除潜在多义手势的歧义。例如，已标注"味道"（taste）和"喜欢"（favorite）两个意义的手势可以通过牙齿是否接触下唇来消歧，这种动作像生成一个"喜欢"的头字母"F"，则将该手势标记为"喜欢"。

在美国手语里，这种词汇歧义稀有性是否真的存在呢？在其他国家手语里也普遍存在这种情况吗？为了回答这些问题，研究人员使用四种不同语言的词典进行了小样本研究：《美国手语词典》（Stokoe et al.，1965）、《兰登大学词典》（Stein，1984）、《英国手语/英语词典》（Brien，1992）和《纳瓦霍-英语词典》（Wall & Morgan，1994）②。为了达到每个样本 250—300 字的手势目标，词条随机选择如下：美国手语和英国手语选择列在每一页顶部的第一个手势；英语选择《兰登大学词典》每 5 页顶部列出的第一个单词（右行）；纳瓦霍语选择每页的每

① 这里涉及的现象在截然不同的意义（同音）上是不明确的，而不是多义的（具有多个相关意义的单词或手势）。

② 纳瓦霍是美国最大的印第安部落。

列顶部的单词。抽样时以下形式被排除在外：多词条、缩写、古老的和罕见的形式、技术术语、专有名词、外来词和复合词。

如果定义列表或者英语标注列表里给定了两个不同词条或者两个不同意义，则这个单词或手势被认为有歧义。根据拟合实例证据的结果，英语单词有 20%显然是有歧义的，但美国手语中只有 6%的手势有歧义①。然而词汇歧义稀有性似乎不受语言模态的影响，因为英国手语和纳瓦霍语具有类似的歧义稀有性比率：分别为 7%和 4%。词汇歧义的百分比是否由语言历史、词汇量大小、形态的复杂性或其他一些因素所影响还需要进一步研究。

然而对于在一个单独的信道表征显著信息，手语减少词汇歧义的能力是独一无二的。许多意义含糊的手势可以借用口语的嘴唇模式来消除歧义。不过这种嘴唇模式的使用可能根据聋人的双语程度和其他社会和文化因素而有所不同（Brentari，2001）。

11.3.2 形态结构

形态复杂的单词和手势表征是词汇理论需要解决的另一个问题。Poizner 等（1981）表明形态复杂的手势是在记忆里建构的，而不是作为整体形式建构的，它与手势的基本形式和屈折变化有关。他们针对立即系列回忆任务设计了手势列表，发现手势者有时在列表项中添加或删除屈折变化，有时在列表中重组形态成分。例如，“打败”[反身]②和“射击”[倍数]③被记成了“射击”[反身]和“打败”[倍数]，在这个例子中，词汇基本形式被交换。

另一个错误类型涉及交换屈折变化，在列表上相同的连续位置留下基本形式。这些错误模式作为证据证明手势者在分别进行基本形式编码和屈折形态编码，然而这些研究结果并没有解答形态结构是如何组织的，以及在美国手语词条里手势是如何表征的这类问题。

表征的主要单元是什么，是手势还是词素？形态复杂的手势是否表征为分解的单元或作为整体手势表征内部形态结构？研究人员经常采用重复启动来研究这些问题，发现当受试者已在实验之前看到过一个单词时，他们的词汇决策和其他词汇反应速度就会更快。例如，当两个单词是彼此的形态变体时（比如 walking 和 walk），启动就等于同一启动，即 walk 和 walk，这表明一个单一的词根语素

---

① 在这个实验里，对于美国手语，歧义手势的感知没有考虑到通过嘴部动作来消歧。

② 指反身屈折（reciprocal inflection），涉及两个手部生成的动词，指两只手部同时运动，每只手看上去都是主手。这可能涉及一个单一运动；对于动词体，它可以进一步屈折（如两只手可交替重复发音）。

③ 指重复倍数。

（walk）已被激活（Fowler et al.，1985）。

重复启动效应被认为是形态结构造成的，而不是因为共享同一语义或音韵结构，因为这种启动效应的发生具有很长的滞后时间（与语义启动不同，语义启动是短暂的），并且它发生在几乎没有重叠语音的单词中间，如 heal 和 health（Fowler et al.，1985）。重复启动效应可以被解释为词汇形式相关形态之间的相互关系的一个指标（Marslen-Wilson et al.，1994）。

Emmorey（1991）采用重复启动技术研究美国手语词条里形态复杂的手势的结构。两个独立实验表明，体形态屈折的动词产生了强烈的促进效应[①]，例如手势“问”[习惯性过去式]和手势“坐”[连续]促进了它们的基本形式的稍后识别[②]。然而呼应动词却没有促进动词基本形式的识别。也就是说像手势“问”[二次]、“射击”[反身]和“打败”[倍数]之类的动词没有启动基本形式。

假手势没有观察到重复启动，就表明标记体态的动词产生的促进效应是真正的词汇效应，它不是由于情景记忆或语音层面的促进作用。对于这两个动词类型来说，为何存在形态启动的差异还未完全搞清楚。Emmorey（1995）引入了差异生产率（differential productivity）的概念，即有多少动词允许特定词缀的变化，可以为这个问题提供部分解释。

反身屈折、双倍、重复这些形态词缀与习惯性或连续词缀相比，具有更少的差异生产率词缀，例如，动词可以更多地标记为习惯性，而标记为反身屈折的相对较少。更强的形态启动表明词汇相关形式之间存在更强的形态关联，这种关联可以通过词缀的生产率来调节。

此外 Hanson 和 Feldman（1989）发现对于双语手势者来说，美国手语词汇结构反映了手势的形态关系，而英语词汇没有。当要求受试者针对特定单词做出基于手势的决策时，这些特定手势在美国手语里存在相关形态，而在英语里不存在相关形态，比如像“射击-枪”的名词-动词配对，他们发现了明显的形态启动效应。

当手势者针对同样的特定单词做基于英语单词的决策时，却未观察到形态启动效应[③]。启动与目标单词之间的长时间滞后，排除了基于语义关联或语音形式的

① 体（aspect）是包含在谓语中的信息，它告诉我们谓语的动作是如何完成的。“体”表示的是谓语行为进行的各个阶段和各种状态，是谓语特有的语法范畴。每个语言的体的范畴的表现各不一样，在中国手语中体与动词和形容词的形式有关。目前国内尚未见到对中国手语“体”的讨论，但在中国手语中“体”是很常见的语言现象，是一个值得研究的领域。

② 实验任务是连续的词汇决策，启动手势和目标手势之间大约间隔一分钟（30 项）。

③ 对于基于手势的决策任务，受试者决定对应于一个给定的英文单词的美国手语手势是单手还是双手；对于基于英语单词的任务，受试者对英语单词做出词汇决策。

解释[1]。基于手势任务的促进效应为美国手语词汇里的形态结构提供了额外的证据，但英语任务未发现促进效应，这一事实表明了对于这些双语手势者来说，英语词汇没有按照美国手语固有的形态关系建构。

11.3.3 非派生形态的偏好：手语加工的解释

对于非派生形态（non-concatenative morphological）[2]加工，手语似乎显示出了明显的偏好，与口语表现出的线性词缀偏好相反，美国手语包含一些后缀，如多后缀、施事后缀、否定后缀、零后缀（Wilbur，1987）。然而美国手语中大多数形态加工是非派生性的。同样，Sutton-Spence 和 Woll（1999）描述了英国手语里唯一的非派生形态进程，复合词例外。到目前为止，众多研究表明在手语里线性词缀很少见，并且手势基本形式的同时性表征及其形态标记是首选的语言编码。

作为对比，口语里像模板形态、中缀或重叠词缀之类的同时性词缀比较罕见，并且对于形态加工来说，线性词缀是首选的语言编码。Cutler 等（1985）认为加工约束条件形成了形态加工的稀有性，它改变了基本形式的音韵完整性，如插入单词中间的中缀。有声语言避免了破坏语言单元结构完整性的过程。Hall（1992）也认为非派生形态的稀有性是因为与不连续元素相关的加工复杂性，如中心嵌入和带助词的动词。由于单词表面形式和它的底层表征之间存在直接映射关系，因此派生形态需要更低的计算复杂度（Anderson，1992）。

鉴于以上观点，为什么手语偏好非派生形态？它是否与口语一样存在着加工问题？下面回复以上问题。

首先，手语偏好非派生形态是因为视觉模态提供了并行处理的方式。视觉可以很容易地编码空间中不同的并行信息，这点不同于听觉，正如我们提到的手部配置、发音部位和手势方向可同时被感知。

其次，工作记忆的普遍约束条件和较慢的发音速率可能导致手语放弃线性词缀。这一假说的证据来自 S. Supalla（1991）的发现，即当口语的线性形态转移到视觉模态时，接触这种人造语言的聋儿并没有习得此系统，也没有改变该系统来创建同步空间形态编码。

手势英语借用大量的美国手语词汇，但语法仍然是英语的语法，因此其屈折形态是严格连续的、基于英语形态的。S. Supalla（1991）发现接触手势英语模态的儿童改变了屈折形态来利用视觉模态，也就是说这些儿童对基本动词和代词进

---

① 此外 Hanson 和 Feldman（1991）没有发现在相同条件下任何基于形式的证据或者与启动相关的证据，表明他们早期研究观察到的启动效应是因为美国手语手势之间的形态关系。

② 非派生形态是指一类涉及单词内部结构修饰的构词类型，与派生形态学都属于形态学的分支。

行了空间非线性修饰，目的是标记人称和动词论元，尽管事实上他们只接触到了这种语言输入，但这种语言输入线性地生成了这些差异。

儿童的空间形态创造是独特的，但是是系统性的，类似于手语里发现的语法形态。Stack（1999）通过实验也发现一名只接触过手势英语的小孩 Jamie 并没有习得非空间代词和手势英语的线性屈折，但 Jamie 在大脑里创建了一个代名词系统，利用空间和创新非线性形态来表达像复数（重复手势）、反身屈折体（reciprocal aspect）和动词论元（动词的起点和终点指示其论元）之类的语言概念。这些结果表明，不仅视觉模态容易提供非线性词缀，视觉处理实际上也需要它。

与中缀或环缀[①]不同，美国手语形态加工不会“打断”基本形式，也不会涉及不连续词缀。没有证据表明手势的基本形式实际上是由形态标记打断的。形态标记似乎是叠加到动词的基本形式上的，Sandler（1989）将这些形式分析成了模板或自主音段（templatic or autosegmental）形态的例子，因此口语非派生加工的形态分析困难在手语里并没有出现。

11.3.4　音韵结构

Corina（2000）进行了一系列实验，以调查手势识别时美国手语里手势的音韵体是否被在线激活。他使用了词汇决策任务来探索运动和位置等主要音段是否有独立的表征，从而可以在手势识别时启动该表征。当一个手势前面是音韵相关的手势时，与音韵无关的手势相比，其音韵启动可由更快的反应时间来指示。

在这些实验中，研究者要求母语为美国手语的聋人手势者观察连续的两个手势刺激（中间间隔 100 毫秒或 500 毫秒），然后要求他们判断第二个手势是真手势还是假手势。手势配对共享相同运动或相同位置，或者它们不相关（不共享任何音韵参数）。Corina（2000）发现对于运动或位置参数，没有音韵启动的证据。这与 Corina 和 Emmorey（1993）的早期研究结果相矛盾。

在 Corina 和 Emmorey 的早期研究中，当手势共享运动参数以及抑制共享位置参数时，可以发现促进效应的证据；而当手势共享手部配置时，未发现启动效应。然而这个实验中受试者的反应时间特别长（超过 1000 毫秒），这表明启动效应发生在词法之后，即这些早期结果可能是由于反应策略，而不是由于词汇识别过程中的影响。

美国手语缺乏音韵启动，这与口语结果不一致。对于口语单词识别，当受试

① 英文名为 circumfixation，指将一语素放置于另一语素的周围，比如在德语中，lieb 意为“爱”，前面加 ge，后加 t，使之变为“爱”的过去分词形式，意为“被爱着的”。这种词缀根据其位置不同，还有前缀、后缀、中缀（infixation）等三种形式。环缀常见于格鲁吉亚语及南岛语系语言中。

者被要求完成词汇后（post-lexical）任务时，音韵启动（如 bull-beer）可能产生促进效应，但当受试者进行在线任务时，研究者却没有观察到启动效应（Lively et al., 1994）。事实上音韵相似的词汇（指共享类似特征群的词，如 bull-beer）可能会产生抑制效应，即对目标词汇的反应时间较慢（Goldinger et al., 1989）。Corina（2000）观察到美国手语里抑制效应存在类似趋势。一些模型假设激活的词汇或音素抑制了类似的词汇或音素，以此来解释抑制效应（Luce，1986）。目前还需要相关学者更多地研究手势识别时音韵加工的性质，才能判断这些音韵抑制模型是否能应用于手语。

对于口语和手语来说，词汇通达和词汇识别通常非常相似。对于这两种语言类型，我们已观察到词频和词法的效应、词汇里相似的语义和形态结构（语义启动和形态启动实验已证明）、初始词汇通达进程。特别是在初始词汇通达进程里，感官输入（不管是视觉还是听觉）激活一个队列的潜在候选词语，直至剩下唯一的候选词语。对于非派生形态加工进程，手语识别速度和手语偏好等实验已发现语言模态效应。

11.4　手势话语在线理解

手势话语在线理解是指在人们实时感知手势话语时，其心理对手势话语的解码过程。探讨视觉模态对在线句子理解加工机制的影响是一个全新的领域，尤其是语言模态可能会对代词和指代加工产生影响。语言学家认为美国手语里的代词指称涉及所指物与手势空间位置的关系，并且指向该位置的代词手势可以追溯到相关所指物。研究人员研究了实时语言加工过程中手势者如何理解和维护所指物和空间位置的关系。

在这些实验中，他们采用了一项探测识别技术，具体是让受试者观察录像带里的美国手语句子，并尽可能快地判断探测的手势是否出现在句子里。在这个任务的英语口语版本里，受试者一般被要求阅读计算机屏幕上的句子和探测词。该技术已被证明对从句或句子之间的指代条件敏感。总的来说，研究人员发现对于手语和口语，解释指代的加工机制是相同的，但对于手语，由空间位置表征的信息能够影响指代是如何加工的和在记忆里表征的。

11.4.1　先行词激活和空间指代

使用探测识别技术的研究表明，加工时代词和照应成分再度激活了它们的先行词（Chang，1980；Gernsbacher，1989）。例如，Chang（1980）提出的句子如

“玛丽和约翰去了商店，他买了一夸脱[1]牛奶”对探测词“约翰”（第二个分句的代词“他”的先行词）的反应时间比对“玛丽”（非先行词）的反应时间更快。此外当句子或从句里的名词短语被代词后来引用时，在探测任务里受试者对名词的响应比句子里没有代词的名词的响应还快（MacDonald & MacWhinney, 1990）。这些结果表明代词理解调用了其先行词反向激活。此外一些研究也发现了抑制非先行词激活的证据（Gernsbacher, 1989, 1990; MacDonald & MacWhinney, 1990）。

对于先行词激活和非先行词抑制，根据美国手语里指代的特点，我们比较手语和口语也许会得到很有趣的发现。例如，美国手语里的代词通常选择特定的先行词，而不是一类可能的先行词，因此，参考空间位置允许明确的指代，该类指代几乎都是明确无歧义的。Gernsbacher（1989）发现英语里无歧义的代词会产生较强的非先行词抑制。为了探讨美国手语的指代加工，Emmorey（1991）做了实验，播放美国手语句子的录像，其中第一个分句有两个可能的名词先行词，第二个分句要么包含指向第一分句里的名词之一的代词，要么缺乏代词。例如：

人称代词条件：

手语：一些很严格的图书馆馆员 A 禁止自高自大的学生 B 借书，发生他们 B 接触负责人抱怨。

有声语言：一些很严格的图书馆馆员拒绝傲慢的学生借阅书籍，当这种情况发生时，他们（指学生）接触了负责人，并进行抱怨。

探测手势：学生（先行词），图书馆馆员（非先行词）

无人称代词条件：

手语：一些很严格的图书馆馆员 A 禁止自高自大的学生 B 借书，发生负责人发现愤怒。

有声语言：一些很严格的图书馆馆员拒绝傲慢的学生借阅书籍，当这种情况发生时，负责人发现了这种情况并且很生气。

探测手势：学生（先行词），图书馆馆员（非先行词）

探测手势要么放在代词条件下代词的后一秒或立即呈现出来，要么放在非代词条件下第二个分句第二个单词之后。研究人员发现聋人手势者识别作为代词的先行词（学生）的探测手势，比识别非先行词（图书馆馆员）的探测手势还快；同时还发现受试者识别人称代词条件下的探测手势，比识别无人称代词条件下的探测手势还要快。这些结果表明美国手语里代词激活了先行词，从而在语言理解

[1] 夸脱是容量单位，主要在英国、美国及爱尔兰使用，分为英制和美制两种，美制 1 夸脱=0.946 升，英制 1 夸脱=1.136 升。

加工中使这些名词更容易通达（Gernsbacher，1990）。此外研究结果表明，先行词激活需要唤醒时间，因为在零延迟（即代词后立即呈现出来）时，没有发现先行词激活的证据。

虽然大多数英语研究报告了早期激活，但一些研究也发现了一秒延迟条件下激活的证据（如 MacDonald，1986）。鉴于手语发音的时间要比口语长两倍，可以预计先行词激活的绝对时间内存在一些差异。MacDonald（1986）发现在有声语言里 500 毫秒是代词和探测词之间最佳的延迟时间，可以观察到先行词激活。在 500 毫秒内，健听人平均可以阅读 2—3 个单词，但在美国手语句子的上下文环境下阅读 2—3 个手势需要 1000 毫秒，因此关键变量可能不是代词之后的时间绝对量，而是先行词激活发生之前代词后面附带了多少额外信息。这些研究结果连同口语上的发现表明先行词激活是一个强大的、模态独立的心理过程。

Emmorey 等（1991）通过审视探测识别任务里的干扰效应，进一步研究了空间位置和其相关所指物的关系强度。实验中要呈现探测手势，实验语料分两种，包括呈现位置与测试句一致以及呈现位置与测试句不一致这两个条件。例如，例句里的手势“学生”在手势空间左边呈现，那么一致的探测手势“学生”也在左边发音，而不一致的探测手势“学生”则在右边发音。研究者要求受试者基于词汇内容做出决定，并且忽视空间信息，因此决策只需用 yes 和 no 来回答探测空间是否一致，因为手势“学生”本身就在句子里。

假设名词及其空间位置之间的关系必须保存在记忆中，为未来话语做参考，Emmorey 预测受试者将要花更长的时间来识别已被标记为不一致空间位置的探测手势。然而实验结果并不支持这一预测，对于一致和不一致空间位置的探测，其反应时间非常类似。不一致空间位置的探测几乎没有发现干扰效应的证据。然而 Emmorey 等（1995）发现，当空间位置在语义上与世界（或想象世界）中的物理位置相对应，而不是简单传达话语里的参照区别时，这种干扰效应才有可能会发生。

Emmorey 等（1995）发现当位置代表拓扑空间位置时，空间不一致探测引起的干扰量是原来的三倍。因此当位置不传达空间信息，而只作为参照物之间食指指向的区别时，手势空间所指物和位置之间的关系更弱，这样手势者就很容易忽视空间不一致的探测手势。然而当手势空间的位置传达与所指物位置的信息相关联时，手势者在记忆里则保持关联所指物的较强表征，无法抑制不一致的空间信息。

Emmorey 的第二个实验提供了进一步的证据，在连续识别记忆任务里呈现相同的手语句子，受试者观察事先录制好的美国手语句子列表，并判断每个句子是否先前已看过。有些句子是通过倒置的两个所指物的相关空间位置来改变的。Emmorey 预测，对于位置代表拓扑空间位置的句子，受试者会更加频繁地注意到空间变化，而对于位置纯粹作为所指物指标的句子，空间变化则不明显。

研究结果表明，当手势空间里的位置代表拓扑空间位置时，受试者更容易注意到空间变化，因此传达关联所指物空间位置信息的位置可以在记忆里具体编码和保存，这也许是语义表征的一部分；而区分所指物的位置可能不会以同样的方式编码，一旦话语里不再需要其参照功能时，受试者更容易从记忆里淡忘。

11.4.2　显性加工与空代词

与英语不同，美国手语允许时态从句中音系学意义上的空代词（null pronouns）存在，有点类似于意大利语和汉语。也就是说主语和宾语可以表现为没有显性词法形式的空元素，如代词或词汇学中的名词短语。Emmorey 等（1995）探讨了这样的空代词如何与它们的先行词关联。之所以允许空代词存在，是为了呼应动词的形态标记，这类标记显示了代词类的特点（Chomsky，1982），即它们在句法学上的作用等同于显性代词。

学者们通过标记这类动词来获得许可，这样就可以利用手势空间的相同位置来作为显性代词。Lillo-Martin（1986）提供的语言学证据表明美国手语里空代词类似显性代词。Emmorey 等（1995）的研究的目的是调查空代词是否也和显性代词一样被加工。

研究人员比较了三种类型的句子：具有显性代词的句子、具有空代词的句子、没有指代（anaphora）的句子。所有刺激以两个从句的话语开始，这个话语在空间上建立了两个参与者，并有三种可能的后续部分：

（1）显性代词，指代两个可能的先行词中的一个；

（2）动词形态许可的空代词，指代两个可能的先行词；

（3）无指代（控制条件）。

探测手势（指两个可能的先行词）要么在延续句子结束时出现（实验 1），要么在代词出现 1000 毫秒后出现（实验 2）。实验结果表明，显性代词和空代词都激活了其先行词。显性代词和空代词的两个先行词探测手势的反应时间比无指代控制条件下的同样探测手势要快。当探测手势在句子末尾出现时，受试者对非先行词探测手势的反应时间出乎意料地比显性代词条件下还快。研究人员推测这可能是由于所谓的“总结”（wrap-up）效应（Balogh et al.，1998），即受试者可能已读过要集成的句子，代词的存在可能会导致句尾所有潜在的先行词被激活。当在句尾显示探测手势时（1000 毫秒延迟），研究者不会观察到非先行词激活。

此外先行词激活量与显性代词和空代词相似。这个发现为代词特性的空语类（empty category）的存在又提供了一项证据。显性代词和空代词同时激活了先行词。此外主语空代词和宾语空代词都生成了类似的激活量。这一发现表明对于这些结构里的空代词来说不存在“初次出现”（first mention）优势。Gernsbacher（1990）发现实验语料采用英语句子的从句时，初次出现的参与者具有较高的激活或通达级别。Emmorey（2002）认为主语代词总是先于宾语代词，但没有发现主语探测手势具有更快的反应时间。

这里有两种解释：一种解释是初次出现的优势可能只适用于显性名词短语，而不适用于代词（不管是显性代词还是空代词）；另一种解释是虽然在动词短语里主语代词先于宾语代词，但存在音韵线索指向主语所指物，这个主语所指物在动词开始时就已生成，也就是说手部方向往往提示了初始位置与主语所指物的关联，以及结束位置与宾语所指物的关联。正如已经讨论的，手部方向被认为在手势运动分解前就已被最早感知到，因此主语和宾语所指物可能由动词形态同时确定。

11.4.3　非先行词抑制

Emmorey 等（1991，1995）的一些研究都未发现非先行词抑制的任何证据。代词条件下非先行词探测手势的反应时间并不比控制条件下慢。非先行词抑制的效应之一是改善指代名词性词（coreferent nominal）的通达性，通过抑制这些非先行词的名词性词激活来实现。特别是 Gernsbacher（1989）认为，指代元素越非歧义、越显性，用这个元素来抑制非先行词就越迅速。没有研究发现手语里非先行词抑制的证据，这一事实提示了几个问题：非先行词抑制是普遍的加工机制，还是跟特定语言有关？这个加工是否依赖于某语言里代名词系统的类型？

Emmorey（1997）研究了这些问题，发现当使用适当的基线测量（baseline measure）时，美国手语里的代词条件下发生了非先行词抑制现象。以往实验测量了与包含无照应成分（anaphoric element）的句子相关的抑制。Emmorey 认为非先行词抑制可通过比较代词前后探测的反应时间来测量。当探测手势在代词前（第一分句的最后一个词后面）或代词后一秒显示时，比较非指代代词之后与代词之前呈现的探测手势发现，受试者对非指代代词之后的非先行词探测手势的反应时间明显放慢。

这个结果表明美国手语里的代词抑制了非先行词名词性词的激活，从而使先行名词性词在记忆里更通达。不存在代名词句子基线对测量先行词的激活效应更敏感，但也不存在代名词句子基线对测量非先行词的抑制更敏感，而“前代词”（before pronoun）基线对非先行词的抑制效应更敏感，而不是对先行词激活更敏感。

总之这些实验表明，相同的抑制和激活加工涉及解释一些语言的照应语，而这些语言使用空间表征作为其指代系统的一部分。有证据表明美国手语里的代词激活了其先行词并抑制了非先行词。研究结果还表明在探测识别范式里挑选无歧义先行词和抑制非先行词时，手语代词的空间索引类似于英语里的性别标记。

此外，研究结果表明，当所指物和空间位置之间的关联的主要功能是作为指示手段时，该关联可能不会在记忆里保留很长时间。然而当该关联还指定一个所指物和另一个所指物之间的空间关系时，空间位置可以编码为句子语义表征的一部分，从而更准确地保持在记忆中。这些研究揭示了手语里指代加工的独特性，研究结果还表明尽管手语和口语的表面形式存在相当大的差异，但在分解和解释指代关系时，手语和口语还是使用了许多相同的加工机制。

11.5　手 语 生 成

目前已有一些有声语言语音规划和语音生成的模型（Dell，1986；Levelt，1989），但手语生成的模型领域还是空白，有声语言的语音生成模型在何种程度上可以适用于手语生成还需要探讨。本节将回顾手语生成的一些问题，包括视觉-手动模态的独特影响，并比较语音生成和手语生成之间的共同之处。

11.5.1　两个独立发音：手语生成的独有特点

人的两个手臂和手部在解剖学中相当于两个独立的发音器官，原则上可以同时生成两种不同的信息，但是在日常生活中，手势者从来不用两只手来表达不同的主题，这是因为手势者需要反复练习才有可能实现用两只手独立拼出两个不同的词。这里就存在人类语言处理中双手协同和限制约束的问题，即不能同时关注不同的信息。一般情况下，两只手可以同时产生不同的手势，只不过有一只手维持不动，另一只手在表达手势，这种情况与唯一预测相关（Levelt，1980）。例如，一个限定词可以同时与名词手势一起被表达出来。位置表达式里的背景对象可同时与主体对象一起通过手势者的双手分类词结构被打出来。

在某些话语语境下，手势者可以维持一个分类词手势的发音[①]，直到主手一起打出来。在这个例子里，分类词手势并不表征背景对象这样的位置关系，更确切地说，它表征的是话语里的背景信息。一些研究人员指出，手势者一般通过使用辅手来表明背景信息，这些同时性结构创建了文本指代，而主手则表达重点信息（Engberg-Pedersen，1994；C. Miller，1994）。

手势者可以使用这个背景策略来帮助维持话语主题，特别是当正在交谈的话

① 正如健听人使用嘴部和喉咙发音一样，聋人使用手部、头部、身体作为发音器官来发音，即完成一系列动作。

语表明潜在话题转换时，手势者可以使用该策略来告诉对方“我们将回到静止手势（指辅手）表达的主题上”。此外 Emmorey 和 Falgier（1999）发现手势接收者[①]对这种背景策略比较敏感。通过使用探测识别技术，他们发现与静止的分类词手势关联的所指物激活水平在加工过程中一直持续。这一发现证明了语言加工的模态特定体（modality specific aspect）：视觉能力感知背景元素，而加工关注话语信息。

C. Miller（1994）回顾了不涉及分类词手势的同时性结构的其他例子。例如，有一个常见的同时性结构涉及枚举形态（Liddell，1990），用辅手的拇指和食指指尖来表征数值，如“第一、第二、第三”等。当需要列出兄弟姐妹的出生顺序、菜单项、要讨论的议题顺序时，手势者的主手生成与每个顺序指尖轨迹相关联的所有手势，表达数值的辅手则维持不动。

在同步事件结构里，动词手势可以一只手维持不动，另一只手生成一个从句来表达另一个事件，这种结构表达的是“做 X 时，Y 发生”的概念。例如句子“我看看周围（眼光向右），有一个男人向我走过来（在左边）”，当打出第二个分句的时候，手势“看”即可维持不动。在这个句子的同时性结构里，音韵和句法的限制还不明确，未来需要进一步研究手势者何时以及如何利用这个手语生成的独有特点[②]。

与同时性结构相关的是主手反转（dominance reversal）现象，由 Frishberg（1983）首次提出。通常情况下右利手手势者用左手作为主手（或者左利手手势者用右手作为主手）来生成一个手势或手势序列时，主手反转就会发生。与一些同时性结构一样，主手反转可用于背景材料，例如，“悄悄话”（aside）或附加信息可以用辅手打出来，将它与叙事主体分开。主手反转也可以用来突出对比和比较，例如，用右手打出手势“儿童”，用左手打出手势“父母”，目的是比较两者。Frishberg（1983）还发现左利手出现的主手反转趋势比右利手更明显。

运动脑区控制的个体差异影响了语言使用的特质这一事实可能与手语本身相关，与口语没有明显的类似关系。

11.5.2 词汇检索：是否存在指尖现象?

舌尖（tip-of-the-tongue，TOT）现象是指说话者暂时无法根据记忆说出一个

---

① 对话有两个主体，即手势者（speaker）和手势接收者（addressee），这里手势接收者可认为是观看手语的人。

② 口部有时独立于手语而发音，Vogt-Svendsen（2001）报告了来自挪威手语里与口型共同发生的名词性手势的例子，比如当手势者生成挪威手势 OMRÅE（area）来表示“白色区域”（white area）时，手势者还会发出挪威语颜色形容词“hvit（white）”的口型。这些同时性结构的语音和句法约束条件都不明确。

词的状态，虽然可以确定他知道这个词（Brown，1991；Schwartz，1999）。通常，说话者能够说出单词的第一个字母，有时还能说出音节数量，这就为口语词汇的组织提供了证据。TOT 现象表明语义信息可以独立于语音信息进行检索。当语音表征和语义表征之间出现连接故障时就有可能发生 TOT 现象，这表明存在词汇检索的两阶段通达进程（Levelt，1989）。

Emmorey 等（2000）研究了指尖（tip-of-the-finger，TOF）现象是否也发生在聋人手势者身上，以及 TOF 现象是否类似于 TOT 现象。为了引起 TOF 现象，研究者要求母语为手语的受试者观察名人照片，并询问受试者这些名人的名字，接着给出了几个英语单词（英语单词是国家或城市的名称，在手语翻译中很罕见），要求受试者提供相应的手势。在最后的面谈①中，受试者还被问及自己的 TOF 现象特点，如果他们有的话。结果表明所有受试者都有不同程度的 TOF 现象，但他们不能说明他们想要说明的手势的特点。名人命名任务产生的 TOF 现象最多，因此 TOF 现象需要通过适当的名称来诱导。

与口语者一样，手势者更容易记住手指拼写单词的第一个字母，这种现象提示我们，对于手指拼写单词来说，单词开头有其特殊的地位。在手语词汇的 TOF 现象里，手势者能说出目标手势的主要音韵参数之一，如手势的运动和手形两个参数，而不是位置参数（在肩部），或者能说出手势的运动和位置两个参数，而不是手形参数。

研究人员没有发现哪一个音韵参数被最先检索说出来，虽然有一种看法认为运动跟手形或位置相比的话不太可能被优先检索出来。这些结果表明与手语词典不一样，美国手语的心理词汇不是由一个引导单词检索的单一语音参数（如手形）组织的。研究结果进一步表明，正如口语一样，手势的语义信息可以独立于语音信息进行检索，例如手势者可能知道目标手势的一切信息，但就是无法访问其音韵形式。

11.5.3　手语生成中的词汇选择

Levelt（1989）认为对于口语生成来说，音韵编码出现在词汇选择之后，即一个单词先被选择，然后给出可发音的语音形式。这个程序顺序的证据来自所谓的“图片命名”任务（Glaser，1992）。在这个任务中，受试者观察需要命名的图片，同时研究者还会给出干扰词，可能在图片之前出现，也可能跟图片同时演示，还可能在图片之后出现。受试者被告知要忽略干扰项。如果一个语义相关的词与图片同时演示，如单词“山羊”（goat）对应绵羊（sheep）的图片，或者在图片放

① 原文为 exit interview，意指离职面谈，是人力资源管理者治理事后控制的一项基本职能。这里为实验结束后最后的面谈。

映前（如 100 毫秒）演示，则受试者命名图片的速度更慢，这说明有语义抑制现象发生，这时说话者生成此对象的名字反应会很慢；相反，如果一个音韵相关的词与图片同时演示，如单词“表格”（sheet）对应绵羊（sheep）的图片，或者图片放映后（如 100 毫秒）演示，受试者则能更快地命名图片，这说明有语音促进现象发生，这时说话者生成对象名字会更快。但如果音韵相关的单词在图片放映之前演示，则这种现象不会发生。这种早期语义抑制和语音促进的模式支持了首先选择词汇然后给出语音形式的语言生成模型。

Corina 和 Hildebrandt（2002）做了美国手语图片命名的研究，目的是研究手势生成的特点。研究者要求受试者打出图片内容的手势，并记录其反应时间，即从图片演示到受试者开始打手势的时间。叠加在图像上的是手势者的图像，其打出的手势要么与图片的语音相关，要么与图片的语义相关，如“火柴-香烟”（语义相关的手势-图片配对）或“橘子-冰激凌”（语音相关的手势-图片配对，因为手语中的橘子和冰激凌两个手势都是同一个 S 手形放在嘴部）。干扰手势和图片都是清晰可见的，手势者的覆盖图像是半透明的（但仍可识别）。结果表明，与口语者一样，当手势者必须同时命名图片和演示语义相关的手势时，就会出现语义干扰。

但手势者也有与口语者不一样的地方，即没有出现语音促进的现象。研究人员认为对于手语和口语而言，受试者从词汇选择到发音的时间可能不一样，即口语里更多的线性分词结构可能允许语音促进，然而手语中很少有分词结构，这一事实可能限制了语音促进的生成。这种特例表明了手语与有声语言口语的差异，同时说明了研究手语生成对理解人类语言生成理论的重要性。

11.6 小　结

从历史上看，许多不同的领域采取了完全不同的方法来探索类脑心智计算[①]，强人工智能[②]或通用型人工智能作为认知科学的一个分支，需要一个系统级方法来

---

① 类脑心智计算（mind computation）是当前智能科学研究的热点。心智是指人的全部精神活动，包括思维、推理、记忆、学习、情感、决策、意志、意识等。心智的可计算性是联结人类的精神活动与人工系统仿真的桥梁和纽带，并提供计算过程来解释人类行为的理论基础。其目标是提出心智模型 CAM（consciousness and memory），为类脑计算智能系统提供通用构架。

② “强人工智能”一词最初由约翰·罗杰斯·希尔勒（John Rogers Searle）提出，其定义为真正能推理和解决问题的智能机器，它被认为是有知觉的、有自我意识的。与之相反的是“弱人工智能”，弱人工智能的一举一动都是按照程序设计者的意愿所运行的；如出现特殊情况，程序设计者会做出相对应的方案，最后由机器去判断是否符合条件并加以执行。目前市场上我们所见到的一些看起来很厉害的人工智能，像语音识别、图像识别、无人驾驶等，实际上都处于非常原始的弱人工智能阶段。

合成类似心智的计算机。由于心智产生于大脑这样的“湿件”，因此神经科学采用了组合级的方法来理解它是如何产生心智的。

认知神经科学以简约的方式自上而下地进行处理，旨在整合理论认知科学、实验心理学和生物组织级的神经科学。与此相反，系统神经科学以建设性的方式自下而上地进行处理，目标在于在多时空尺度上联合实验数据。考虑到心智大脑问题深远的技术重要性和科学难点，隐含在这多元化方法里的思维多样性是必不可少的。

在此背景下，虽然我们还没有实现利用大型计算机模拟来使庞大的神经学数据集合可操作化，即将丰富的神经生理学和神经解剖学理论结合起来生成近似小型哺乳动物大脑规模的实时仿真，但我们用交叉学科的视角去发现、揭示、证明并实现了大脑的核心算法，获得了对大脑如何感知、思考和行动的较为深刻的科学认识。

我们系统性地回顾了手语加工和生成的工作机理，包括感知手语、理解手语、生成手语等过程，但是手语的感知和认知神经机制研究还未取得实质性进展。虽然学者对人类大脑如何理解手语做了初步的探讨，但对其认知神经机制并未完全阐明，大脑对于我们而言仍是“黑匣子”，只有借助心理语言学和认知神经科学手段，才能在前人的基础上继续打开“黑匣子”，探究聋人群体对手语理解的神经机制。

本章的目的是想说明对于手语计算，可以尝试应用大脑的认知理论、手语语言理解、脑成像等技术来研究手语的信息处理，从而进行多感知机能下语言认知计算领域深层次问题的研究。特别是最近出现的深度学习理论，有望解决手势的表征模型问题，不足之处是大脑内部实施的核心算法集尚未被发现，因它具有很大的机遇性，使我们的任务充满了不确定性。面对这一挑战，我们需要进行跨学科的、持续不断的探索，对手语及手语分类词谓语的形成、认知神经科学提出的大脑结构图中的对应关系，以及隐喻和场景的关联关系做进一步研究。这就是本章的意义所在。

参考文献

蔡素娟，戴浩一，李信贤，等. 2009. 台湾手语在线辞典(第二版). 嘉义：台湾中正大学语言学研究所.

陈益强，高文，刘军发，等. 2006. 手语合成中的多模式行为协同韵律模型. 计算机学报，29(5)：822-827.

何文静，陈益强，刘军发. 2012. 手势数据驱动的头部运动合成方法. 计算机科学与探索，6(12)：1109-1115.

洪卡娜. 2008. 上海手语类标记调查与研究. 复旦大学博士学位论文.

黄晓晓. 2012. 基于情景语料库的自然手语构词研究. 南京师范大学硕士学位论文.

江铭虎. 2006. 自然语言处理. 北京：高等教育出版社.

李线宜. 2010. 上海手语类标记结构调查研究. 复旦大学博士学位论文.

刘润楠. 2012. 手语语素对比提取法探究. 中国特殊教育，(7)：42-48.

刘秀丹，曾进兴，张胜成. 2004. 启聪学校学生文法手语、自然手语及书面语故事理解能力之研究. 台湾彰化师范大学特殊教育研究所博士论文.

邱云峰. 2018. 中国手语语言学概论. 北京：中国国际广播出版社.

施婉萍. 2011. 香港手语的话题句. 当代语言学，(2)：10.

孙茂松. 2005. 语言计算：信息科学技术中长期发展的战略制高点. 语言文字应用，14(3)：38-40.

徐琳，高文. 2000. 面向机器翻译的中国手语的理解与合成. 计算机学报，23(1)：60-65.

衣玉敏. 2008. 上海手语的语音调查报告. 复旦大学博士学位论文.

俞士汶. 1998. 现代汉语语法信息词典详解. 北京：清华大学出版社.

俞士汶，朱学锋，耿立波. 2015. 自然语言处理技术与语言深度计算. 中国社会科学，36(3)：127-135.

赵晓驰，任媛媛，丁勇. 2017. 国家手语词汇语料库的建设与使用. 中国特殊教育，(1)：43-47.

朱智贤. 1989. 心理学大词典. 北京：北京师范大学出版社.

祝远新，徐光祐，黄浴. 2000. 基于表观的动态孤立手势识别. 软件学报，(01)：54-61.

Abercrombie, D. 1967. *Elements of General Phonetics*. Edinburgh: Edinburgh University Press.

Aikhenhald, A. Y. 2000. *Classifiers: A Typology of Noun Categorization Devices*. New York: Oxford University Press.

Almohimeed, A., Wald, M. & Damper, R. 2010. An Arabic sign language corpus for instructional language in school. In *Proceedings of the 4th Workshop on the Representation and Processing of Sign Languages: Corpora and Sign Language Technologies*. Valletta, Malta.

Anderson, S. R. 1992. *A-Morphous Morpholog*. Cambridge: Cambridge University Press.

Aronoff, M. & Rees-Miller, J. 2008. *The Handbook of Linguistics* (Vol. 22). New York: John Wiley & Sons.

Athitsos, V., Neidle, C., Sclaroff, S., et al. 2008. The American sign language lexicon video dataset. In *Proceedings of the 2008 IEEE Computer Society Conference on Computer Vision and Pattern*

Recognition Workshops (pp. 1-8). Anchorage, USA.

Atkinson, J., Campbell, R., Marshall, J., et al. 2004. Understanding "not": Neuropsychological dissociations between hand and head markers of negation in BSL. *Neuropsychologia*, 42(2): 214-229.

Atteneave, F. 1957. Physical determinants of the judged complexity of shapes. *Journal of Experimental Psychology*, 55: 221-227.

Baddeley, A. 1986. *Working Memory*. Oxford: Clarendon Press.

Baddeley, A. 1998. Recent developments in working memory. *Current Opinion in Neurobiology*, 8(2): 234-238.

Baddeley, A. 2000. The episodic buffer: A new component of working memory?. *Trends in Cognitive Sciences*, 4(11): 417-423.

Baddeley, A. 2003. Working memory: Looking back and looking forward. *Nature Reviews Neuroscience*, 4(10): 829-839.

Baddeley, A. D. & Hitch, G. J. 1974. Working memory. In G. Bower (Ed.), *Recent Advances in Learning and Motivation* (Vol. Ⅲ. pp. 107-129). New York: Academic Press.

Baddeley, A. D. & Levy, B. S. 1971. Semantic coding and short-term memory. *Journal of Experimental Psychology*, (18): 362-365.

Baddeley, A. D., Thomson, N. & Buchanan, M. 1975. Word length and the structure of short-term memory. *Journal of Verbal Learning and Verbal Behavior*, 14(6): 575-589.

Baker, C. & Cokely, D. 1980. *ASL: A Teacher's Resource Text on Grammar and Culture*. Silver Spring: T. J. Publishers.

Balogh, J., Zurif, E., Prather, P., et al. 1998. Gap-filling and end-of-sentence effects in real-time language processing: Implications for modeling sentence comprehension in aphasia. *Brain and Languge*, 61(2): 169-182.

Balvet, A., Courtin, C., Boutet, D., et al. 2010. The *Creagest* project: A digitized and annotated corpus for French sign language (LSF) and natural gestural languages. In *Proceedings of the Seventh International Conference on Language Resources and Evaluation (LREC 2010)*. Valletta, Malta.

Bangham, J. A., Cox, S. J., Elliott, R., et al. 2000. Virtual signing: Capture, animation, storage and transmission — An overview of the ViSiCAST project. In *Proceedings of the IEEE Seminar on Speech and Language Processing for Disabled and Elderly People*. IET, London.

Barber, G., Quer, J., H. J., A., et al. 2018. Nominal referential values of semantic classifiers and role shift in signed narratives. *Linguistic Foundations of Narration in Spoken and Sign Languages*, (247): 251.

Bavelier, D. & Neville, H. J. 2002. Cross-modal plasticity: Where and how? *Nature Reviews Neuroscience*, (3): 443-452.

Bavelier, D., Brozinsky, C., Tomann, A., et al. 2001. Impact of early deafness and early exposure to sign language on the cerebral organization for motion processing. *The Journal of Neuroscience*, (21): 8931-8942.

Bavelier, D., Corina, D., Jezzard, P., et al. 1998. Hemispheric specialization for English and ASL: Left invariance-right variability. *Neuroreport*, 9(7): 1537-1542.

Bavelier, D., Dye, M. W. G. & Hauser, P. 2006. Do deaf individuals see better? *Trends in Cognitive Sciences*, (10): 512-518.

Bébian, A. 1825. *Mimographie, ou Essai D'écriture Mimique Propre à Régulariser le Langage des Sourds-muets*. Paris: Colas.

Beeman, M. J. & Chiarello, C. 1998. Complementary right- and left-hemisphere language comprehension. *Current Directions in Psychological Science*, 7 (1): 2-8.

Bell, A. M. 1867. *Visible Speech, the Science of Universal Alphabetics: Or Self-interpreting Physiological Letters for the Writing of All Languages in One Alphabet*. London: Simpkin.

Bell, A. M. 1881. *Sounds and Their Relations: A Complete Manual of Universal Alphabetics, Illustrated by Means of Visible Speech*. Salem, MA: J. P. Burbank.

Bellugi, U. & Fischer, S. 1972. A comparison of sign language and spoken language. *Cognition*, 1 (2-3): 173-200.

Bellugi, U., Klima, E. S. & Siple, P. 1975. Remembering in signs. *Cognition*, (3): 93-125.

Bengio, Y., Ducharme, R., Vincent, P., et al. 2003. A neural probabilistic language model. *The Journal of Machine Learning Research*, (3): 1137-1155.

Bindiganavale, R., Schuler, W., Allbeck, J. M., et al. 2000. Dynamically altering agent behaviors using natural language instructions. In *Proceedings of the Fourth International Conference on Autonomous Agents*. Barcelona, Spain.

Bird, S. & Liberman, M. 2001. A formal framework for linguistic annotation. *Speech Communication*, 33 (1): 23-60.

Bishop, D. V. M. & Robson, J. 1989. Unimpaired short-term memory and rhyme judgement in congenitally speechless individuals: Implications for the notion of "articulatory coding". *The Quarterly Journal of Experimental Psychology*, 41 (1): 123-140.

Bosworth, R. G. & Dobkins, K. R. 2002. Visual eld asymmetries for motion processing in deaf and hearing signers. *Brain and Cognition*, (49): 170-181.

Bosworth, R. G. & Emmorey, K. 1999. *Semantic Priming in American Sign Language* (Unpublished manuscript). The Salk Institute for Biological Studies, La Jolla.

Botha, J. A., Blunsom, P., Botha, J. A., et al. 2013. A. compositional morphology for word representations and language modelling. In *Proceedings of the 31st International Conference on Machine Learning (ICML 2014)*. Beijing, China.

Bowden, R., Windridge, D., Kadir, T., et al. 2004. A linguistic feature vector for the visual interpretation of sign language. In *Proceedings of the 8th European Conference on Computer Vision*. Prague, Czech Republic.

Braffort, A., Choisier, A., Collet, C., et al. 2004. Toward an annotation software for video of sign language, including image processing tools and signing space modelling. In *Proceedings of the 4th International Conference on Language Resources and Evaluation (LREC 2004)*. Lisbon, Portugal.

Brentari, D. 1990. *Theoretical Foundations of American Sign Language Phonology* (Unpublished dissertation). The University of Chicago.

Brentari, D. 1998. *A Prosodic Model of Sign Language Phonology*. Cambridge, MA: The MIT Press.

Brentari, D. 2001. *Foreign Vocabulary in Sign Languages: A Cross-linguistic Investigation of Word Formation.* Mahwah, NJ: Lawrence Erlbaum Associates.

Brentari, D. 2011. Sign language phonology. In J. A. Goldsmith, J. Riggle & C. L. Alan (Eds.), *The Handbook of Phonological Theory*. 2nd edition. (pp. 691-721). New York: John Wiley & Sons.

Brien, D. 1992. *Dictionary of British Sign Language-English*. London: Faber and Faber.

Brown, A. 1991. A review of the tip-of-the-tongue experience. *Psychological Bulletin*, 109(2): 204-223.

Brown, P. F., Cocke, J., Della Pietra, S. A., et al. 1990. A statistical approach to machine translation. *Computational Linguistics*, 16(2): 79-85.

Brown, P. F., Della Pietra, S. A., Della Pietra, V. J., et al. 1993. The mathematics of statistical machine translation: Parameter estimation. *Computational Linguistics*, 19(2): 263-311.

Bungeroth, J., Stein, D., Dreuw, P., et al. 2006, A German sign language corpus of the domain weather report. In *Proceedings of the Fifth International Conference on Language Resources and Evaluation (LREC'06)*. Genoa, Italy.

Burgoon, J. K., Guerrero, L. K. & Floyd, K. 2016. Introduction to nonverbal communication. In *Nonverbal Communication* (pp. 1-26). New York: Routledge.

Cadbury, H. J. 1941. Harvard college library and the libraries of the Mathers. *Proceedings of the American Antiquarian Society*, 50(1): 20.

Camgoz, N. C., Hadfield, S., Koller, O., et al. 2018. Neural sign language translation. In *Proceedings of the IEEE Conference on Computer Vision and Pattern Recognition* (pp. 7784-7793). Salt Lake City, USA.

Campbell, R. & Dodd, B. 1980. Hearing by eye. *Quarterly Journal of Experimental Psychology*, (32): 85-99.

Campbell, R. & MacSweeney, M. 2004. Neuroimaging studies of crossmodal plasticity and language processing in deaf people. In G. Calvert, C. Spence & B. E. Stein (Eds.), *The Handbook of Multisensory Processes* (pp. 773-784). Cambridge, MA: The MIT Press.

Capek, C. M., Corina, D., Grossi, G., et al. 2001. Semantic and syntactic processing in American sign language: Electrophysiological evidence. *Cognitive Neuroscience Society*, (8): 168.

Chang, F. 1980. Active memory processes in visual sentence comprehension: Clause effects and pronominal reference. *Memory and Cognition*, (8): 58-64.

Chang, J., Su, S., Tai, J. 2005. Classifier predicates reanalyzed, with special reference to Taiwan sign language. *Language and Linguistics*, 6(2): 247-278.

Channon, R. 2002. Beads on a string? Representations of repetition in spoken and signed languages. In R. P. Meier, K. Cormier & D. Quinto-Pozos (Eds.), *Modality and Structure in Signed and Spoken Languages* (pp. 65-87). Cambridge: Cambridge University Press.

Chen, X., Xu, L., Liu, Z., et al. 2015. Joint learning of character and word embeddings. In *Proceedings of the Twenty-fourth International Joint Conference on Artificial Intelligence (IJCAI 2015)*. Buenos Aires, Argentina.

Chomsky, N. 1982. *Some Concepts and Consequences of the Theory of Government and Binding.* Cambridge, MA: The MIT Press.

Clark, L. E. & Grosjean, F. 1982. Sign recognition processes in American sign language: The effect of context. *Language and Speech*, 25 (4) : 325-340.

Cogill-Koez, D. 2000. Signed language classifier predicates: Linguistic structures or schematic visual representation? *Sign Language & Linguistics*, 3 (2) : 153-207.

Collins, A. M. & Loftus, E. 1975. A spreading activation theory of semantic processing. *Psychological Review*, (82) : 407-428.

Collobert, R. & Weston, J. 2008. A unified architecture for natural language processing: Deep neural networks with multitask learning. In *Proceedings of the 25th International Conference on Machine Learning (ICML 2008)*. Helsinki, Finland.

Conrad, R. 1970. Short-term memory processes in the deaf. *British Journal of Psychology*, (61) : 179-195.

Conrad, R. & Hull, A. 1968. Input modality and the serial position curve in short-term memory. *Psychonomic Science*, (10) : 135-136.

Corina, D. P. 1993. To branch or not to branch: Underspecification in American sign language handshape contours. In G. Coulter (Ed.), *Current Issues in ASL Phonology* (pp. 63-95). New York: Academic Press.

Corina, D. P. 2000. Is ASL phonology psychologically real? In *Proceedings of the Texas Linguistic Society Meeting: The Effects of Modality on Language and Linguistic Theory*. Austin, US.

Corina, D. P. & Emmorey, K. 1993. Lexical priming in American sign language. In *Proceedings of the 34th Annual Meeting of the Psychonomics Society*. Washington, US.

Corina, D. P. & Hildebrandt, U. C. 2002. Psycholinguistic investigations of phonological structure in ASL. In C. Cheek, A. Cheek, H. Knapp, et al. (Eds.), *Modality and Structure in Signed and Spoken Languages* (p. 88). Cambridge: Cambridge University Press.

Corina, D. P., Neville, H. J. & Bavelier, D. 1998. Response from Corina, Neville and Bavelier. *Trends in Cognitive Sciences*, 2 (12) : 468-470.

Cormier, K. 2008. Do all pronouns point? Indexicality of first person plural pronouns in BSL and ASL. *Visible Variation: Comparative Studies on Sign Language Structure*, (188) : 63.

Cormier, K., Smith, S. & Sevcikova-Sehyr, Z. 2015. Rethinking constructed action. *Sign Language & Linguistics*, 18 (2) : 167-204.

Cowan, N. 2001. The magical number 4 in short-term memory: A reconsideration of mental storage capacity. *Behavioral and Brain Sciences*, 24 (1) : 87-114.

Cox, S., Lincoln, M., Tryggvason, J., et al. 2002. Tessa: A system to aid communication with deaf people. In *Proceedings of the Fifth International ACM Conference on Assistive Technologies*. Edinburgh, Scotland.

Crasborn, O. & Zwitserlood, I. E. P. 2008. The corpus NGT: An online corpus for professionals and laymen. In O. A. Crasborn, E. Efthimiou & T. Hanke (Eds.), *Proceedings of the 3rd Workshop on the Representation and Processing of Sign Languages: Construction and Exploitation of Sign Language Corpora* (pp. 44-49). Paris: ELRA.

Crasborn, O., Mesch, J., Waters, D., et al. 2007. Sharing sign language data online: Experiences from the ECHO project. *International Journal of Corpus Linguistics*, 12 (4) : 535-562.

Crasborn, O., Sloetjes, H., Auer, E., et al. 2006. Combining video and numeric data in the analysis of sign languages within the ELAN annotation software. In *Proceedings of the 2nd Workshop on the Representation and Processing of Sign Languages and the 5th International Conference on Language Resources and Evaluation* (*LREC 2006*). Genova, Italy.

Crasborn, O., van der Hulst, H. & van der Kooij, E. 2001. SignPhon: A phonological database for sign language. *Sign Language and Linguistics*, 4 (1/2) : 215-228.

Crasborn, O., Zwitserlood I. & Ros, J. 2008. The corpus NGT: An open access digital corpus of movies with annotations of sign language of the Netherlands. In *Proceedings of the 3rd Workshop on the Representation and Processing of Sign Languages: Construction and Exploitation of Sign Language Corpora*. Marrakech, Morocco.

Crowder, R. G. 1967. Prefix effects in immediate memory. *Canadian Journal of Psychology*, (21) : 450-461.

Cutler, A., Hawkins, J. & Gilligan, G. 1985. The suffixing preference: A processing explanation. *Linguistics*, (23) : 723-758.

Cuxac, C. & Sallandre, M. A. 2007. Iconicity and arbitrariness in French sign language: Highly iconic structures, degenerated iconicity and diagrammatic iconicity. *Empirical Approaches to Language Typology*, (36) : 13.

Davidson, R. J., Shackman, A. J. & Maxwell, J. S. 2004. Asymmetries in face and brain related to emotion. *Trends in Cognitive Sciences*, (8) : 389-391.

Dell, G. 1986. A spreading activation theory of retrieval in sentence production. *Psychological Review*, (93) : 283-321.

Dreuw, P. & Ney, H. 2008. Towards automatic sign language annotation for the elan tool. In *Proceedings of the International Conference on Language Resources and Evaluation* (*LREC Workshop*)*: Representation and Processing of Sign Languages*. European Language Resources Association, Marrakech, Morocco.

Dreuw, P., Neidle, C., Athitsos, V., et al. 2008. Benchmark databases for video-based automatic sign language recognition. In *Proceedings of the 6th International Conference on Language Resources and Evaluation* (*LREC 2008*) (pp. 94-100). European Language Resources Association (ELRA), Marrakech, Morocco.

Duarte, K. & Gibet, S. 2011. Presentation of the SignCom project. In *Proceedings of the First International Workshop on Sign Language Translation and Avatar Technology*. Berlin, Germany.

Efthimiou, E. & Fotinea, S. E. 2007. GSLC: Creation and annotation of a Greek sign language corpus for HCI. In *Proceedings of the International Conference on Universal Access in Human-Computer Interaction* (pp. 657-666). Berlin, Heidelberg: Springer.

Elhadj, Y. O. M., Zemirli, Z. & Ayyadi, K. 2013. Development of a bilingual parallel corpus of Arabic and Saudi Sign language: Part I. In *Proceedings of the International Symposium on Intelligent Informatics* (*ISI'12*) (pp. 285-295). Chennai, India.

Emmorey, K. 1991. Repetition priming with aspect and agreement morphology in American sign language. *Journal of Psycholinguistic Research*, 20 (5) : 365-388.

Emmorey, K. 1995. Processing the dynamic visual-spatial morphology of signed languages. In L. B.

Feldman (Ed.), *Morphological Aspects of Language Processing: Crosslinguistic Perspectives* (pp. 29-54). Mahwah, NJ: Lawrence Erlbaum Associates.

Emmorey, K. 1997. Non-antecedent suppression in American sign language. *Language and Cognitive Processes*, 12(1): 103-112.

Emmorey, K. 2002. *Language, Cognition, and the Brain: Insights from Sign Language Research*. Mahwah, NJ: Lawrence Erlbaum Associations.

Emmorey, K. & Corina, D. 1990. Lexical recognition in sign language: Effects of phonetic structure and morphology . *Perceptual and Motor Skills*, 71(3f): 1227-1252.

Emmorey, K. & Falgier, B. 1999. Processing continuous and simultaneous reference in ASL. In *Proceedings of the Linguistic Society of America Meeting*. Los Angeles, US.

Emmorey, K., Allen, J. S., Bruss, J., et al. 2003. A morphometric analysis of auditory brain regions in congenitally deaf adults. *Proceedings of the National Academy of Sciences*, 100(17): 10049-10054.

Emmorey, K., Corina, D. & Bellugi, U. 1995. Differential processing of topographic and referential functions of space. In K. Emmorey & J. Reilly (Eds.), *Language, Gesture, and Space Neuroimage* (pp. 43-62). Hillsdale: Lawrence Erlbaum Associates.

Emmorey, K., Damasio, H., McCullough, S., et al. 2002. Neural systems underlying spatial language in American sign language. *Neuroimage*, (17): 812-824.

Emmorey, K., Grabowski, T., McCullough, S., et al. 2000. Neural systems underlying lexical retrieval for sign language. In *Proceedings of the Cognitive Neuroscience Society Meeting*. San Francisco, US.

Emmorey, K., Norman, F. & O'Grady, L. 1991. The activation of spatial antecedents from overt pronouns in American sign language. *Language and Cognitive Processes*, 6(3): 207-228.

Engberg-Pedersen, E. 1994. Some simultaneous constructions in Danish sign language. In M. Brennan & G. Turner (Eds.), *Word-order Issues in Sign Language* (pp. 73-87). Durham: ISLA Publications.

Fang, G., Gao, W. & Zhao, D. 2007. Large-vocabulary continuous sign language recognition based on transition-movement models. *IEEE Transactions on Systems. Man and Cybernetics. Part A: Systems and Humans*, 37(1): 1-9.

Fanghella, J., Geer, L., Henner, J., et al. 2012. Linking an ID-gloss database of ASL with child language corpora. In *Proceedings of the 8th International Conference on Language Resources and Evaluation (LREC 2012)* (pp. 57-62). European Language Resources Association (ELRA), Istanbul, Turkey.

Fenlon, J. & Cormier, K. 2009. Possession in the visual-gestural modality: How possession is expressed in British sign language. In W. McGregor (Ed.), *The Expression of Possession* (pp. 389-422). Berlin & New York: Mouton de Gruyter.

Fenlon, J., Schembri, A., Rentelis, R., et al. 2013. Variation in handshape and orientation in British sign language: The case of the "1" hand configuration. *Language & Communication*, 33(1): 69-91.

Fine, I., Finney, E. M., Boynton, G. M., et al. 2005. Comparing the effects of auditory deprivation and sign language within the auditory and visual cortex. *Journal of Cognitive Neuroscience*, (17):

1621-1637.

Fischer, S. D., Delhorne, L. A. & Reed, C. M. 1999. Effects of rate of presentation on the reception of American sign language. *Journal of Speech, Language, and Hearing Research*, 42 (3) : 568-582.

Flood, C. M. 2002. *How Do Deaf and Hard of Hearing Students Experience Learning to Write Using SignWriting: A Way to Read and Write Signs?* (Unpublished dissertation). University of New Mexico.

Fodor, J. A. 1983. *The Modulariy of Mind.* Cambridge, MA: The MIT Press.

Forster, J., Schmidt, C., Hoyoux, T., et al. 2012. Rwth-phoenix-weather: A large vocabulary sign language recognition and translation corpus. In *Proceedings of the Eighth International Conference on Language Resources and Evaluation (LREC'12)* (pp. 3785-3789). Istanbul, Turkey.

Forster, K. 1978. Accessing the mental lexicon. In E.Walker (Ed.), *Explorations in the Biology of Language* (pp. 139-174). Montgomery, VT: Bradford Books.

Fotinea, S. E., Efthimiou, E., Caridakis, G., et al. 2009. DIANOEMA: Visual analysis and sign recognition for GSL modelling and robot teleoperation. In *Proceedings of the 8th International Gesture Workshop* (pp. 1-3). Bielefeld, Germany.

Fowler, C., Napps, S. & Feldman, L. 1985. Relations among regular and irregular morphologically related words in the lexicon as revealed by repetition priming. *Memory and Cognition*, 13 (3): 241-255.

Friederici, A. D. 2004. The neural basis of syntactic processes. In M. S. Gazzaniga (Ed.), *The Cognitive Neurosciences* (3rd edn., pp. 789-801). Cambridge, MA: The MIT Press.

Friederici, A. D., Fiebach, C. J., Schlesewsky, M., et al. 2006. Processing linguistic complexity and grammaticality in the left frontal cortex. *Cerebral Cortex*, 16 (12) : 1709-1717.

Friederici, A. D., Hahne, A. & Mecklinger, A. 1996. Temporal structure of syntactic parsing: Early and late event-related brain potential effects. *Journal of Experimental Psychology: Learning, Memory, and Cognition*, 22 (5) : 1219.

Frishberg, N. 1983. Dominance relations and discourse structure. In W. Stokoe & V. Volterra (Eds.), *Proceedings of the Third International Symposium on Sign Language Research* (pp. 79-90). Silver Spring, MD: Linstok Press.

Furth, H. G. 1966. *Thinking Without Language.* New York: Free Press.

Futrell, R., Mahowald, K. & Gibson, E. 2015. Large-scale evidence of dependency length minimization in 37 languages. *Proceedings of the National Academy of Sciences*, 112 (33): 10336-10341.

Gathercole, S. & Baddeley, A. 1993. *Working Memory and Language.* Hillsdale, NJ: Lawrence Erlbaum Associates.

Gernsbacher, M. 1989. Mechanisms that improve referential access. *Cognition*, (32) : 99-156.

Gernsbacher, M. 1990. *Language Comprehension as Structure Building.* Hillsdale, NI: Lawrence Erlbaum Associates.

Glaser, W. R. 1992. Picture naming. *Cognition*, (42) : 6l-105.

Glück, S. & Pfau, R. 1998. On classifying classification as a class of inflection in German sign language. In T. Cambier-Langeveld, A. Liptái & M. Redford (Eds.), *Proceedings of ConSole VI* (pp. 59-74). Lisbon: University of Lisbon.

Glück, S. & Pfau, R. 1999. A distributed morphology account of verbal inflection in German sign language. In T. Cambier-Langeveld, A. Liptái, M. Redford, et al. (Eds.), *Proceeding of ConSole VII* (pp. 65-80). Bergen: University of Bergen.

Goldenberg, G. & Strauss, S. 2002. Hemisphere asymmetries for imitation of novel gestures. *Neurology*, (59): 893-897.

Goldinger, S. D., Luce, P. A. & Pisoni, D. B. 1989. Priming lexical neighbors of spoken words: Effects of competition and inhibition. *Journal of Memory and Language*, (28): 501-518.

Green, J., Woods, G. & Foley, B. 2011. Looking at language: Appropriate design for sign language resources in remote Australian indigenous communities. In *Proceedings of the PARADISEC conference on Sustainable Data from Digital Research: Humanities Perspectives on Digital Scholarship*. Melbourne, Australia.

Grosjean, F. 1980. Spoken word recognition processes and the gating paradigm. *Perception & Psychophysics*, 28(4): 267-283.

Grosjean, F. 1981. Sign & word recognition: A first comparison. *Sign Language Studies*, (32): 195-220.

Grossman, E., Donnelly, M., Price, R., et al. 2000. Brain areas involved in perception of biological motion. *Journal of Cognitive Neuroscience*, (12): 711-720.

Hall, C. JI. 1992. *Morphology and Mind: A Unified Approach to Explanation in Linguistics*. London: Routledge.

Han, J., Awad, G. & Sutherland, A. 2009. Modelling and segmenting subunits for sign language recognition based on hand motion analysis. *Pattern Recognition Letters*, 30(6): 623-633.

Hanke, T. 2002. iLex — A tool for sign language lexicography and corpus analysis. In *Proceedings of the Third International Conference on Language Resources and Evaluation*. Las Palmas de Gran Canaria, Spain.

Hansen, M. & Heßmann, J. 2013. Register und Textsorten in der Deutschen Gebärdensprache: Eine korpusbasierte Annäherung. *Zeitschrift f ü r angewandte Linguistik*, 58(1): 133-165.

Hanson, V. L. 1982. Short-term recall by deaf signers of American sign language: Implications of encoding strategy for order recall. *Journal of Experimental Psychology*, (8): 572-583.

Hanson, V. L. & Feldman, L. B. 1989. Language specificity in lexical organization: Evidence from deaf signers' lexical organization of American sign language and English. *Memory & Cognition*, 17(3): 292-301.

Hanson, V. L. & Feldman, L. B. 1991. What makes signsrelated? *Sign Language Studies*, (70): 35-46.

Hellige, J. B. 2001. *Hemispheric Asymmetry: What's Right and What's Left* (Vol. 6). Cambridge. MA: Harvard University Press.

Hickok, G., Bellugi, U. & Klima, E. S. 1998. What's right about the neural organization of sign language? A perspective on recent neuroimaging results. *Trends in Cognitive Sciences*, (2): 465-468.

Hickok, G., Wilson, M., Clark, K., et al. 1999. Discourse deficits following right hemisphere damage in deaf signers. *Brain and Language*, 66 (2) : 233-248.

Hogan, K. & Stubbs, R. 2003. *Can't Get Through: 8 Barriers to Communication.* Grenta, LA: Pelican Publishing Company.

Holt, J. A., 1993. Stanford Achievement Test — 8th edition: Reading comprehension subgroup results. *American Annals of the Deaf*, 138 (2) : 172-175.

Hong, S. 2006. Agreement verbs in Korean sign language (KSL). In *Proceedings of the Ninth Conference on Theoretical Issues in Sign Language Research (TISLR 9)* (pp. 168-188). Floriano Polis, Brazil.

Huang, E. H., Socher, R., Manning, C. D., et al. 2012. Improving word representations via global context and multiple word prototypes. In *Proceedings of the 50th Annual Meeting of the Association for Computational Linguistics (Volume 1: Long Papers)* (pp. 873-882). Jeju Island, Korea.

Huenerfauth, M. 2003. *A Survey and Critique of American Sign Language Natural Language Generation and Machine Translation Systems.* Tech. Report of University of Pennsylvania.

Huenerfauth, M. 2004. Spatial representation of classifier predicates for machine translation into American sign language. In *Proceedings of the Workshop on Representation and Processing of Sign Language. The 4th International Conference on Language Resources and Evaluation* (pp. 24-31). Lisbon, Portugal.

Huenerfauth, M. 2005. American sign language generation: Multimodal NLG with multiple linguistic channels. In *Proceedings of the Association for Computational Linguistics (ACL) Student Research Workshop* (pp. 37-42). Michigan, USA.

Huenerfauth, M. 2006a. *Generating American Sign Language Classifier Predicates for English-to-ASL Machine Translation* (Unpublished Ph.D. thesis). University of Pennsylvania, Philadelphia.

Huenerfauth, M. 2006b. Representing coordination and non-coordination in American sign language animations. *Behaviour & Information Technology*, 25 (4) : 285-295.

Huenerfauth, M. 2010. Representing American sign language classifier predicates using spatially parameterized planning templates. In M. T. Banich & D. Caccamise (Eds.), *Generalization of Knowledge: Multidisciplinary Perspectives* (pp.157-174). New York: Psychology Press.

Huenerfauth, M. & Lu, P. 2010a. Eliciting spatial reference for a motion-capture corpus of American sign language discourse. In *Proceedings of the 7th International Conference on Language Resources and Evaluation (LREC 2010)*. Valleta, Malta.

Huenerfauth, M. & Lu, P. 2010b. Modeling and synthesizing spatially inflected verbs for American sign language animations. In *Proceedings of the 12th international ACM SIGACCESS Conference on Computers and Accessibility* (pp. 99-106). Orlando, USA.

Johnston, T. 2006. W (h) ither the deaf community? Population, genetics, and the future of Australian sign language. *Sign Language Studies*, 6 (2) : 137-173.

Johnston, T. 2009. Creating a corpus of Auslan within an Australian national corpus. In *Selected Proceedings of the 2008 HCSNet Workshop on Designing the Australian National Corpus: Mustering Languages.* Sydney, Australia.

Johnston, T. 2010. From archive to corpus: Transcription and annotation in the creation of signed language corpora. *International Journal of Corpus Linguistics*, 15(1): 106-131.

Johnston, T. & Crasborn, O. 2006. The use of ELAN annotation software in the creation of signed language corpora. In *Proceedings of the EMELD'06 Workshop on Digital Language Documentation: Tools and Standards: The State of the Art* (pp. 20-22). Michigan State University in East Lansing, US.

Kegl, J. A. & Wilbur, R. B. 1976. When does structure stop and style begin? Syntax, morphology, and phonology versus stylistic variation in American sign language. In *Proceedings of the Twelfth Regional Meeting of the Chicago Linguistic Society*. The University of Chicago.

Kennaway, R. 2001. Synthetic animation of deaf signing gestures. In *Proceedings of the International Gesture Workshop on Gesture and Sign Language in Human-Computer Interaction*. London, UK.

Kimmelman, V., Pfau, R. & Aboh, E. O. 2020. Argument structure of classifier predicates in Russian sign language. *Natural Language & Linguistic Theory*, 38(2): 539-579.

Klima, E. S. & Bellugi, U. 1979. *The Signs of Language*. Cambridge, MA: Harvard University Press.

Kong, W. W. & Ranganath S. 2008.Automatic hand trajectory segmentation and phoneme transcription for sign language. In *Proceedings of the 2008 8th IEEE International Conference on Automatic Face & Gesture Recognition (FG'08)* (pp. 1-6). Amsterdam, Netherlands.

König, L., König, S., Konrad, R., et al. 2008. Corpus-based sign dictionaries of technical terms — Dictionary projects at the IDGS in Hamburg. In *Proceedings of the 6th International Conference on Language Resources and Evaluation (LREC 2008)* (pp. 94-100). European Language Resources Association (ELRA), Marrakech, Morocco.

Krahmer, E. 2010. What computational linguists can learn from psychologists (and vice versa). *Computational Linguistics*, 36(2): 285-294.

Krakow, R. & Hanson, V. 1985. Deaf signers and serial recall in the visual modality: Memory for signs, fingerspelling, and print. *Memory and Cognition*, (13): 265-272.

Kruszewski, G., Lazaridou, A. & Baroni, M. 2015. Jointly optimizing word representations for lexical and sentential tasks with the C-phrase model. In *Proceedings of the 53rd Annual Meeting of the Association for Computational Linguistics and the 7th International Joint Conference on Natural Language Processing (Volume 1: Long Papers)* (pp. 971-981). Beijing, China.

Kubovy, M. 1988. Should we resist the seductiveness of the space: time :: vision: audition analogy? *Journal of Experimental Psychology: Human Perception & Performance*, (14): 318-320.

Lafferty, J., McCallum, A. & Pereira, F. 2001. Conditional random fields: Probabilistic models for segmenting and labeling sequence data. In *Proceedings of the 18th International Conference on Machine Learning* (pp. 282-289). Morgan Kaufmann.

Lane, H., Boyes-Braem, P. & Bellugi, U. 1976. Preliminaries to a distinctive feature analysis of handshapes in American sign language. *Cognitive Psychology*, 8(2): 263-289.

Leeson, L., Saeed, J., Macduff, A., et al. 2006. Moving heads and moving hands: Developing a digital corpus of Irish sign language. In *Proceedings of the Information Technology and Telecommunications Conference (ITT 2006)*. Carlow, Ireland.

Levelt, W. I. M. 1980. On-line processing constraints on the properties of signed and spoken language. In U. Bellugi & M. Studdert-Kennedy (Eds.), *Signed and Spoken Language: Biological Constraints on Form* (pp. 141-160). Weinheim: Verlag Chemie.

Levelt, W. I. M. 1989. *Speaking: From Intention to Articulation*. Cambridge, MA: The MIT Press

Li, S. C. & Lewandowsky, S. 1995. Forward and backward recall: Different retrieval processes. *Journal of Experimental Psychology: Learning, Memory, and Cognition*, 21(4): 837-847.

Liberman, A. M. 1996. *Speech: A Special Code*. Cambridge, MA: The MIT Press.

Liddell, S. K. 1990. Four functions of a locus: Re-examining the structure of space in ASL. In C. Lucas (Ed.), *Sign Language Research: Theoretical Issues* (pp. 176-198). Washington, DC: Gallaudet University Press.

Liddell, S. K. 2000. Indicating verbs and pronouns: Pointing away from agreement. In K. Emmorey & H. Lane (Eds.), *The Signs of Language Revisited: An Anthology to Honor Ursula Bellugi and Edward Klima* (pp. 303-320). Mahwah, NJ: Lawrence Erlbaum.

Liddell, S. K. 2003a. Sources of meaning in ASL classifier predicates. In K. Emmorey (Ed.), *Proceedings of Workshop on Classifier Constructions — Perspectives on Classifier Constructions in Sign Languages* (pp. 199-220). La Jolla: Psychology Press.

Liddell, S. K. 2003b. *Grammar, Gesture, and Meaning in American Sign Language*. Cambridge: Cambridge University Press.

Liddell, S. K. & Johnson, R. E. 1986. American sign language compound formation processes, lexicalization, and phonological remnants. *Natural Language & Linguistic Theory*, 4(4): 445-513.

Liddell, S. K. & Johnson, R. E. 1989. American sign language: The phonological base. *Sign Language Studies*, (64): 197-277.

Lillo-Martin, D. 1986. Two kinds of null arguments in American sign language. *Natural Language and Linguistic Theory*, 4: 415-444.

Lillo-Martin, D. 2002. Where are all the modality effects? In R. Meier, K. Cormier & D. Quinto-Pozos (Eds.), *Modality and Structure in Signed and Spoken Languages* (pp. 241-262). Cambridge: Cambridge University Press.

Lively, S., Pisoni, D. & Goldinger, S. 1994. Spoken word recognition. In M. A. Gernsbacher (Ed.), *Handbook of Psycholinguistics* (pp. 265-301). San Diego, CA: Academic Press.

Loeding, B. L., Sarkar, S., Parashar, A., et al. 2004. Progress in automated computer recognition of sign language. In *Proceedings of the 9th International Conference on Computers Helping People with Special Needs (ICCHP 2004)*. Paris, France.

Lu, P. & Huenerfauth, M. 2010. Collecting a motion-capture corpus of American sign language for data-driven generation research. In *Proceedings of the NAACL HLT 2010 Workshop on Speech and Language Processing for Assistive Technologies. Association for Computational Linguistics* (pp. 89-97). Los Angeles, USA.

Lu, P. & Huenerfauth, M. 2011. Collecting an American sign language corpus through the participation of native signers. In *Proceedings of the International Conference on Universal Access in Human-Computer Interaction* (pp. 81-90). Orlando, USA.

Lu, P. & Huenerfauth, M. 2012. Learning a vector-based model of American sign language inflecting verbs from motion-capture data. In *Proceedings of the Third Workshop on Speech and Language Processing for Assistive Technologies. Association for Computational Linguistics* (pp. 66-74). Montreal, Quebec, Canada.

Lucas, C. & Bayley, R. 2005. Variation in ASL: The role of grammatical function. *Sign Language Studies*, 6 (1): 38-75.

Lucas, C., Bayley, R. & Valli, C. 2001. *Sociolinguistic Variation in American Sign Language*. Washington, DC: Gallaudet University Press.

Luce, P. A. 1986. *Neighborhoods of Words in the Mental Lexicon* (Unpublished doctoral dissertation). Indiana University, Bloomington.

Luce, P. A., Pisoni, D. B. & Goldinger, S. D. 1990. Similarity neighborhoods of spoken words. In G. T. M. Altmann (Ed.), *Cognitive Models of Speech Processing: Psycholinguistics and Computational Perspectives* (pp. 122-147). Cambridge, MA: The MIT Press.

Luong, T., Socher, R. & Manning, C. D. 2013. Better word representations with recursive neural networks for morphology. In *Proceedings of the 17th Conference on Computational Natural Language Learning (CoNLL)* (pp. 104-113). Sofia, Bulgaria.

Ma, J., Gao, W., Wu, J., et al. 2000. A continuous Chinese sign language recognition system. In *Proceedings of the Fourth IEEE International Conference on Automatic Face and Gesture Recognition (Cat. No. PR00580)* (pp. 428-433). IEEE. Grenoble, France.

MacDonald, M. C. 1986. *Priming During Sentence Processing: Facilitation of Responses to a Noun from a Coreferential Pronoun* (Unpublished doctoral dissertation). University of California, Los Angeles.

MacDonald, M. C. & MacWhinney, B. 1990. Measuring inhibition and facilitation from pronouns. *Journal of Memory and Language*, 29 (4): 469-492.

MacFarlane, J. & Morford, J. P. 2003. Frequency characteristics of American sign language. *Sign Language Studies*, 3 (2): 213-225.

MacSweeney, M., Campbell, R., Woll, B., et al. 2004. Dissociating linguistic and nonlinguistic gestural communication in the brain. *Neuroimage*, (22): 1605-1618.

MacSweeney, M., Campbell, R., Woll, B., et al. 2006. Lexical and sentential processing in British sign language. *Human Brain Mapping*, (27): 63-76.

MacSweeney, M., Waters, D., Brammer, M. J., et al. 2008. Phonological processing in deaf signers and the impact of age of first language acquisition. *Neuroimage*, 40 (3): 1369-1379.

MacSweeney, M., Woll, B., Campbell, R., et al. 2002a. Neural systems underlying British sign language and audio-visual English processing in native users. *Brain*, (125): 1583-1593.

MacSweeney, M., Woll, B., Campbell, R., et al. 2002b. Neural correlates of British sign language comprehension: Spatial processing demands of topographic language. *Journal of Cognitive Neuroscience*, (14): 1064-1675.

Malandro, L. 1989. *Nonverbal Communication*. New York: Newbery Award Records.

Mallery, G. 1893. *Picture Writing of the American Indians*. The Tenth Annual Report of the Bureau of American Ethnology, Washington, D. C.

Mandel, M. 1977. Iconic devices in American sign language. In L. A. Friedman (Ed.), *On the Other Hand: New Perspectives on American Sign Language* (pp. 57-107). New York: Academic Press.

Marschark, M. 1993. *Psychological Development of Deaf Children*. New York: Oxford University Press.

Marshall, I. & Sáfár, É. 2001. Extraction of semantic representations from syntactic CMU link grammar linkages. In *Proceedings of Recent Advances in Natural Language Processing (RANLP)* (pp. 154-159). Tzigov Chark, Bulgaria.

Marshall, I. & Sáfár, É. 2005. Grammar development for sign language avatar-based synthesis. In C. Stephanidis (Ed.), *Universal Access in HCI: Exploring New Dimensions of Diversity — Volume 8 of the Proceedings of the 11th International Conference on Human-Computer Interaction (CD-ROM)* (pp. 1-110). Mahwah, NJ: Lawrence Erlbaum Associates.

Marslen-Wilson, W. 1987. Functional parallelism in spoken word-recognition. *Cognition*, 25(1-2): 71-102.

Marslen-Wilson, W., Tyler, L. K., Waksler, R., et al. 1994. Morphology and meaning in the English mental lexicon. *Psychological Review*, 101(1): 3-33.

Martell, C. H. 2002. Form: An extensible kinematically-based gesture annotation scheme. In *Proceedings of the 7th International Conference on Spoken Language Processing* (pp. 353-356). Denver, USA.

Martin, J. 2000. A linguistic comparison: Two notation systems for signed languages. https://www.signwriting.org/archive/docs1/sw0032-Stokoe-Sutton.pdf.

Massaro, D. 1998. *Perceiving Talking Faces: From Speech Perception to a Behavioral Principle*. Cambridge, MA: The MIT Press.

Mayberry, R. & Waters, G. 1991. Children's memory for sign and fingerspelling in relation to production rate and sign language input. In P. Siple & S. Fischer (Eds.), *Theoretical Issues in Sign Language Research* (pp. 211-229). Chicago: The University of Chicago Press.

McClelland, J. L. & Elman, J. L. 1986. The TRACE model of speech perception. *Cognitive Psychology*, 18(1): 1-86.

McDonald, B. 1983. Levels of analysis in sign language research. In J. G. Kyle & B. Woll (Eds.), *Language in Sign: An International Perspective on Sign Language* (pp. 32-40). London: CroomHelm.

McKee, D. & Kennedy, G. 2006. The distribution of signs in New Zealand sign language. *Sign Language Studies*, 6(4): 372-390.

Meador, K. J., Loring, D. W., Feinberg, T. E., et al. 2000. Anosognosia and asomatognosia during intracarotid amobarbital inactivation. *Neurology*, (55): 816-920.

Mechelli, A., Crinion, J. T., Noppeney, U., et al. 2004. Neurolinguistics: Structural plasticity in the bilingual brain. *Nature*, (431): 757.

Mehrabian, A. & Ferris, S. R. 1967. Inference of attitudes from nonverbal communication in two channels. *Journal of Consulting Psychology*, 31(3): 248-252.

Meir, I. 2001. Motion and transfer: The analysis of two verb classes in Israeli sign language. In V. Dively, M. Metzger, S. Taub, et al. (Eds.), *Signed Languages: Discoveries from International*

Research (pp. 74-87). Washington, DC: Gallaudet University Press.

Mesch, J. & Wallin, L. 2015. Gloss annotations in the Swedish sign language corpus. *International Journal of Corpus Linguistics*, 20(1): 102-120.

Meyer, D. E. & Schvaneveldt, R. W. 1971. Facilitation in recognizing pairs of words: Evidence of a dependence between retrieval operations. *Journal of Experimental Psychology*, 90(2): 227.

Mikolov, T. & Zweig, G. 2012. Context dependent recurrent neural network language model. In *Proceedings of the IEEE Spoken Language Technology Workshop (SLT)* (pp. 234-239). Miami, US.

Mikolov, T., Karafiá a, M., Burget, L., et al. 2010. Recurrent neural network based language model. In *Proceedings of the 11th Annual Conference of the International Speech Communication Association* (*Interspeech* 2010). Makuhari, Japan.

Mikolov, T., Sutskever, I., Chen, K., et al. 2013. Distributed representations of words and phrases and their compositionality. In *Proceedings of the 7th Annual Conference on Neural Information Processing Systems (NIPS2013)* (pp. 3111-3119). Lake Tahoe, US.

Miller, C. 1994. Simultaneous constructions in Quebec sign language. In M. Brennan & G. Turner (Eds.), *Word-order Issues in Sign Language* (pp. 89-112). Durham: ISLA Publications.

Miller, G. A. 1956. The magical number seven, plus or minus two: Some limits on our capacity for processing information. *Psychological Review*, 101(2): 343-352.

Miller, G. A. & Nicely, P. E. 1955. An analysis of perceptual confusions among some English consonants. *The Journal of the Acoustical Society of America*, 27(2): 338-352.

Miyake, A. & Shah, P. 1999. *Models of Working Memory: Mechanisms of Active Maintenance and Executive Control*. Cambridge: Cambridge University Press.

Mnih, A. & Hinton, G. E. 2009. A scalable hierarchical distributed language model. In *Proceedings of the 23rd Annual Conference on Neural Information Processing Systems (NIPS2009)* (pp. 1081-1088). Vancouver, Canada.

Murray, D. 1968. Articulation and acoustic confusability in short-term memory. *Journal of Experimental Psychology*, (78): 679-684.

Nagao, M. 1984. A framework of a mechanical translation between Japanese and English by analogy principle. In *Proceedings of the International NATO Symposium on Artificial and Human Intelligence* (pp. 351-354). Lyon, France.

Neidle, C. 2001. SignStream™: A database tool for research on visual-gestural language. *Sign Language & Linguistics*, 4(1-2): 203-214.

Neidle, C., Kegl, J., MacLaughlin, D., et al. 2000. *The Syntax of American Sign Language: Functional Categories and Hierarchical Structure*. Cambridge, MA: The MIT Press.

Neidle, C., Opoku, A. & Metaxas, D. 2022. ASL video corpora & sign bank: Resources available through the American Sign Language Linguistic Research Project (ASLLRP). https://arxiv.org/abs/2201.07899.

Neville, H. J., Bavelier, D., Corina, D., et al. 1998. Cerebral organization for language in deaf and hearing subjects: Biological constraints and effects of experience. *Proceedings of the National Academy of Sciences*, 95(3): 922-929.

Neville, H. J., Coffey, S. A., Lawson, D. S., et al. 1997. Neural systems mediating American sign language: Effects of sensory experience and age of acquisition. *Brain and Language*, (57): 285-308.

Neville, H. J., Mills, D. L. & Lawson, D. S. 1992. Fractionating language: Different neural subsystems with different sensitive periods. *Cerebral Cortex*, (2): 244-258.

Newman, A. J., Bavelier, D., Corina, D., et al. 2002. A critical period for right hemisphere recruitment in American sign language processing. *Nature Neuroscience*, (5): 76-80.

Newport, E. L. 1982. Task specificity in language learning? Evidence from speech perception and ASL. In E. Wanner & L. R. Gleitman (Eds.), *Language Acquisition: The State of the Art* (pp. 450-486). Cambridge: Cambridge University Press.

Newport, E. L. & Bellugi, U. 1978. Linguistic expression of category levels in a visual-gestural language: A flower is a flower is a flower. In E. Rosch & B. B. Lloyd (Eds.), *Cognition and Categorization* (pp. 49-77). Hillsdale: Lawrence Erlbaum Associates.

Nishio, R., Hong, S. E., König, S., et al. 2010. Elicitation methods in the DGS (German sign language) corpus project. In *Proceedings of the 7th International Conference on Language Resources and Evaluation (LREC 2010)* (pp. 178-185). European Language Resources Association (ELRA), Valletta, Malta.

O'Connor, N. & Hermelin, B. M. 1973. Short-term memory for the order of pictures and syllables by deaf and hearing children. *Neuropsychology*, (11): 437-442.

Östling, R., Börstell, C., Gärdenfors, M., et al. 2017. Universal dependencies for Swedish sign language. In *Proceedings of the 21st Nordic Conference on Computational Linguistics* (pp. 303-308). Gothenburg, Sweden.

Padden, C. A. 1988. Grammatical theory and signed languages. In F. Newmeyer (Ed.), *Linguistics: The Cambridge Survey, Vol. II, Linguistic Theory: Extensions and Implications* (pp. 50-266). Cambridge: Cambridge University Press.

Padden, C. A. 2016. *Interaction of Morphology and Syntax in American Sign Language*. New York: Routledge.

Peirce, C. S. 1985. Logic as semiotic: The theory of signs. In R. E. Innis (Ed.), *Semiotics: An Introductory Anthology* (pp. 1-23). London: Hutchinson.

Penhune, V. B., Cismaru, R., Dorsaint-Pierre, R., et al. 2003. The morphometry of auditory cortex in the congenitally deaf measured using MRI. *Neuroimage*, 20(2): 1215-1225.

Petersson, K. M., Reis, A., Askelof, S., et al. 2000. Language processing modulated by literacy: A network analysis of verbal repetition in literate and illiterate subjects. *Journal of Cognitive Neuroscience*, (12): 364-382.

Poizner, H. & Lane, H. 1978. Discrimination of location in American sign language. In P. Siple (Ed.), *Understanding Language Through Sign Language Research* (pp. 271-287). Amsterdam: Academic Press of Reed Elsevier.

Poizner, H. 1981. Visual and "phonetic" coding of movement: Evidence from American sign language. *Science*, 212(4495): 691-693.

Poizner, H. 1983. Perception of movement in American sign language: Effects of linguistic structure and linguistic experience. *Perception & Psychophysics*, 33 (3) : 215-231.

Poizner, H., Fok, A. & Bellugi, U. 1989. The interplay between perception of language and perception of motion. *Language Sciences*, 11 (3) : 267-287.

Poizner, H., Klima, E. S. & Bellugi, U. 1987. *What the Hands Reveal About the Brain*. Cambridge, MA: The MIT Press.

Poizner, H., Newkirk, D., Bellugi, U., et al. 1981. Representation of inflected signs from American sign language in short-term memory. *Memory & Cognition*, (9) : 121-131.

Prillwitz, S., Leven, R., Zienert, H., et al. 1989. *Hamburg Notation System for Sign Languages: An Introductory Guide (HamNoSys Version 2.0)*. Hamburg: Hamburg Signum Press.

Rabiner, L. 1978. On creating reference templates for speaker independent recognition of isolated words. *IEEE Transactions on Acoustics, Speech, and Signal Processing*, 26 (1) : 34-42.

Ramirez, N. F., Leonard, M. K., Davenport, T. S., et al. 2016. Neural language processing in adolescent first-language learners: Longitudinal case studies in American sign language. *Cerebral Cortex*, 26 (3) : 1015-1026.

Rée, J. 1999. *I See a Voice: Language, Deafness & the Senses, a Philosophical History.* London: HarperCollins.

Richards, J. T. & Hanson, V. 1985. Visual and production similarity of the handshapes of the American manual alphabet. *Perception and Psychophyscis*, 38 (4) : 311-319.

Sallandre, M. A. & Braffort, A. 2010. Annotation for sign language processing. In *Proceedings of the 3rd Workshop on .Sign Language Corpora Network*. Stockholm, Sweden.

Sandler, W. 1989. *Phonological Representation of the Sign: Linearity and Nonlinearity in American Sign Language*. Dordrecht: Foris.

Sandler, W. 2006. An overview of sign language linguistics. In K. Brown (Ed.), *Encyclopedia of Language and Linguistics* (2nd edn. pp. 328-338). Oxford: Elsevier.

Sandler, W. 2008. The syllable in sign language: Considering the other natural language modality. In P. MacNeilage, B. Davis & K. Zajdo (Eds.), *The Syllable in Speech Production* (pp. 379-408). New York: Lawrence Erlbaum Associates.

Sato, S. & Nagao, M. 1990. Toward memory-based translation. In *Proceedings of the 13th International Conference on Computational Linguistics (COLING 1990)*. University of Helsinki, Finland.

Saussure, F. 1959. *A Course in General Linguistics.* New York: Philosophical Library.

Savin, H. B. 1963. Word-frequency effect and errors in the perception of speech. *The Journal of the Acoustical Society of America*, 35 (2) : 200-206.

Scheler, G. 1994. *Extracting Semantic Features for Aspectual Meanings from a Syntactic Representation Using Neural Networks (Technical Report FKI-191-94)*. Institute for Computer Science, Technical University of Munich, German.

Schembri, A. 2003. Rethinking “classifiers” in signed languages. In K. Emmorey (Ed.), *Perspectives on Classifier Constructions in Sign Languages* (pp. 13-44).London: Lawrence Erlbaum Associates.

Schembri, A. & Trevor, J. 2004. Sociolinguistic variation in Auslan (Australian sign language): A research project in progress. *Deaf Worlds*, 20(1): 78-90.

Schick, B. S. 1990. Classifier predicates in American sign language. *International Journal of Sign Linguistics*, 1(1): 15-40.

Schulmeister, R. 1989. A computer dictionary with animated signs for the special field of computer technology. In *Proceedings of the Third European Congress on Sign Language Research*. Hamburg, German.

Schwartz, B. 1999. Sparkling at the tip of the tongue: The etiology of tip-of-the-tongue phenomenology. *Psychological Bulletin C Review*, 6(3): 379-393.

Segouat, J. & Braffort, A. 2009. Toward the study of sign language coarticulation: Methodology proposal. In *Proceedings of the 2009 Second International Conferences on Advances in Computer-Human Interactions* (pp. 369-374). Cancun, Mexico.

Sergent, J., Ohta, S. & Macdonald, B. 1992. Functional neuroanatomy of face and object processing: A positron emission tomography study. *Brain*, 115(1): 15-36.

Shand, M. 1980. *Short-term Coding Processes in Congenitally Deaf Signers of ASL: Natural Language Considerations* (Unpublished doctoral dissertation). University of California, San Diego.

Shand, M. & Klima, E. 1981. Nonauditory suffix effects congenitally in deaf signers of American sign language. *Journal of Experimental Psychology: Human Learning and Memory*, 7(6): 464-474.

Shannon, C. E. 2001. A mathematical theory of communication. *ACM SIGMOBILE Mobile Computing and Communications Review*, 5(1): 3-55.

Siok, W. T., Perfetti, C. A., Jin, Z., et al. 2004. Biological abnormality of impaired reading is constrained by culture. *Nature*, (431): 71-76.

Smith, J. D., Reisberg, D. & Wilson, M. 1992. Subvocalization and auditory imagery: Interactions between the inner ear and the inner voice. In D. Reisberg (Ed.), *Auditory Imagery*. Hillsdale, NJ: Lawrence Erlbaum Associates.

Smith, W. H. 1989. *The Morphological Characteristics of Verbs in Taiwan Sign Language* (Unpublished dissertation). Indiana University, Bloomington.

Söderfeldt, B., Ingvar, M., Rönnberg, J., et al. 1997. Signed and spoken language perception studied by positron emission tomography. *Neurology*, 49(1): 82-87.

Speers, D. 2001. *Representation of American Sign Language for Machine Translation* (Unpublished PhD dissertation). Georgetown University, Washington.

Stack, K. M. 1999. *Innovation by a Child Acquiring Signing Exact English II* (Unpublished PhD dissertation). University of California, Los Angeles.

Stein, D., Schmidt, C. & Ney, H. 2012. Analysis, preparation, and optimization of statistical sign language machine translation. *Machine Translation*, 26(4): 325-357.

Stein, J. 1984. *The Ramndom House College Dictionary*. New York: Random House, Inc.

Stevens, K. N. & Blumstein, S. E. 1981. The search for invariant acoustic correlates of phonetic features. In P. D. Eimas & J. L. Miller (Eds.), *Perspectives on the Study of Speech* (pp. 1-38). Hillsdale, NJ: Lawrence Erlbaum Associates.

Stokoe , W. C. 2005. Sign language structure: An outline of the visual communication systems of the American deaf. *Journal of Deaf Studies and Deaf Education*, 10(1): 3-37.

Stokoe, W. C., Dorothy, C. C., Carl G., et al. 1965. *A Dictionary of American Sign Language on Linguistic Principles.* Silver Spring, MD: Linstok Press.

Stoll, S., Camgöz, N. C., Hadfield, S., et al. 2018. Sign language production using neural machine translation and generative adversarial networks. In *Proceedings of the 29th British Machine Vision Conference (BMVC 2018)*. University of Surrey, UK.

Stungis, J. 1981. Identification and discrimination of handshape in American sign language. *Perception and Psychophysics*, 29(3): 261-276.

Su, H. Y. & Wu, C. H. 2009. Improving structural statistical machine translation for sign language with small corpus using thematic role templates as translation memory. *IEEE Transactions on Audio, Speech, and Language Processing*, 17(7): 1305-1315.

Sun, X., Ren, X., Ma, S., et al. 2017. meProp: Sparsified back propagation for accelerated deep learning with reduced overfitting. In *Proceedings of the 34th International Conference on Machine Learning (ICML 2017)* (pp. 3299-3308). Sydney, Australia.

Supalla, S. 1991. Manually coded English: The modality question in signed language development. In P. Siple & S. D. Fischer (Eds.), *Theoretical Issues in Sign Language Research* (pp. 85-109). Chicago, IL: The University of Chicago Press.

Supalla, S., Cripps, J. H. & McKee, C. 2008. Revealing sound in the signed medium through an alphabetic system. In *Proceedings of the First SignTyp Conference*. Storrs, Connecticut, US.

Supalla, T. 1978. Morphology of verbs of motion and location in American sign language. In F. Caccamise & D. Hicks (Eds.), *Proceedings of the Second National Symposium on Sign Language Research and Teaching* (pp. 27-45). Silver Spring, MD: National Association of the Deaf.

Supalla, T. 1982. *Structure and Acquisition of Verbs of Motion and Location in American Sign Language* (Unpublished doctoral dissertation). University of California, San Diego.

Supalla, T. 1986. The classifier system in American sign language. In C. Craig (Ed.), *Noun Classes and Categorization* (pp. 181-214). Amsterdam: John Benjamins.

Supalla, T. 1990. Serial verbs of motion in American sign language. In S. Fisher & P. Siple (Eds.), *Theoretical Issues in Sign Language Research: Linguistics* (pp. 127-152). Chicago: The University of Chicago Press.

Sutton-Spence, R. & Woll, B. 1999. *The Linguistics of British Sign Language: An Introduction.* Cambridge: Cambridge University Press.

Sze, F., Woodward, J., Tang, G., et al. 2012. Sign language documentation in the Asia-Pacific region: A deaf-centered approach. In *Workshop Proceedings: The 5th Workshop on the Representation and Processing of Sign Languages: Interactions Between Corpus and Lexicon, Language Resources and Evaluation Conference (LREC)* (pp. 155-158). Istanbul, Turkey.

Tallal, P., Miller, S. & Fitch, R. H. 1993. Neurobiological basis of speech: A case for the preeminence of temporal processing. *Annals of the New York Academy of Sciences*, (682): 27.

Talmy, L. 1985. Lexicalization patterns: Semantic structure in lexical forms. In T. Shopen (Ed.),

Language Typology and Syntactic Description (Vol. 3) (pp. 57-149). Cambridge: Cambridge University Press.

Talmy, L. 2000. Lexicalization patterns. In L. Talmy (Ed.), *Toward a Cognitive Semantics, Vol. 2: Typology and Process in Concept Structuring* (pp. 21-146). Cambridge: The MIT Press.

Tang, G. 2003. Verbs of motion and location in Hong Kong sign language: Conflation and lexicalization. In K. Emmorey (Ed.), *Perspectives on Classifier Construction in Sign Language* (p. 146). London: Lawrence Erlbaum Associates.

Tang, G. & Gu, Y. 2007. Events of motion and causation in Hong Kong sign language. *Lingua,* 117(7): 1216-1257.

Tang, G., Sze, F. & Lam, S. 2007. Acquisition of simultaneous constructions by deaf children of Hong Kong sign language. In M. Vermeerbergen, L. Leeson & O. A. Crasborn (Eds.), *Simultaneity in Signed Languages: Form and Function* (pp. 283-316). Amsterdam: John Benjamins Publishing.

Taylor, J. R. 2006. Where do phonemes come from? A view from the bottom. *International Journal of English Studies,* 6(2):19-54.

Toro, J. A. 2004. Automated 3D animation system to inflect agreement verbs. In *Proceedings of the 6th High Desert Linguistics Conference.* Albuquerque, New Mexico, US.

Toro, J. A. 2005. *Automatic Verb Agreement in Computer Synthesized Depictions of American Sign Language* (Unpublished PhD dissertation). DePaul University, Chicago.

Tucci, M., Vitiello, G. & Costagliola, G. 1994. Parsing nonlinear languages. *IEEE Transactions on Software Engineering,* 20(9): 720-739.

Valli, C. & Lucas, C. 2000. *Linguistics of American Sign Language.* 3rd edn. Washington, DC: Gallaudet University Press.

Veale, T., Conway, A. & Collins, B. 1998. The challenges of cross-modal translation: English-to-sign-language translation in the ZARDOZ system. *Machine Translation,* 13(1): 81-106.

Vogler, C. & Metaxas, D. 1997. Adapting hidden Markov models for ASL recognition by using three-dimensional computer vision methods. In *1997 IEEE International Conference on Systems, Man, and Cybernetics: Computational Cybernetics and Simulation* (Vol. 1, pp. 156-161). Orlando, FL, US.

Vogler, C. & Metaxas, D. 1999. Toward scalability in ASL recognition: Breaking down signs into phonemes. In *Proceedings of the International Gesture Workshop* (pp. 211-224). Berlin, Heidelberg: Springer.

Vogt-Svendsen, M. 2001. A comparison of mouth gestures and mouthings in Norwegian sign language (NSL). In P. Boyes-Braem & R. Sutton-Spence (Eds.), *The Hands Are the Head of the Mouth: The Mouth as Articulator in Sign Languages* (pp 9-40). Hamburg: Signum Pres.

Wall, L. & Morgan, W. 1994. *Navajo-English Dictiomary.* New York: Hippocrene Books, Inc.

Wallin, L., Mesch, J. & Nilsson, A-L. 2010. *Sign Language Transcription Conventions* (Unpublished PhD dissertation). Stockholm University, Sweden.

Wang, C., Gao, W. & Shan, S. 2002. An approach based on phonemes to large vocabulary Chinese sign language recognition. In *Proceedings of the Fifth IEEE International Conference on*

Automatic Face Gesture Recognition (pp. 411-416). Washington, DC, US.

Weaver, W. 1949. The mathematics of communication. *Scientific American*, 181 (1): 11-15.

Wideman, C. J. & Sims, E. M. 1998. Signing avatars. In *Proceedings of the Technology and Persons with Disabilities Conference*. Los Angeles, US.

Wilbur, R. B. 1987. *American Sign Language: Linguistic and Applied Dimensions*. 2nd edn. Boston, MA: College-Hill.

Wilbur, R. B. 1990. Why syllables? What the notion means for ASL research. In S. D. Fischer & P. Siple (Eds.), *Theoretical Issues in Sign Language Research* (pp. 81-108). Chicago: The University of Chicago Press.

Wilkinson, E., Sallandre, M. A., Pizzuto, E., et al. 2006. Deixis, anaphora and highly iconic structures: Evidence on American (ASL), French (LSF) and Italian (LIS) signed languages. In *Proceedings of the International Congress "Theoretical Issues in Sign Language Research 9"*, Universidade Federal de Santa Catarina, Florianopolis, Brasil.

Wilson, M. 2001. The case for sensorimotor coding in working memory. *Psychonomic Bulletin & Review*, (8): 44-57.

Wilson, M. & Emmorey, K. 1997a. A visual-spatial phonological loop in working memory: Evidence from American sign language. *Memory and Cognition*, 25 (3): 313-320.

Wilson, M. & Emmorey, K. 1997b. Working memory for sign language: A window into the architecture of working memory. *Journal of Deaf Studies and Deaf Education*, 2 (3): 123-132.

Wilson, M. & Emmorey, K. 1998. A word length effect for sign language: Further evidence on the role of language in structuring working memory. *Memory and Cognition*, 26 (3): 584-590.

Wilson, M. & Emmorey, K. 2000. When does modality matter? Evidence from ASL on the nature of working memory. In K. Emmorey & H. Lane (Eds.), *The Signs of Language Revisited: An Anthology to Honor Ursula Bellugi and Edward Klima* (pp. 135-142). Mahwah, NJ: Lawrence Erlbaum Associates.

Wilson, M. & Emmorey, K. 2001. Functional consequences of modality: Spatial coding in working memory for signs. In V. Dively, M. Metzger, S. Taub, et al. (Eds.), *Sign Languages: Discoveries from International Research* (pp. 91-99). Washington, DC: Gallaudet University Press.

Wilson, M., Bettger, J., Niculae, I., et al. 1997. Modality of language shapes working memory: Evidence from digit span and spatial span in ASL signers. *Journal of Deaf Studies and Deaf Education*, (2): 150-160.

Winner, E., Brownell, H., Happé, F., et al. 1998. Distinguishing lies from jokes: Theory of mind deficits and discourse interpretation in right hemisphere brain-damaged patients. *Brain and Language*, 62 (1): 89-106.

Witelson, S. F. 1987. Neurobiological aspects of language in children. *Child Development*, 58 (3): 653-688.

Yao, D., Jiang, M., Huang, Y., et al. 2017. Study of sign segmentation in the text of Chinese sign language. *Universal Access in the Information Society*, 16 (3): 725-737.

Yates, F. A. 1966. *The Art of Memory*. Chicago: The University of Chicago Press.

Ye, K., Yin, B. & Wang, L. 2009. CSLML: A markup language for expressive Chinese sign language synthesis. *Computer Animation and Virtual Worlds*, 20(2-3): 237-245.

Yingve, V. H. 2003. A framework for syntactic translation. In S. N. H. S. Y. Wilks (Ed.), *Readings in Machine Translation* (pp. 39-44). Cambridge: The MIT Press.

Zhao, L., Kipper, K., Schuler, W., et al. 2000. A machine translation system from English to American sign language. In *Proceedings of the Conference of the Association for Machine Translation in the Americas* (pp. 54-67). Berlin, Heidelberg: Springer.

Zhou, M. 2019. The bright future of ACL/NLP. In *Proceedings of the 57th Annual Meeting of the Association for Computational Linguistics*. Florence, Italy.

Zwitserlood, I. 1996. *Who'll Handle the Object? An Investigation of the NGT Classifier* (Unpublished MA thesis). Utrecht University, Netherlands.

Zwitserlood, I. 2003. *Classifying Hand Configurations in Nederlandse Gebarentaal (Sign Language of the Netherlands)* (Unpublished doctoral dissertation). Utrecht University, Netherlands.

后 记

2012 年秋，笔者有幸考入清华大学中文系，攻读语言学及应用语言学专业文学博士学位，师从江铭虎教授，从事语言认知与计算方面的研究。

在这里，笔者耳闻目睹了一代又一代学者，不忘初衷，始终奔跑在追逐科技，振兴中华路上的动人故事，包括笔者的导师、其他的许多大师和学者，以及笔者的同学，他们不畏艰难险阻，始终在科学领域拼搏奋进；在这里，笔者幸运地得到了一代大师陈寅恪、朱自清、闻一多、沈从文等先生开创的，以及大批才华横溢的学者才俊传承、营造的有着百年积淀的文化底蕴和良好学术氛围的濡养和浸润；在这里，笔者怀揣着“为弱势群体服务”的梦想，自觉践行“自强不息，厚德载物”的清华校训，踏着前人的足迹，为攻克“手语计算”的难题，孜孜不倦地努力行进在通向一座座科学高峰的崎岖小路上。

笔者在写作过程中深受江铭虎教授的学术思想的熏陶和影响。他认为在人类 2300 万年的漫长进化过程中，语言和工具的使用和发展起了决定性作用。语言使人类大脑皮层面积开始增加，脑皮层的表面是一种皱巴折叠的构造，这样在头骨范围内就有了更多的表面区域。人脑中操作口语的功能和音义结合的符号系统经过了几十万年的进化，神经系统也自然而然地连接为一个整体，可以说语言是与人脑共同进化的，它们也是世界上最复杂的两样东西。大脑容量的增加在一定程度上提高了人类的行为和认知能力，大脑和语言、劳动相互作用，不断推动早期人类身体行为和大脑意识等功能从简单向复杂过渡、发展，使人脑从最初的自然感知进化到人类独有的大脑机能意识。

在江铭虎教授的指导下，笔者除了学习汉语语言学外，还系统地学习了计算语言学、认知神经科学、心理学等课程，从而得以在研究中将西方语言学与中国手语结合起来，将计算语言学与认知神经科学结合起来，将西方心理学与汉语语言学结合起来，将自然科学和社会科学交叉展开研究，以对人脑进行模拟的研究途径和实现为目标，实现计算机对语言信息的自动分析和理解。

需要特别说明的是，本书对手语计算的研究还受到两位大师的学术思想的启迪和影响，他们是赵元任先生和王士元先生。赵元任先生早年曾任清华大学中文系教授，是中国语言科学的创始人，被称为“汉语言学之父”。他在语言学研究中将深厚的国学底蕴与西方先进的实验技术和手段结合起来，取得了丰硕的成果。王士元先生则是美国加利福尼亚大学伯克利分校的荣誉教授，他认为语言学的很多规律与生物学的规律相似，研究语言应与研究人类大脑结合起来。笔者在中国手语的研究中努力践行以赵元任先生为代表的清华国学四大导师提出的“中西融合，古今贯通，文理渗透，综合创新”的学术思想，并按王士元先生提出的科学方法，将研究语言与研究人类大脑结合起来。

目前手语被公认为一门独立的语言，包括 William C. Stokoe 在内的众多学者都已经从语言学、生理学等方面证明了手语是一门真正的语言。江铭虎教授认为手语同有声语言一样，也是人类对客观世界进行感知体验后的产物。从目前的研究来看，人类大脑处理手语的机制完全不同于对有声语言的处理，有声语言按时间序列处理，而手语则是对空间的利用和体验，因此江教授把手语纳入其领导的实验室的研究方向。

笔者系统地研究了手语语言学、手语的计算处理、手语的大脑认知等方面的课题，这些研究在本书中都有相关介绍。手语计算是一个涉及多学科的庞大领域，而且手语是一门特殊的时空语言，受当前认知水平、技术条件等诸多方面的限制，加之本书的研究时间还远远不够，有些问题一时还很难从理论上把握清楚，有些内容的研究还仅仅只是一个开始，还有许多问题有待进一步深入探究。另外手语的相对封闭性和同质性使得它的变异过程较长，需要研究者长期地跟踪观察分析，才能有更为靠近事实的结论。

本书见证了笔者在科研路上所经历的曲折坎坷以及为之付出的心血和汗水，它将化作岁月的印痕，留在书的字里行间，但对此的研究还仅仅只是一个开始，“路漫漫其修远兮，吾将上下而求索”。“手语计算”和“信息无障碍”是笔者人生的使命。笔者愿意用奋斗来“修补”自己残缺的生命，给自己一个了无遗憾的圆满结局，希望最终能突破对有声语言中行为部分的计算和理解，造福于各行各业，造福于与笔者一样不幸的残障同胞，为人类文明做一点事情。

笔者希望本书的出版能对中国手语的深入研究有所帮助，期待引起更多人的关注和重视。由于主客观众多因素的限制，本书的一些提法可能带有一定的局限性，难免存在一些不足。笔者希望本书能作为“手语计算”科研路上的一粒基石，更希望它能化作一块“砖”，引出真正的“玉”，还希望有更多的人来批评或探讨手语计算研究，那么创建信息无障碍的文明社会一定可期！那时笔者定会欣慰不已！

在撰写这本书的过程中，笔者首先要感谢语言学领域的专家、领导和朋友们的大力支持，尤其是江铭虎教授积极地为笔者创造了良好的学习研究条件，让笔者能潜心研究。感谢教育部语言文字应用研究所冯志伟教授、清华大学计算机系孙茂松教授、北京大学中文系袁毓林教授、北京大学计算机系王厚峰教授、中国科学院自动化研究所宗成庆教授、中国科学院软件研究所孙乐教授等对笔者的研究提出的中肯意见。感谢北京市手语研究会刘春达老师、北京市启喑实验学校李荣老师等，在笔者采集手语语料的过程中，长期给予笔者大力支持和帮助。还要感谢笔者的博士生同学为本书付梓所做出的不懈努力，尤其感谢阿布力孜、侯仁魁、哈里旦木、黄云龙等抽出宝贵时间审阅此书，并给予了笔者很多专业性建议和指导。此外，本书的图片和视频均来源于清华大学中文系手语语料库和新聋网，在此一并表示感谢！最后还要感谢科学出版社的相关工作人员，是她们的辛勤工作才让此书得以面世。

此书涉及的部分实验得到国家自然科学基金重点项目“语言理解的认知机理与计算模型研究”（62036001）、国家社会科学基金一般项目“中国手语新手势构词理据及其认知神经机制研究”（21BYY106）、北京市自然科学基金面上项目“智慧教育数据分析关键技术研究”（4202028）、江苏省重点研发计划产业前瞻与关键核心技术项目“行为语言计算技术研究”（BE2020047）、北京联合大学人才强校优选计划（BPHR2019CZ05）的支持，在此一并表示感谢！

总之，笔者感恩所有的遇见，感恩所有为本书提供过一切帮助的人，感恩所有的读者，并欢迎交流和探讨。

姚登峰

2021 年 12 月 18 日

于清华园文北楼